物理講義のききどころ　2

電磁気学のききどころ

物理講義のききどころ 2

電磁気学のききどころ

和田純夫──著

岩波書店

はじめに

力学の巻でも書いたことだが，このシリーズは2つの目標の実現を目指して書き始めた．第一は，受験参考書に負けない「学習者に親切」な教科書を書こうということ，そして第二は，大学の物理らしい「物理学の本質」が理解できる解説をしようということである．

第一の目標をどのように目指したかは，この本を手に取っていただければすぐにわかっていただけるだろう．新しい知識の体系を理解するには，階段を一歩ずつ登っていかなければならない．そのためには，どこに階段があるのか，土台は何なのかを見きわめる必要がある．そこでまず，階段の一段一段を示すために，すべての内容を見開き2ページの項目に分割した．次に，その一段を登るためにはどこに力を入れなければならないのかを示すため，項目ごとに［ぽいんと］と［キーワード］を付けた．また，階段がどのようにつながっているのかを示すため，章ごとに［ききどころ］を示し，項目間の関係を表わす［チャート］を付けた．もちろん説明の仕方も，できるだけ丁寧にしたつもりである．

読者の皆さんに物理をわかっていただき，試験でいい成績を取っていただきたいというのが筆者の願いであるが，単に問題解法のテクニックばかりでなく，物理学というものがどのように構成されているのか，その全体像も理解した気になっていただきたいとも願っている．これがこの本の第二の目標である．そのために，物理の本質にかかわることは多少面倒なことでも，正面から解説を試みた．学問をする以上はその本質を理解したいと思うのは当然のことである．そればかりでなく，一度本質を理解すれば，具体的な問題の解法もはるかに容易になるという，現実的な利点も忘れてはならない．

この巻で扱う電磁気学の対象は，電気と磁気，そしてこの2つが同時に現われる電磁誘導や電磁波という現象である．そして，そこで主役を演じるのが電場と磁場という2つのベクトル関数(ベクトル場)である．空間の各点で値が決まっているものが普通の関数であるが，空間の各点でベクトルが決まっているものをベクトル関数と呼ぶ．そして，このベクトル関数の振る舞いを数学的に記述する手段が「ベクトル解析」である．この本では特に，そのベクトル解析の解説に力を入れた．そしてクーロンの法則から出発し，ベクトル解析を学びながら，マクスウェル理論にまで到達するという道を軸として構成し，重要だが応用上の問題は，後の方に回してある．そうすることにより，電磁気学をよりすっきりした形で学べると考えたからだが，必要があれば［チャート］を参考にしながら，順番を変えて読むのもいいだろう．

このシリーズは，筆者が東京大学教養学部で行なってきた講義が基礎となっている．この本全体としては筆者独自の味を出したつもりだが，部分的には他の書物の記述を参考にした所もある．たとえば，加藤正昭著『電磁気学』，『バークレー物理学コース2』，『ファインマン物理学Ⅲ』などである．これらの本の著者に，ここでお礼を申し上げる．これらも含めて，世の中にはすでに多数の電磁気の教科書が出版されているが，この本もそれなりの役割を果たすことができればと願っている．

1994年8月23日

和田純夫

この本の使い方

この本で特に注目していただきたいのは，各章の［ききどころ］，各節の［ぽいんと］と［キーワード］である．まずそこを読んで，そこでは何を学ばなければならないのかを理解し，そして目的意識をもって本文を読んでいただきたい．［ぽいんと］や［キーワード］に書いてあることが具体的にはどういうことなのか，それが理解できれば，式の細かいことでわからないことがあっても，あまり悩まずに先に進むことを勧める(もちろん，後で再度考えてみることは重要だが)．

また次のページに，各章の節見出しを使って，各項目間の関係を示した(チャート図)．ただし，表現は多少簡略にしてある．講義の進め方が教師により異なるから，講義の復習のときにどこを読んだらいいか，この図から考えていただきたい．また特定のことだけを早く知りたいと思うときにも，どれだけのことを学んでおかなければならないかがわかる．チャート図で二重線は，主要な流れを意味する．また点線は，無理にそこを通る必要はないが，通ったほうが理解は深まるということを意味する．また矢印で結ばれていない節を参照することもままあるが，その部分は無視しても全体の理解にはさしつかえないはずである．

章末問題の難易度には，かなりばらつきがある．難しい問題には詳しい説明を付けたので，解けなくても例題だと思って解答を読んでいただければ，本文の理解はさらに深まるだろう．

本巻の主要な目的は，電磁気学の基本法則であるマクスウェル方程式(第8章)を理解することにある．しかしそのためには，ベクトル解析を学ばなければならない．解析とは要するに微分積分のことだが，最初は直観的にわかりやすい積分の方から学ぶ．そして微分については，第5章でまとめて説明する．まず，この章を理解することが第一目標だと考えるのがいいだろう．

●記法について

節はたとえば，1.2節などと表わす．これは第1章の2番目の節という意味である．

各節の式には，(1)，(2)という数字が付いている．同じ節の式はこの形で引用したが，他の節の式は，たとえば(1.2.3)というように引用した．1.2節の(3)式という意味である．

章末問題は，たとえば1.2などと表わす．これは第1章の2問目という意味である．

第 I 部　静電場と静磁場

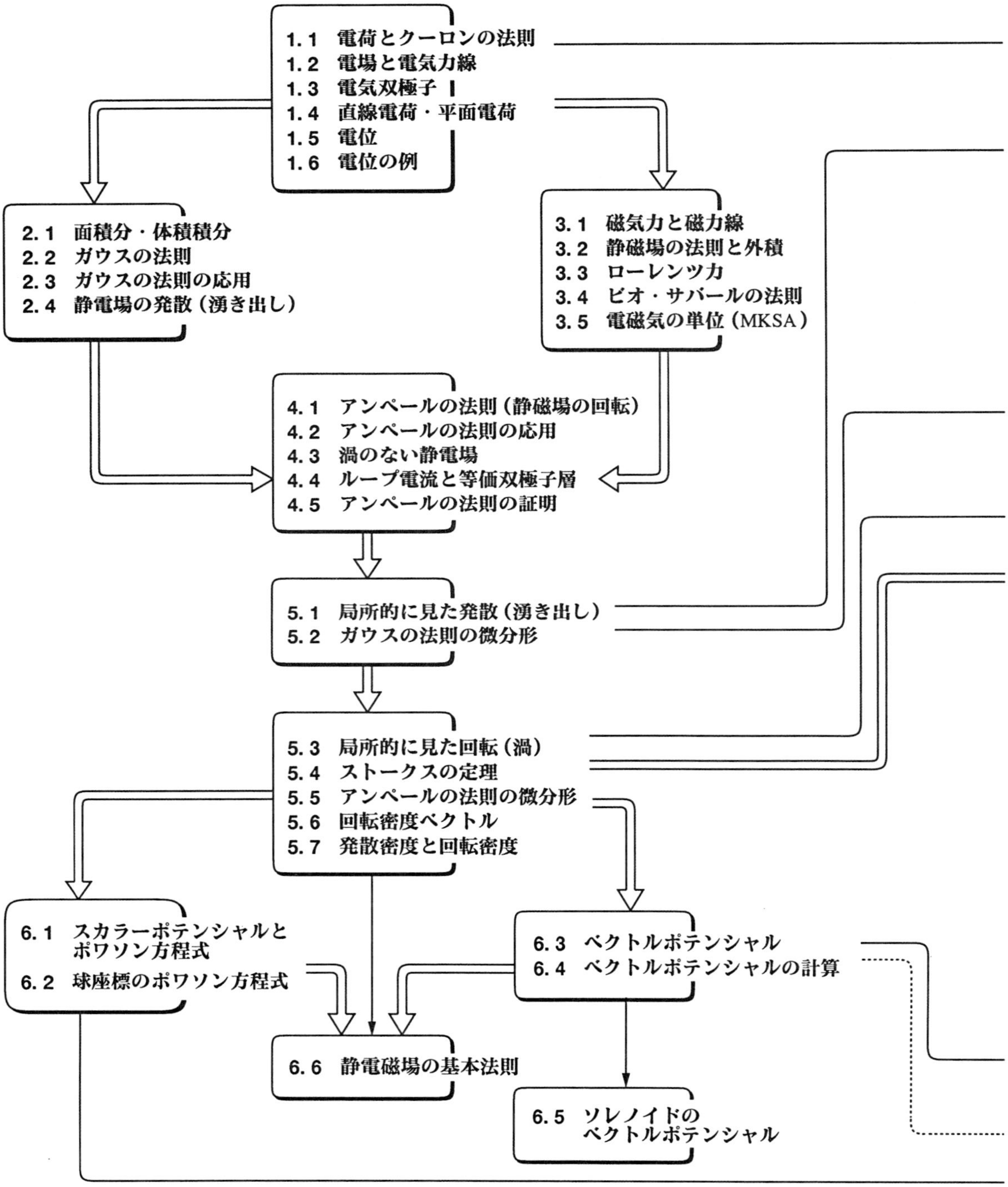
1.1　電荷とクーロンの法則
1.2　電場と電気力線
1.3　電気双極子
1.4　直線電荷・平面電荷
1.5　電位
1.6　電位の例
2.1　面積分・体積積分
2.2　ガウスの法則
2.3　ガウスの法則の応用
2.4　静電場の発散（湧き出し）
3.1　磁気力と磁力線
3.2　静磁場の法則と外積
3.3　ローレンツ力
3.4　ビオ・サバールの法則
3.5　電磁気の単位（MKSA）
4.1　アンペールの法則（静磁場の回転）
4.2　アンペールの法則の応用
4.3　渦のない静電場
4.4　ループ電流と等価双極子層
4.5　アンペールの法則の証明
5.1　局所的に見た発散（湧き出し）
5.2　ガウスの法則の微分形
5.3　局所的に見た回転（渦）
5.4　ストークスの定理
5.5　アンペールの法則の微分形
5.6　回転密度ベクトル
5.7　発散密度と回転密度
6.1　スカラーポテンシャルとポワソン方程式
6.2　球座標のポワソン方程式
6.3　ベクトルポテンシャル
6.4　ベクトルポテンシャルの計算
6.6　静電磁場の基本法則
6.5　ソレノイドのベクトルポテンシャル

第 II 部　電磁気学の基本原理

第 III 部　電磁気学の応用

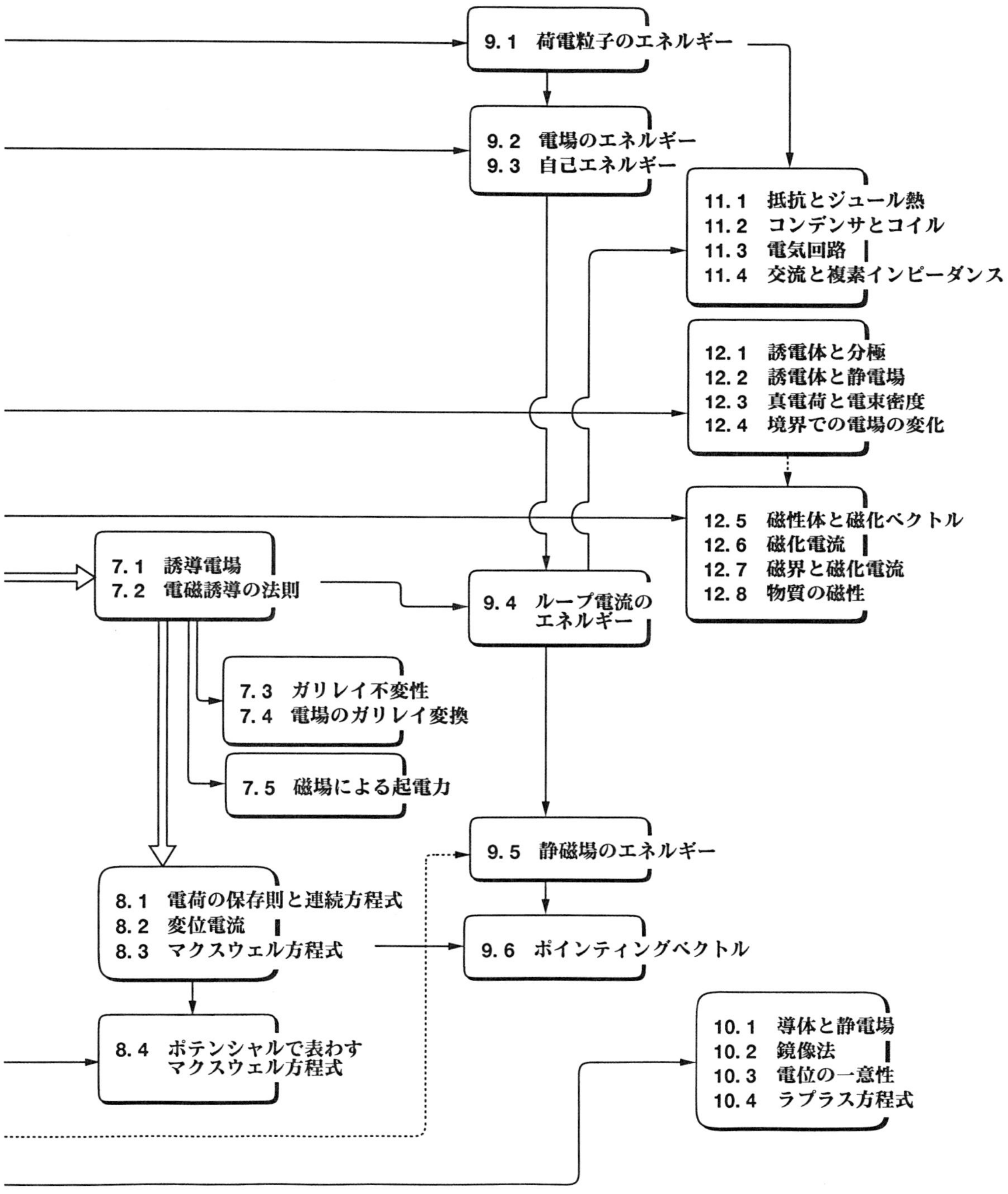

9. 1　荷電粒子のエネルギー
9. 2　電場のエネルギー
9. 3　自己エネルギー
11. 1　抵抗とジュール熱
11. 2　コンデンサとコイル
11. 3　電気回路
11. 4　交流と複素インピーダンス
12. 1　誘電体と分極
12. 2　誘電体と静電場
12. 3　真電荷と電束密度
12. 4　境界での電場の変化
12. 5　磁性体と磁化ベクトル
12. 6　磁化電流
12. 7　磁界と磁化電流
12. 8　物質の磁性
7. 1　誘導電場
7. 2　電磁誘導の法則
9. 4　ループ電流のエネルギー
7. 3　ガリレイ不変性
7. 4　電場のガリレイ変換
7. 5　磁場による起電力
9. 5　静磁場のエネルギー
8. 1　電荷の保存則と連続方程式
8. 2　変位電流
8. 3　マクスウエル方程式
9. 6　ポインティングベクトル
8. 4　ポテンシャルで表わすマクスウエル方程式
10. 1　導体と静電場
10. 2　鏡像法
10. 3　電位の一意性
10. 4　ラプラス方程式

目　　次

1

クーロンの法則：電場と電位

ききどころ

物体の間に働く力は，現在 4 種類のものが知られている．重力，電気や磁気に関係した力(まとめて電磁気力という)，そして 2 種類の核力(原子力や核融合もこれに含まれる)である．中でも重力(万有引力)と電気力はよく知られていて，どちらも力の大きさは，力を及ぼし合う物体の距離の 2 乗に反比例している．しかし基本的に異なる点もある．重力は常に引力(引き付け合う力)であるが，電気力は引力であるときも斥力(反発し合う力)のときもある．こういった電気力の基本的振る舞いを表わすのがクーロンの法則である．クーロンの法則の簡単な応用，そしてクーロンの法則の見方を変えると出てくる電場や電位という概念を学ぶ．

1.1 電荷とクーロンの法則

ぽいんと

物体を構成する粒子は，電荷という性質を持っている．といっても，プラスの電荷を持つもの，マイナスの電荷を持つもの，そして電荷がゼロであるものなどがある．そしてその違いにより，2つの粒子の間には引力が働いたり斥力が働いたり，あるいは電気の力が働かなかったりする．また，この力の大きさは，電荷の大きさにもよるし，また粒子間の距離にもよる．これらのことをまとめて式で表わしたものが，クーロンの法則である．

キーワード：電気力，電荷，クーロンの法則(逆2乗則)，真空の誘電率，電荷の加法性

■電気の力

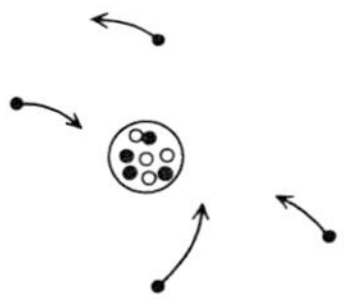

図1　原子核とその周囲の電子

物質は原子というものから構成されており，原子は，その中心の原子核と，その周囲を動いている電子から成り立っている(図1)．電子はそれ自体が1つの粒子と考えてよいが，原子核は，陽子と中性子から構成されている．

地球が太陽からの重力に引きつけられて，太陽の周囲にとどまっているように，電子は陽子からの**電気力**に引きつけられて原子核の周囲にとどまっている．電子，陽子，中性子の間には，次のような力が働いていることがわかっている．

① 電子と電子の間の力は斥力である．

② 陽子と陽子の間の力は斥力であり，距離が等しければ①の力と同じ強さである．

③ 電子と陽子の間の力は引力であるが，距離が等しければ①の力と強さは等しい．

④ 中性子と他の粒子の間にはこのような力は働かない．

注意　電気力という力が存在することは，もちろん20世紀初頭に上記のような原子の構造がわかる以前から知られていたことである．異種の物質を摩擦すると「静電気が発生する」という現象は誰でも知っている．これは摩擦により，何かが片方の物質から他方へと移動することにより起こる現象だが，その「何か」が物質中の電子であることは，電子というものの存在が確認されてすぐに明らかとなった．

■電荷と力の方向

上記の4点を統一的に理解するために，**電荷**という量を導入する．まず，陽子は e という電荷を持っているとする(e の大きさは用いる単位系によるので後で述べることとし，とりあえず陽子の電荷の大きさを e と書く)．また，電子の電荷は $-e$，中性子の電荷はゼロとする．

何かの粒子が2つあったとする．それらを粒子1，粒子2と呼び，それぞれの電荷を q_1, q_2 とする．これらは e かもしれないし $-e$ かもしれないし，中性子の場合のようにゼロかもしれない．

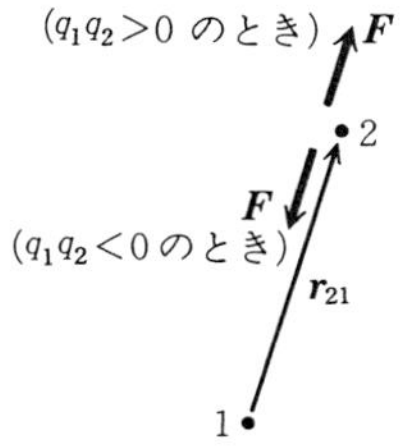

図 2　電気力の方向

次に，粒子 1 から粒子 2 へ向かうベクトルを $\boldsymbol{r}_{21}$ と書く．そして粒子 1 が粒子 2 に及ぼす力を $\boldsymbol{F}_{21}$ と書く．力には向きがあるから $\boldsymbol{F}_{21}$ もベクトルである(図 2)．すると力の向きについては

$$\boldsymbol{F}_{21} \propto q_1 q_2 \boldsymbol{r}_{21}$$

と書ける．まず電荷の符号が同じなら $q_1q_2>0$ だから，$\boldsymbol{F}_{21}$ と $\boldsymbol{r}_{21}$ は同じ向きになる．これは上の①と②で，力が反発力であったことと合致する．また 2 つの粒子の電荷が異符号だとしよう．そのときは $q_1q_2<0$ だから，$\boldsymbol{F}_{21}$ と $\boldsymbol{r}_{21}$ は逆向きである．これは③で力が引力であったことと合致する．そして中性子のように $q=0$ であれば上式の右辺もゼロだから，力が働かないことを示す．

■逆 2 乗則

力の強さについては，粒子間の距離の 2 乗に反比例することがわかっている．距離を $r_{21}=|\boldsymbol{r}_{21}|=|\boldsymbol{r}_{12}|$ と書き，また，大きさに影響せず方向だけを表わすために，単位ベクトル(長さ 1 のベクトル)

$$\hat{\boldsymbol{r}}_{21} \equiv \boldsymbol{r}_{21}/|\boldsymbol{r}_{21}|$$

を導入する．すると力は比例係数を $1/4\pi\varepsilon_0$ と書くと

$$\boldsymbol{F}_{21} = \frac{1}{4\pi\varepsilon_0}\frac{q_1 q_2}{r_{21}{}^2}\hat{\boldsymbol{r}}_{21} \qquad (1)$$

となる．これを**クーロンの法則**という．ε_0 は**真空の誘電率**と呼ばれている定数である．(4π を付けた理由は，次章でわかる．)

▶単位ベクトルを ^ を付けて表わす．たとえば，平面に xy 座標が決まっているとき，x 方向を向く長さ 1 のベクトルを $\hat{\boldsymbol{x}}$ と書く．

▶物質中では誘電率の値が変わる．第 12 章参照．

(1)は MKSA 単位系と呼ばれる単位系での書き方で，距離 r はメートル，また電荷 q はクーロンという単位で表わす．MKSA の A（アンペア）は電流の単位である．電荷の単位は C（クーロン）で，ある位置を 1 アンペアの電流(電荷の流れ)が 1 秒間流れたときの，通過した電荷の総量を 1 クーロンと呼ぶ(アンペアについては，また 3.5 節で詳しく説明する)．この単位系では比例係数の大きさは

▶ M＝メートル
K＝キログラム
S＝秒

$$\frac{1}{4\pi\varepsilon_0} \simeq 8.988\times10^9\ (\mathrm{Nm^2/C^2}) = 10^{-7}c^2\ (\mathrm{kgm/C^2})$$

▶ c（光速度）
$\simeq 2.998\times10^8$ m/sec

となり，陽子 1 つの電荷は

$$e \simeq 1.602\times10^{-19}\ \mathrm{C}$$

である(これは符号を除いて電子の電荷に等しい)．

■電荷の加法性

粒子 2 が陽子 2 つから構成されているとしよう．すると粒子 1 から受ける力は 2 倍になるはずである(**力の加法性**)．このことも，2 粒子全体の電荷は各粒子の電荷の和であるとすれば，クーロンの法則からすぐに導くことができる．(1)で q_2 が 2 倍になれば力も 2 倍になるからである．

1.2 電場と電気力線

ぽいんと

電荷を持つ粒子(荷電粒子という)が2つあると，その間に電気の力が働く．これと同じことを，電場という言葉を使って2段階に分けて言うこともできる．

①荷電粒子は，その周辺に電場を作る．

②電場ができた場所に存在する，(別の)荷電粒子には力が働く．

この本の第I部の範囲内では，電場は実際に存在すると考えても，あるいは問題を考えやすくするためだけの実体のない量だと思っても構わない．しかし，この本の後半では，電場は実体のあるものと考えざるを得ないことがわかる．

キーワード：電場，ベクトル関数(ベクトル場)，電気力線

■電場で表わすクーロンの法則

前節のクーロンの法則を，**電場**というベクトルを導入し2つの法則に分解する．

① 電場の法則(電場のクーロンの法則と呼ぶ)

電荷qを持つ粒子は，この周辺に電場$\boldsymbol{E}$を作ると考える(図1)．荷電粒子から$\boldsymbol{r}$だけ離れた位置での電場を$\boldsymbol{E}(\boldsymbol{r})$と書き

$$\boldsymbol{E}(\boldsymbol{r}) = \frac{1}{4\pi\varepsilon_0}\frac{q}{r^2}\hat{\boldsymbol{r}} \qquad \left(r = |\boldsymbol{r}|,\ \hat{\boldsymbol{r}} = \frac{\boldsymbol{r}}{r}\right) \tag{1}$$

と定義する．

② 力の法則

電荷q'を持つ粒子は，その位置における電場から

$$\boldsymbol{F} = q'\boldsymbol{E} \tag{2}$$

という力を受ける(図2)．

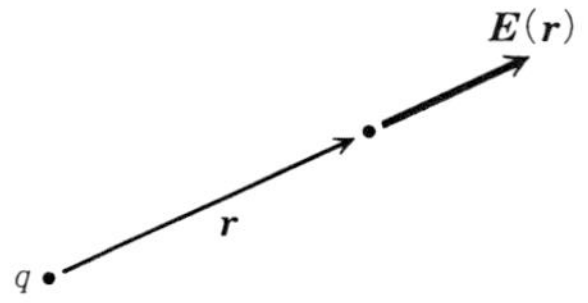

図1　荷電粒子qは$\boldsymbol{r}$離れた位置に電場$\boldsymbol{E}(\boldsymbol{r})$を作る

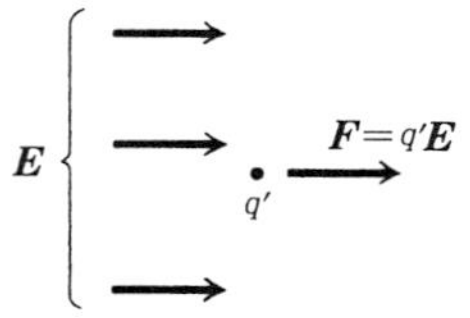

図2　荷電粒子q'は電場から力を受ける

(1)を(2)に代入すれば，もとのクーロンの法則になる．クーロンの法則だけを考えている限り，電場という量を法則の途中に挿入しただけと言えないこともない．しかし，これから電気・磁気の法則を組み立てていくにあたって，この電場という考え方は本質的な役割をする．

■電場の合成

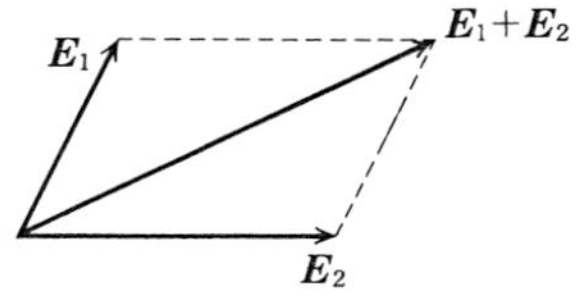

図 3　電場の合成

1つの粒子に複数の力が働いているときには，力の和は力をベクトル的に足し合わせて求めなければならない．(2)を見ればわかるように電場は力に比例しているから，合成は同じ方法で行なわれる．つまり，複数の荷電粒子があるときには，それぞれによる電場をベクトル的に足し合わせて電場を求める(図 3)．実際の計算では，各粒子による電場をそれぞれの方向の成分に分解し，成分ごとに足し算をする．

注意　現実の問題では，電子とか陽子とかといった粒子レベルで考えず，電荷が線上や面上に連続的に分布しているとして電場を計算することが多い．そのときには，足し算ではなく積分により電場を求めることになる．

■電場と電気力線

電場は，空間内の点ごとに決まっているベクトルであり，

$$\boldsymbol{E} = \boldsymbol{E}(\boldsymbol{r}) = \boldsymbol{E}(x, y, z)$$

というように位置の関数である．このようなものを，**ベクトル関数**あるいは**ベクトル場**と呼ぶ．特定の点での電場は1つのベクトルで表わされるが，空間内の電場全体の様子を図で表わすためには**電気力線**というものを使う．

▶これに対して，ベクトルでない普通の関数を，**スカラー関数**あるいは**スカラー場**と呼ぶこともある．

電気力線とは電場のベクトルを次々とつなげていったものである．より正確に言うと，「各点での接線の方向がその点での電場の方向に一致する曲線」である．たとえば，電場が図 4 のように分布しているとすれば，電気力線は点線のようになる．電場のベクトルが，常に電気力線に接していることに注意してほしい．

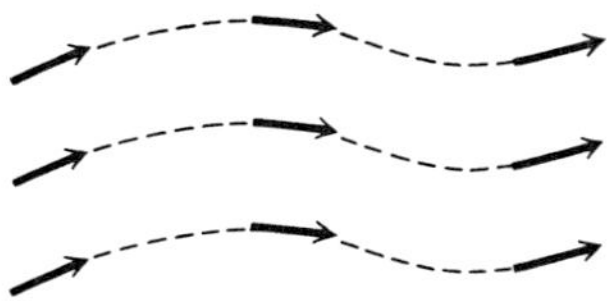

図 4　電気力線(点線)の接線の方向(矢印)が電場の方向

電気力線は線の数の密度を調節することにより，電場の方向ばかりではなく，その大きさも表わすこともできるが，それについては 2.3 節で説明する．

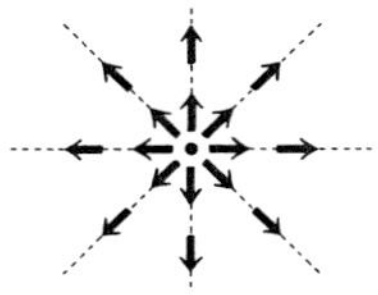

図 5　荷電粒子の作る電気力線(点線)と電場(矢印)

プラスの電荷をもつ粒子が1つだけあった場合の電場の分布と電気力線を，図 5 に示す．電場は常に粒子から遠ざかる方向を向いているから，電気力線も放射状になっている．

1.3 電気双極子

ぽいんと

電荷 q の粒子と $-q$ の粒子をわずかにずらして置く．このようなものを電気双極子という．電場は逆向きだからほとんど打ち消し合うが，わずかにずれた分だけ残る．それを計算してみよう．応用上重要な問題である．

キーワード：電気双極子，双極子強度，双極子ベクトル

■電気双極子

電荷 $q\,(>0)$ の粒子が作る電場と，電荷 $-q$ の粒子が作る電場は，それぞれ図 1 のようになる．そして，この 2 つの粒子をぴったり重ね合わせたら，電場は完全に相殺してしまう．しかし，ごくわずかだけずらして重ねたら，電場は少し残るだろう．$+q$ の電荷に近い部分には，その粒子の影響が生き残り，$-q$ の電荷に近い部分には逆の影響が生き残る．このようなものを**電気双極子**という．

▶双極子電場のより詳しい形は 1.6 節参照．

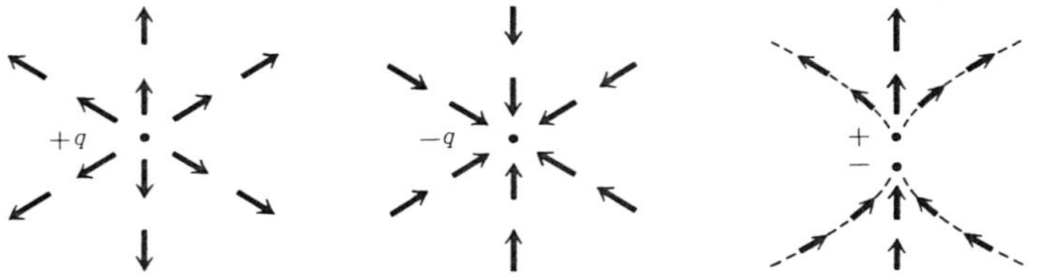

$+q$ の電荷の作る電場　　$-q$ の電荷の作る電場　　電気双極子の作る電場　　**図 1**

▶また，分子はいくつかの種類の原子が集まって構成されている．種類の異なった原子は電気的な性質も違うので，電子が特定の原子にやや偏って分布することもある．だから分子も電気双極子になる．

電気双極子的な性質を持つものは，現実に多く存在する．原子の中心には電荷がプラスの原子核があり，その周囲にマイナスの電子が存在する．原子は通常中性で，電荷の和はゼロである．電子の分布が原子核を中心として球対称になっていれば，周囲に電場はできない．しかし周囲にある原子の影響などにより，電子の分布の中心が原子核から少しずれることがある．これが電気双極子である．

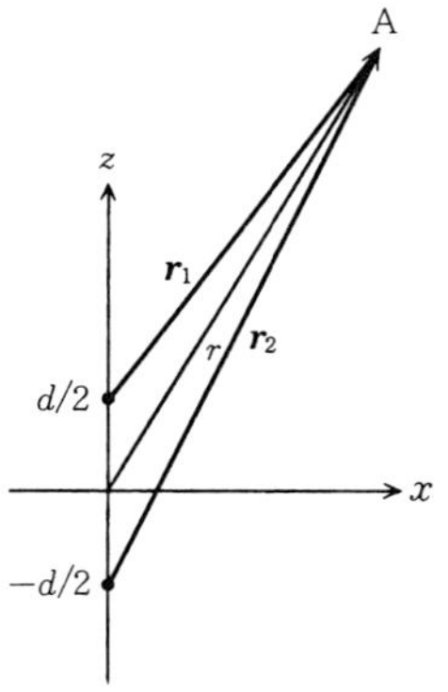

図 2

■双極子の電場の計算

$+q$ と $-q$ の電荷を持つ荷電粒子が微小な間隔 d で並んでいるとき，両粒子から十分離れた点での電場を計算しよう（図 2）．

荷電粒子の並ぶ方向を z 軸とし，その中間点を座標の原点とする．荷電粒子の座標は

$$(0, 0, d/2) \quad \text{と} \quad (0, 0, -d/2)$$

である．これらの粒子が，点 $\mathrm{A}(x, y, z)$ に作る電場を計算する．ただし

$$r \equiv (x^2+y^2+z^2)^{1/2} \gg d$$

とする．クーロンの法則(1.2.1)を使うには，荷電粒子から点 A に向かう

ベクトルが必要である．それらを $\boldsymbol{r}_1, \boldsymbol{r}_2$ と書き，成分表示すると，

$$\boldsymbol{r}_1 = (x, y, z-d/2), \qquad \boldsymbol{r}_2 = (x, y, z+d/2) \tag{1}$$

である．これらのベクトルの長さを r_1, r_2 と表わす．(1.2.1)より

$$\boldsymbol{E}(\boldsymbol{r}) = \frac{q}{4\pi\varepsilon_0}\left(\frac{\boldsymbol{r}_1}{{r_1}^3} - \frac{\boldsymbol{r}_2}{{r_2}^3}\right) \tag{2}$$

となる．これが双極子の電場であるが，$r \gg d$ であることを使って成分ごとに整理しておこう．まず

▶ $(1+\varepsilon)^\alpha \simeq 1+\alpha\varepsilon$（ただし，$|\varepsilon| \ll 1$，$\alpha$ は任意の数）という近似式を使っている．

$$\begin{aligned} {r_1}^{-3} &= \left\{x^2+y^2+\left(z-\frac{d}{2}\right)^2\right\}^{-3/2} = \left(r^2 - dz + \frac{d^2}{4}\right)^{-3/2} \\ &\simeq r^{-3}\left(1-\frac{dz}{r^2}\right)^{-3/2} \simeq r^{-3}\left(1+\frac{3}{2}\frac{dz}{r^2}\right) \end{aligned} \tag{3}$$

$$ {r_2}^{-3} \simeq r^{-3}\left(1-\frac{3}{2}\frac{dz}{r^2}\right)$$

であることに注意しよう．$d \ll r$ なので，途中で d^2 の項を無視した．ただし d の1次の項は無視できない．あとでわかるように，d を含まない項は消えてしまうからである．

まず電場の z 方向の成分 E_z を計算しよう．(1)と(3)を(2)に代入すると

$$\begin{aligned} E_z(\boldsymbol{r}) &\simeq \frac{q}{4\pi\varepsilon_0}\frac{1}{r^3}\left\{\left(1+\frac{3}{2}\frac{dz}{r^2}\right)\left(z-\frac{d}{2}\right) - \left(1-\frac{3}{2}\frac{dz}{r^2}\right)\left(z+\frac{d}{2}\right)\right\} \\ &\simeq \frac{qd}{4\pi\varepsilon_0}\frac{1}{r^3}\left(3\frac{z^2}{r^2}-1\right) \end{aligned} \tag{4}$$

となる．単独の電荷だったら電場は r^{-2} に比例して減少するが，双極子の場合は r^{-3} に比例して減少している．遠方に行けば行くほど q と $-q$ のずれの影響が減るので，電場が消し合うからである．

電場の x 成分も同様に計算できて

▶ zx/r^2 は，一定方向に進めば x, y, r の比が一定なので変化しない．

$$\begin{aligned} E_x(\boldsymbol{r}) &\simeq \frac{q}{4\pi\varepsilon_0}\frac{1}{r^3}\left\{\left(1+\frac{3}{2}\frac{dz}{r^2}\right)x - \left(1-\frac{3}{2}\frac{dz}{r^2}\right)x\right\} \\ &= \frac{qd}{4\pi\varepsilon_0}\frac{1}{r^3}\frac{3zx}{r^2} \end{aligned} \tag{5}$$

y 成分は x を y に置き換える．これらも r^{-3} に比例して減少している．

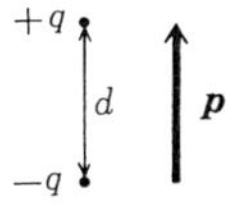

図3　双極子ベクトル $|\boldsymbol{p}| = qd$

以上の結果から，双極子の電場の強さは電荷と距離の積 qd に比例していることがわかる．これを**双極子強度**といい，これに電荷のずれの方向を持たせてベクトルとしたものを，**双極子ベクトル**という(図3)．これを $\boldsymbol{p}$ と書くと今の場合は z 方向を向いているので

$$\boldsymbol{p} = (0, 0, qd) \tag{6}$$

▶厳密には，$|\boldsymbol{p}|$ を一定に保ったまま $d\to 0$，$q\to\infty$ としたものを双極子と呼ぶ．

となる．このベクトルを使うと，(4)と(5)はまとめて

$$\boldsymbol{E}(\boldsymbol{r}) \simeq \frac{1}{4\pi\varepsilon_0}\frac{1}{r^3}\{3(\boldsymbol{p}\cdot\hat{\boldsymbol{r}})\hat{\boldsymbol{r}} - \boldsymbol{p}\} \tag{7}$$

と書ける(章末問題1.3参照)．

1.4 直線電荷・平面電荷

ぽいんと

電荷が連続的に分布しているときの電場を計算する．連続的に分布している電荷をひとまず細分化し，各部分は1点として考える．そしてクーロンの法則より各部分が作る電場を計算し，それを足し合わせる．電荷は連続的に分布しているので，足し合わせは電場の各成分ごとの積分により行なわれる．

キーワード：直線電荷，平面電荷

■直線上に一様に分布した電荷

例題 電荷が一様に分布している直線を考える．電荷の線密度を λ とする．単位長さ当たり λ の電荷が存在するということである．この**直線電荷**が作る電場を求めよう．

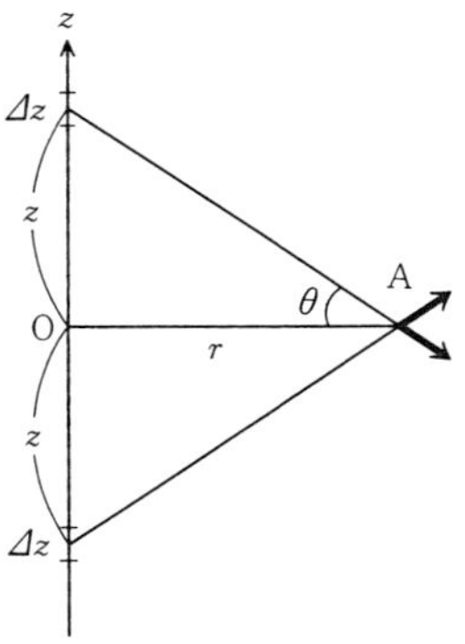

図1 Δz の部分が作る電場

［解法］ 直線から距離 r 離れた点Aでの電場を計算する（図1）．この直線を z 軸とし，点Aからおろした垂線の足を座標の原点とする．そして z 軸を，Δz ずつ等間隔に細分する．各部分の電荷は $\lambda\Delta z$ である．

細分化したうちの，座標が z である部分と，$-z$ である部分を対にして考えよう．それぞれが点Aに作る電場は，各電荷からAに向かう方向である．それらは上下対称だから，合成すると電場の上下方向の成分は完全に打ち消し合い，横方向だけが残る．このようにすべての部分を上下の組にして考えれば，電場は横方向の成分だけ計算し加え合わせればよいことがわかる 座標が z で長さが Δz である部分の作る電場の大きさを ΔE と書くと

$$\Delta E = \frac{1}{4\pi\varepsilon_0}\frac{\lambda\Delta z}{r^2+z^2}$$

▶直線にしろ平面にしろ，ベクトルがそれに垂直な成分を ⊥ で表わし，それに平行な成分を ∥ で表わす．

である．横方向の成分（直線に垂直方向なので $\Delta E_\perp$ と書く）はこれに $\cos\theta = r/\sqrt{r^2+z^2}$ を掛け

$$\Delta E_\perp = \cos\theta\cdot\Delta E = \frac{1}{4\pi\varepsilon_0}\frac{\lambda r\Delta z}{(r^2+z^2)^{3/2}}$$

となる．点Aでの電場は，これをすべての微小部分 Δz について足し合わせる．以上の計算を厳密なものにするには，細分化を極限まで（$\Delta z\to 0$）進めなければならない．するとこの和は，積分そのものになる．つまり

$$E_\perp(r) = \sum_{\text{直線全体}}\frac{1}{4\pi\varepsilon_0}\frac{\lambda r\Delta z}{(r^2+z^2)^{3/2}} \Rightarrow \int_{-\infty}^{\infty}\frac{1}{4\pi\varepsilon_0}\frac{\lambda r}{(r^2+z^2)^{3/2}}dz$$

である．直線の下端（$z=-\infty$）から上端（$z=\infty$）までの積分である．これは積分公式

▶章末問題1.4参照．

$$\int_{-\infty}^{\infty}\frac{dz}{(z^2+a^2)^{3/2}} = \frac{2}{a^2} \tag{1}$$

を使って，

$$E_{\perp}(r) = \frac{1}{2\pi\varepsilon_0}\frac{\lambda}{r} \tag{2}$$

と求まる．電場は r^{-1} に比例してしか減少しないことに注意しよう．

■平面上に一様に分布した電荷

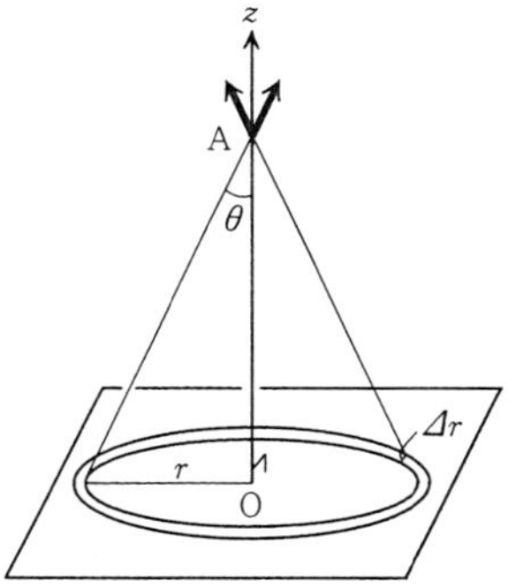

図 2　Δr の部分が作る電場

例題　電荷が一様に分布している，無限に広がる平面を考える．電荷の面密度を σ とする．単位面積当たり σ の電荷が存在するということである．この**平面電荷**が作る電場を求めよう．

[解法]　平面から距離 z 離れた点 A での電場を計算する(図 2)．点 A より平面におろした垂線の足を O とする．O を中心とした，半径 r と半径 $r+\Delta r$ の 2 つの同心円にはさまれた輪を考えよう．O をはさんで向かい合う 2 点を組み合わせて考えれば，横方向は常に打ち消し合い垂直成分だけを加えればよいことがわかる．

輪に含まれる電荷は，輪の面積＝円周×幅だから

$$\text{輪の部分の電荷} = \sigma\cdot 2\pi r\cdot \Delta r$$

である．これより，輪が作る垂直方向の電場は

$$\Delta E_{\perp} = \frac{\sigma}{4\pi\varepsilon_0}\frac{2\pi r\Delta r}{z^2+r^2}\cos\theta$$
$$= \frac{\sigma}{2\varepsilon_0}\frac{zr}{(z^2+r^2)^{3/2}}\Delta r$$

となる．これをすべての輪に対して加え，輪による細分割を進め($\Delta r\to 0$)，和を積分にすると

$$E_{\perp}(z) = \sum\frac{\sigma}{2\varepsilon_0}\frac{zr}{(z^2+r^2)^{3/2}}\Delta r$$
$$\Rightarrow \int_0^{\infty}\frac{\sigma}{2\varepsilon_0}\frac{zr}{(z^2+r^2)^{3/2}}dr = \frac{\sigma}{2\varepsilon_0} \tag{3}$$

半径 0 の輪から，半径無限大の輪まで加えるので，積分領域は 0 から ∞ までである．最後に公式

▶章末問題 1.4 参照.

$$\int_0^{\infty}\frac{rdr}{(r^2+a^2)^{3/2}} = \frac{1}{a} \tag{4}$$

を使った．電場は定数で，距離 z に依らないことに注意せよ．

1.5 電　位

ぽいんと

電場はベクトルである．しかし，クーロンの法則で表わされる電場は，電位というスカラー関数，つまり方向を持たないただの関数でも表わせる．電位は，それが変化していく方向が電場の方向であり，その変化率が電場の大きさになるように定義される．数式では，電位を各座標で微分(偏微分)したものが電場となる．これは力学で，ポテンシャルの微分が力であるのと同じ関係にある．

キーワード：偏微分，電位，ナブラベクトル，勾配(grad)，等電位面，静電エネルギー

■偏 微 分

この節の準備として，偏微分という言葉の説明をしておく．

x, y という 2 つの変数に依存する関数 $f(x, y)$ を考える．たとえば，

$$(例)\quad f(x, y) = xy^2+2xy+4x+5y+6$$

のようなものである．これを，y は定数とし，x だけを変数と考え微分する．今まで微分は df/dx のように書いてきたが，ここでは片方の変数だけで微分するということを強調するため，新しい記号を使って $\partial f/\partial x$ と書く．上の例で計算すれば，

$$\frac{\partial f}{\partial x} = y^2+2y+4$$

となる．同様に，x の方を定数とし y についてだけ微分すれば，

$$\frac{\partial f}{\partial y} = 2xy+2x+5$$

従来の 1 変数関数の微分を**常微分**(ordinary derivative)，多変数関数の上記のような微分を**偏微分**(partial derivative＝部分微分)という．

■電位のクーロンの法則：$\boldsymbol{E} = -\nabla\phi$

まず，クーロンの法則で決まる**電位**というものを定義する．

電荷 q を持つ粒子は，そこからベクトル $\boldsymbol{r}$ だけ離れた地点に，次の式で決まる電位 ϕ

$$\phi(\boldsymbol{r}) = \frac{1}{4\pi\varepsilon_0}\frac{q}{r} \tag{1}$$

を作る．ϕ には方向はなく，$\boldsymbol{r}$ の絶対値 r のみに依存する．

電場はベクトルだから，3 つの成分を持つ．それらは，ϕ の各座標による偏微分で表わせる．$\boldsymbol{E}=(E_x, E_y, E_z)$ とすれば

$$E_x = -\frac{\partial \phi}{\partial x},\quad E_y = -\frac{\partial \phi}{\partial y},\quad E_z = -\frac{\partial \phi}{\partial z} \tag{2}$$

である．実際，(1)を使って計算すると

$$E_x = -\frac{q}{4\pi\varepsilon_0}\frac{\partial}{\partial x}\left(\frac{1}{r}\right) = \frac{q}{4\pi\varepsilon_0}\frac{1}{r^2}\frac{\partial r}{\partial x} = \frac{q}{4\pi\varepsilon_0}\frac{1}{r^2}\frac{x}{r}, \qquad \text{etc.}$$

となり，電場のクーロンの法則(1.2.1)と一致することがわかる($r=\sqrt{x^2+y^2+z^2}$を使った)．(2)はまとめて

$$\boldsymbol{E} = \left(-\frac{\partial\phi}{\partial x}, \ -\frac{\partial\phi}{\partial y}, \ -\frac{\partial\phi}{\partial z}\right) = -\left(\frac{\partial}{\partial x}, \ \frac{\partial}{\partial y}, \ \frac{\partial}{\partial z}\right)\phi$$

と書ける．右辺のあたかもベクトルであるかのように書いた部分は，単に微分をするという操作を表わしているだけで実体はない．しかし抽象的な意味でベクトルと考えることもできる．これを**ナブラベクトル**と呼び，∇と書く．つまり

$$\nabla \equiv \left(\frac{\partial}{\partial x}, \ \frac{\partial}{\partial y}, \ \frac{\partial}{\partial z}\right)$$

$$\boldsymbol{E} = -\nabla\phi = -\mathrm{grad}\,\phi$$

である．下の式の右辺に書いたように，$\nabla\phi$のことを grad ϕ とも表わす．grad とは**勾配**(gradient)という意味である．ϕをx方向にずらしたときのϕの変化率が$\partial\phi/\partial x$であることなどから，勾配と呼ぶ理由が察せられるだろう．

■等電位面

電位が一定，つまり$\phi(x,y,z)=$定数 という式は空間内の曲面を表わす．これを**等電位面**という．等電位面に垂直な方向が，ϕが最も早く変化する方向であり，それが電場$\boldsymbol{E}=-\nabla\phi$の方向($\phi$の減る方向)になっている．

▶等電位面の一般的な証明は，力学の巻，4.5節参照．

［例］　点電荷：電荷qの粒子がそこから距離rの位置に作る電位は(1)であるから，$\phi=$一定 という条件は$r=$一定 を意味する．つまり等電位面は，粒子を中心とした球面になる．一方，電場は中心から真っすぐ放射状に広がっているので，球面に垂直である(図1)．

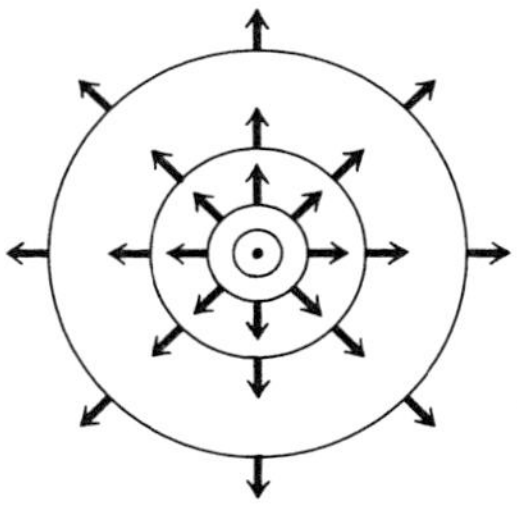

図1　等電位面(同心球)と電場の直交性

ϕが一定量変わるごとに等電位面を描いたとする．面が密なところはϕが早く変化している．等電位面の密度がϕの変化率に比例しており，それが電場の大きさを表わしている．地図の等高線のようなものである．

■電位と静電エネルギー

位置$\boldsymbol{r}$にある粒子に力$\boldsymbol{F}$が働いているとする．$\boldsymbol{F}$が位置のみの関数$U(\boldsymbol{r})$により，$\boldsymbol{F}=-\nabla U$と書けるとき，力学ではUを，この粒子のポテンシャルエネルギー(あるいは位置エネルギー)という．

電場$\boldsymbol{E}$があるところに電荷qを持つ粒子があると$\boldsymbol{F}=q\boldsymbol{E}$という力が働く．$\boldsymbol{E}=-\nabla\phi$であるから，この粒子のポテンシャルエネルギーは，$U=q\phi$となる．これを特に**静電エネルギー**という．またϕ自体を，ポテンシャル(あるいはスカラーポテンシャル)ということもある．

1.6 電位の例

ぽいんと

すでに電場を計算した電気双極子，直線電荷，平面電荷の電位を計算する．通常は，ベクトルでない電位の方が計算しやすいが，積分が無限大になり，注意が必要なこともある．等電位面と電場(電気力線)が直交している様子を思い描いてほしい．

キーワード：電気双極子の電位，直線電荷の電位，平面電荷の電位

■電気双極子の電位

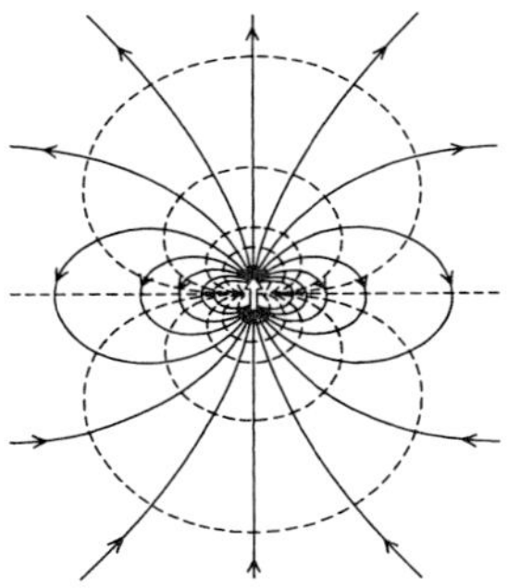

図 1　電気双極子の電気力線(→)と等電位面(---)

▶(1)は点電荷の ϕ を z で微分し，d を掛けたものに等しい．その理由を考えよ．

電気双極子の電位を計算する(図 1)．座標や記号は 1.3 節と同じである．2 つの粒子(q と $-q$)による電位の和は

$$\phi(\boldsymbol{r}) = \frac{1}{4\pi\varepsilon_0}\left(\frac{q}{r_1} - \frac{q}{r_2}\right)$$

となる．(1.3.3)と同様に考えると

$$r_1{}^{-1} \simeq r^{-1}\left(1 + \frac{1}{2}\frac{dz}{r^2}\right), \qquad r_2{}^{-1} \simeq r^{-1}\left(1 - \frac{1}{2}\frac{dz}{r^2}\right)$$

であるから(ただし，d は粒子間の距離)，

$$\phi(\boldsymbol{r}) \simeq \frac{1}{4\pi\varepsilon_0}\frac{qd}{r^2}\frac{z}{r} \tag{1}$$

となる．(1.3.4)で定義した双極子ベクトル $\boldsymbol{p} = (0, 0, qd)$ を使えば

$$\phi(\boldsymbol{r}) \simeq \frac{1}{4\pi\varepsilon_0}\frac{\boldsymbol{p}\cdot\boldsymbol{r}}{r^3} \tag{2}$$

となる．(1)または(2)より電場(1.3.7)が求まる(章末問題 1.7 参照)．

■直線電荷の電位

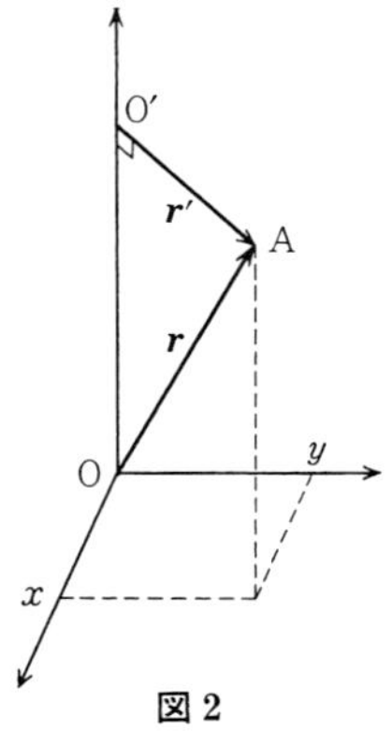

図 2

1.4 節で扱った問題である．座標が $\boldsymbol{r} = (x, y, z)$ である点 A の電位を計算する(図 2)．z 軸の O′ から点 A へ垂直に向かうベクトルを $\boldsymbol{r}'$ とする．原点 O からのベクトルではない．成分で書くと

$$\boldsymbol{r}' = (x, y, 0)$$

である．これを使うと 1.4 節で計算した(直線に垂直方向を向く)電場は

$$\boldsymbol{E}(\boldsymbol{r}) = \frac{\lambda}{2\pi\varepsilon_0}\frac{\boldsymbol{r}'}{r'^2} \qquad (r' = \sqrt{x'^2 + y'^2}) \tag{3}$$

と書ける(λ は単位長さ当たりの電荷密度)．電位は，まず答を先に書くと

$$\phi(\boldsymbol{r}) = -\frac{\lambda}{2\pi\varepsilon_0}\log r' + \text{定数} \tag{4}$$

となる(図 3)．電場が $1/r'$ に比例するので，電位はその積分である $\log r'$ に比例すると考えるのは自然な発想である．実際，

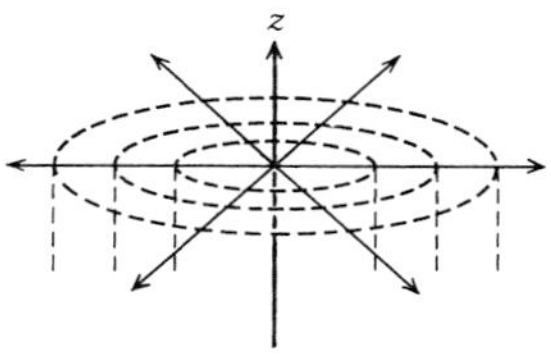

図 3　直線電荷の等電位面（円筒）と電気力線

$$E_x = -\frac{\partial \phi}{\partial x} = \frac{\lambda}{2\pi\varepsilon_0}\frac{x}{r'^2}$$

となり(3)が求まる．また(4)の「定数」は任意の数である．微分すればなくなるので何でもよい．力学のポテンシャルエネルギーにもあった不定性である．

(4)の電位をクーロンの法則(1.5.1)から求めるのも容易ではあるが，積分が無限大になるので注意が必要である．電場を求めたときと同様に，まず直線を細分化する．座標が z' である部分が作る電位は

$$\Delta\phi = \frac{1}{4\pi\varepsilon_0}\frac{\lambda\Delta z'}{\{x^2+y^2+(z-z')^2\}^{1/2}}$$

である．これを足し合わせると($Z=z'-z$ として)

$$\phi(\boldsymbol{r}) = \int_{-\infty}^{\infty}\frac{\lambda}{4\pi\varepsilon_0}\frac{1}{(Z^2+r'^2)^{1/2}}dZ$$

となるが，この積分は無限大になり，答が求まらない．そこでとりあえず直線は有限 $-R<Z<R$ だと考えて

$$\phi(\boldsymbol{r}) = \int_{-R}^{R}\frac{\lambda}{4\pi\varepsilon_0}\frac{1}{(Z^2+r'^2)^{1/2}}dZ$$

とする．そして積分公式

▶章末問題 1.8 参照．

$$\int\frac{1}{\sqrt{x^2+a^2}}dx = \log|\sqrt{x^2+a^2}+x|+\text{定数} \tag{5}$$

を使い，R は非常に大きいとすると

▶ $\sqrt{R^2+r'^2}=R\sqrt{1+(r'/R)^2} \simeq R\left(1+\frac{1}{2}\frac{r'^2}{R^2}\right)$ を使う．

$$\phi(\boldsymbol{r}) = \frac{\lambda}{4\pi\varepsilon_0}\log\left|\frac{\sqrt{R^2+r'^2}+R}{\sqrt{R^2+r'^2}-R}\right| \simeq \frac{\lambda}{4\pi\varepsilon_0}\left(\log 4R^2-\log r'^2\right) \tag{6}$$

となる．このまま $R\to\infty$ とすれば無限大になってしまうが，問題なのは r' に関係した部分である．$\log R$ の部分は無限だとしても変数 r' には関係しないので，この部分を単に「定数」と書けば(4)になる．

▶もともと電位には勝手な定数を足しても構わないので，マイナス無限大を足して有限な結果を求めたと考えてもよい．

■平面電荷の電位

座標や記号を 1.4 節と同じにとる．電位と電場は

$$\begin{aligned}\phi &= -\frac{\sigma}{2\varepsilon_0}|z|+\text{定数}\\ E_z &= -\frac{\partial\phi}{\partial z} = \pm\frac{\sigma}{2\varepsilon_0}, \qquad E_x = E_y = 0\end{aligned} \tag{7}$$

となる(章末問題 1.9 参照)．

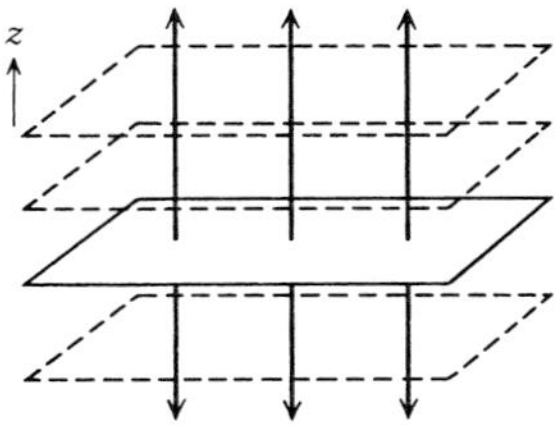

図 4　平面電荷の等電位面（z 一定の平面）と電気力線

章末問題

［1.1 節］

1.1　万有引力の法則は

$$\boldsymbol{F} = G\frac{m_1 m_2}{r^2}\hat{\boldsymbol{r}} \qquad (G = 6.673\times 10^{-11}\ \mathrm{Nm^2\,kg^{-2}})$$

と表わされる．陽子と電子の間に働く電気力と万有引力との比を求めよ．ただし陽子の質量$=1.673\times 10^{-27}$ kg，電子の質量$=9.109\times 10^{-31}$ kg である．

1.2　地球の電子の何パーセントが太陽に移動すると，万有引力と電気力が等しくなるか．ただし，地球の質量の半分が陽子，半分が中性子であるとし，電子の質量は無視して考えよ．（地球の質量$=5.97\times 10^{24}$ kg，太陽の質量$=1.99\times 10^{30}$ kg.）

［1.3 節］

1.3　(1.3.7)が(1.3.4)，(1.3.5)と一致することを示せ．

［1.4 節］

1.4　積分公式(1.4.1)と(1.4.4)を示せ．（ヒント：(1.4.1)は $z=a\tan\theta$，(1.4.4)は $x=r^2$ と変換せよ.）

1.5　無限に広がる板が，距離 d だけ離れて平行に置かれている．そしてそれぞれに，σ と $-\sigma$ の電荷が一様に分布している．板の両側，およびはさまれている部分の電場を求めよ．

1.6　電荷 σ が一様に分布している半径 a の円板の，中心軸上の電場を，円板からの距離 z の関数として求めよ．また $a\ll z$，$a\gg z$ の場合に電場はそれぞれどうなるかを調べ，その意味を考えよ．

［1.6 節］

1.7　(1.6.1)より(1.3.4)および(1.3.5)を，また(1.6.2)より(1.3.7)を求めよ．

1.8　積分公式(1.6.5)を求めよ．（ヒント：$x=2at/(1-t^2)$ とする.）

1.9　平面電荷の電位(1.6.7)を，1.4 節および(1.6.6)を参考にして計算せよ．

2

静電場の発散(湧き出し)

ききどころ

荷電粒子(点電荷ともいう)の電場は，電荷がプラスの場合，粒子の位置から放射状に外に向いている．電場のベクトルを流れとみなせば，電場は粒子から湧き出し，四方八方へ流れ出していることになる．また逆に電荷がマイナスだったら，電場は放射状だが内向きとなる．この場合，電場は粒子に吸い込まれていることになる．このように湧き出し，吸い込みという見方で考えると，電場の全体的な様子を直観的に理解することができる．また，電磁気学で必要なベクトル解析の第一歩として，「ベクトル場の面積分」という概念を学ぶ．

2.1 面積分・体積積分

ぽいんと

面上の積分というものを考えよう．面には縦と横の 2 方向あるから，積分も 2 回する必要がある．平面の場合と曲面の場合があり，また積分されるものもスカラー関数の場合とベクトル関数の場合がある．しかし，積分の基本概念はみな共通なので，定義さえ理解しておけば計算は容易なことが多い．

空間内の積分というものも，3 方向の積分として理解できる．

キーワード：面積分，体積積分，ベクトル関数(ベクトル場)の積分

■平面上の積分

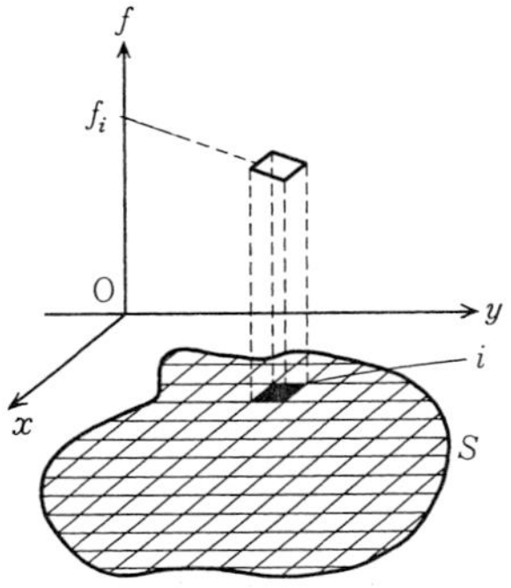

図 1　S の細分割と各部分の柱

xy 平面内で定義された関数 $f(x, y)$ に対して，この面内の，ある領域 S での積分(**面積分**)というものを考えよう．

まず S を，面積 $\varDelta S$（微小量）の正方形に細分割する(図 1)．S の境界では，必ずしもうまく正方形に細分割できないが，後で $\varDelta S\to 0$ の極限を取るのでずれを気にする必要はない．

この正方形に番号を付け，i 番目の正方形内での f の値を f_i と書く．正方形内でも f は変化するが，後で $\varDelta S\to 0$ とするから，どの値を取っても構わない．$f_i\cdot\varDelta S$ という量は，i 番目の正方形(面積 $\varDelta S$)を底面とし f_i を高さとする柱の体積である．(ただし $f_i<0$ のときはマイナス.) その和を取り $\varDelta S\to 0$ とした極限が，「f の S 上での積分」である．

$$\int_S f dS \equiv \lim_{\varDelta S\to 0}\sum_i f_i\cdot\varDelta S$$

f が常に正ならば，これは S を底面とし，$f(x, y)$ を高さとする山の体積になる．また，$f=1$ のときは単に各部分の面積 $\varDelta S$ の和になるから，答は S の全面積に他ならない．

■例と計算方法

▶ $\varDelta S=\varDelta x\cdot\varDelta y$ だから $\varDelta x, \varDelta y$ それぞれについて和をとると考える．

実際に面積分を実行するには，平面を 2 つの座標で表わし，それぞれの座標について積分(2 重積分と呼ぶ)を実行すればよい．具体例として，半径 a の円の面積を計算してみよう(図 2)．円の中心を原点とする xy 座標を使って計算する．まず y を固定して，x について $-\sqrt{a^2-y^2}$ から $\sqrt{a^2-y^2}$ まで積分する．その結果を y について積分すれば答が求まる．

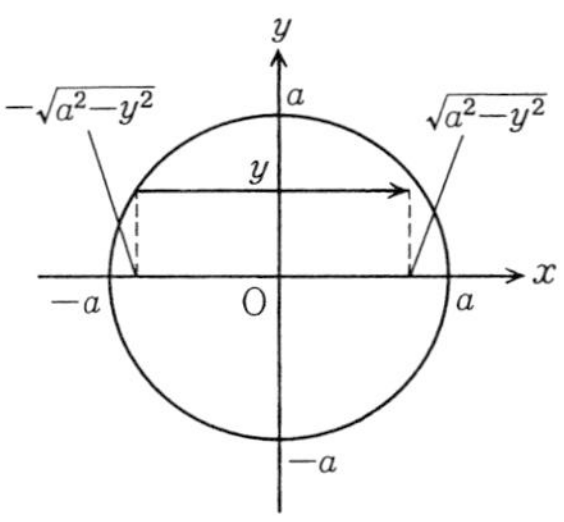

図 2　各 y で $-\sqrt{a^2-y^2}$ から $\sqrt{a^2-y^2}$ まで x で積分する

$$\int_{\text{円}} 1dS = \int_{-a}^{a}\left(\int_{-\sqrt{a^2-y^2}}^{\sqrt{a^2-y^2}} 1dx\right)dy = 2\int_{-a}^{a}\sqrt{a^2-y^2}dy$$

ここで $y=a\sin\theta$ として θ に変数変換すれば

$$\text{右辺} = 2\int_{-\pi/2}^{\pi/2}\sqrt{a^2-a^2\sin^2\theta}\, a\cos\theta\, d\theta = 2a^2\int_{-\pi/2}^{\pi/2}\cos^2\theta\, d\theta = \pi a^2$$

これはまさに，円の面積に他ならない．

■曲面上の積分

空間内に(有限あるいは無限に広がる)曲面 S があったとする．関数 f の，この曲面上の積分というものを次のように定義する．

まず，この曲面を，面積 ΔS の微小な正方形でおおう．曲面を小さなタイルで貼り尽くすと考えればよい．タイルは平面だから曲面とは少しずれるが，微小だから構わない．この正方形に番号を付け，i 番目の正方形内での関数 f の値を f_i とする．そして $f_i \cdot \Delta S$ の和を取り，$\Delta S \to 0$ とした極限が，f の S 上での積分である．

$$\int_S f dS = \lim_{\Delta S \to 0} \sum_i f_i \cdot \Delta S$$

$f=1$ のときは，曲面 S の面積になる．

▶ベクトル関数という言葉の意味は，1.2節参照．

■曲面上のベクトル関数(ベクトル場)の垂直成分の積分

空間内に(有限あるいは無限に広がる)曲面 S があったとする．ベクトル関数 $\boldsymbol{A}(x,y,z)$ の，この曲面に垂直方向の成分を $A_\perp$ とすると，$A_\perp$ のこの曲面上の積分というものが，上と同様に定義できる．

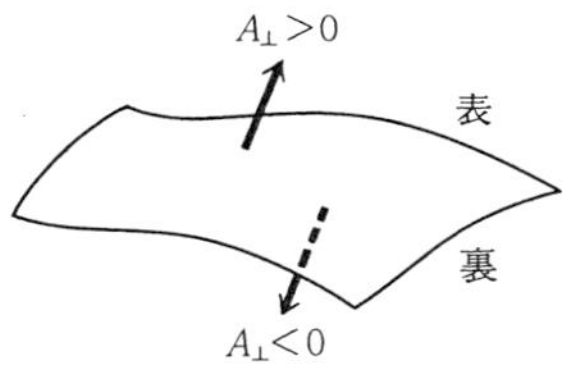

図3 曲面の表裏と $A_\perp$ の正負

ただし，面の垂直方向といっても表裏2方向がある．どちら向きを正とするかは，あらかじめ決めておかなければならない．球面のような閉曲面の場合は，通常は外向きが正であることにする．閉曲面上の $A_\perp$ の積分が正であれば，ベクトルは全体としては(つまり平均では)そこから出ていく方向を向いており，負ならば入っていく方向を向いていることになる(図3)．このことは後で重要な意味を持つ．

■空間内の領域の関数の体積積分

空間内に(有限あるいは無限に広がる)3次元的な領域 V があったとする．関数 $f(x,y,z)$ のこの領域での積分(**体積積分**)というものを定義する．

この領域を，体積 ΔV の微小な立方体で埋める．この立方体に番号を付け，i 番目の立方体内での関数 f の値を f_i とする．そして $f_i \cdot \Delta V$ の和を取り，$\Delta V \to 0$ とした極限が，f の V 内の積分である．

$$\int_V f dV = \lim_{\Delta V \to 0} \sum_i f_i \cdot \Delta V$$

特に $f=1$ の場合は，答は V の体積になるのは明らかだろう．

▶$\Delta V = \Delta x \cdot \Delta y \cdot \Delta z$ だから Δx, Δy, Δz それぞれについて和をとると考える．

実際の計算は，面積分の場合と同様，3つの方向それぞれについて実行する．3重の積分になるので次のような書き方もする．

$$\int_V f dV = \int_V f dx dy dz = \int_V f d^3 \boldsymbol{r}$$

2.2 ガウスの法則(積分形)

ぽいんと

ベクトル関数の面積分の応用として，電場のガウスの法則というものを説明する．電荷を閉じた曲面で囲ったときに，その曲面から出ていく電場の合計を与える法則である．原理としても応用上でも重要な法則である．

キーワード：ガウスの法則(積分形)

■球面から出ていく電場

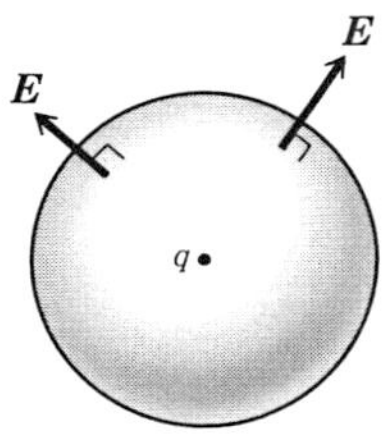

図1　球面から出ていく電場

電荷 q の粒子が1つあるとする．その粒子を中心とした半径 a の球面を考え，そこでの電場の垂直成分の面積分を計算する(図1).

電場は放射状であるから球面に垂直である．したがって，球面上では，垂直成分とは電場の大きさそのものである．球面から外へ出ていく方向を正とすれば

$$E_\perp = \pm|\boldsymbol{E}| = \frac{1}{4\pi\varepsilon_0}\frac{q}{a^2}$$

となる(式の途中の ± は，$q>0$ のときは ＋，$q<0$ のときは － である).この値は球面上どこでも変わらないから，面積分は単に球面積を掛けて

$$\int_{球面} E_\perp dS = \frac{1}{4\pi\varepsilon_0}\frac{q}{a^2}\times 4\pi a^2 = \frac{q}{\varepsilon_0}$$

となる．答は球の半径 a に依らない．遠方へ行くほど電場は減るが逆に球面積が増すので，積は一定になる．クーロンの法則が逆2乗則であることが根本的な理由である．

■任意の閉曲面から出ていく電場

答が球面の大きさに依らないという性質は，さらに一般化される．電荷を囲む面が球面でなくても，またどんな大きさであっても，その面上での電場の積分は変わらない．

定理　電荷 q を持つ粒子の回りの任意の閉曲面 S 上の積分について，次の式が成り立つ．(閉曲面とは，閉じていて粒子を完全に囲んでいるという意味である.)

$$\int_S E_\perp dS = \frac{q}{\varepsilon_0} \tag{1}$$

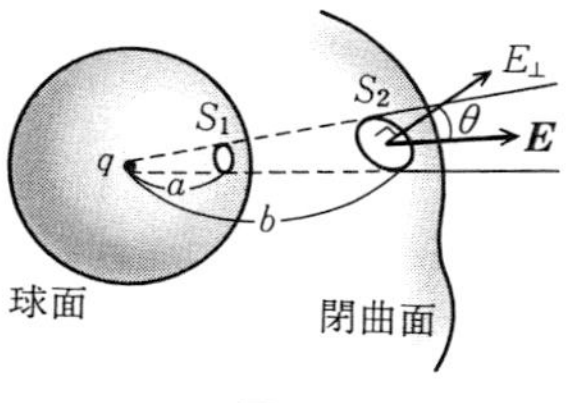

図2

[証明]　まず閉曲面の内部に，粒子を中心とした球面を考える(図2)．そして粒子を頂点とする頂角が微小の円錐を描き，それと球面の交差面を S_1，閉曲面 S との交差面を S_2 とする．すると以下で示すように

$$\int_{S_1} E_\perp dS = \int_{S_2} E_\perp dS \tag{2}$$

という式が成り立つ．つまり，S_1 から出ていく電場の量と，S_2 から出ていく電場の量が等しいということである．この式が任意の方向に伸びる円錐に対して成り立っていれば，全球面上の積分と全閉曲面上の積分が等しいことになり，定理が成り立っていることがわかる．

(2)を証明しよう．円錐が微小で交差面も微小なときは，交差面上では電場が一定だとし，(2)は

$$(S_1\text{上における}E_\perp)\times(S_1\text{の面積}) = (S_2\text{上における}E_\perp)\times(S_2\text{の面積}) \tag{3}$$

と書いてよいだろう．そこで，両辺の電場と面積をそれぞれ比較してみよう．相似関係から考えれば，中心軸に垂直な円錐の断面は頂点からの2乗に比例することはすぐわかる．しかし，面 S_1 は軸に垂直であるが面 S_2 は傾いている．その角度を θ とすれば，中心から各面への距離 a と b を図2のように定義すると

$$S_1/S_2\cos\theta = a^2/b^2 \tag{4}$$

となる．次に電場を考える．S_1 は電場に垂直であり，S_2 は傾いているから

$$E_\perp(S_1\text{上}) = \pm|\boldsymbol{E}(S_1\text{上})|, \quad E_\perp(S_2\text{上}) = \pm|\boldsymbol{E}(S_2\text{上})|\cos\theta$$

である．これに逆2乗則を考え合わせると，

$$\frac{E_\perp(S_1\text{上})}{E_\perp(S_2\text{上})} = \frac{|\boldsymbol{E}(S_1\text{上})|}{|\boldsymbol{E}(S_2\text{上})|\cos\theta} = \frac{b^2}{a^2}\frac{1}{\cos\theta} \tag{5}$$

となる．(4)と(5)より(3)が導かれる．（証明終）

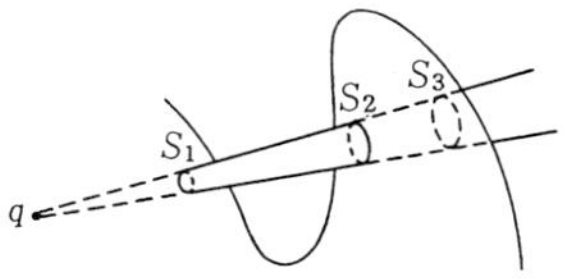

図3 一度外に出て(S_1)，再び中に入り(S_2)，また外に出る(S_3)場合

注意 上記の証明では，円錐と閉曲面 S は1ヶ所で交差するとした．しかし図3のように3ヶ所で交差することもある．このとき，3ヶ所での積分値の絶対値は変わらないが，S_2 では電場は内向き，つまりマイナスになるので，S_1 または S_3 と相殺する．結局，一番外側（あるいは内側）だけを考えておけばよい．

■ガウスの法則

次の定理は，きわめて重要である．

定理 どのように電荷が分布していたとしても，任意の閉曲面 S について

$$\int_S E_\perp dS = \frac{1}{\varepsilon_0}\times(S\text{内部の全電荷}) \tag{6}$$

という式が成り立つ．これを**ガウスの法則**（積分形）と呼ぶ．

［証明］ 電場は，各粒子が作る電場の和である．したがって，すべての荷電粒子が S の内部にあれば，上記の定理より(6)は明らかである．一方，S の外部にある粒子による電場は，S 全体で面積分するとゼロになる（その理由は上の注意と同じである）．したがって，S の外部に粒子があっても(6)は変わらない．（証明終）

▶電荷が外部にあれば電気力線と S は偶数回交差する．

2.3 ガウスの法則の応用

ぽいんと

ガウスの法則の応用例を説明する．ガウスの法則だけから電場を完全に決めることはできない．しかし，電場の方向がわかっている場合は，この法則を使って電場の大きさを簡単に求めることができる．具体例で実際に計算してみよう．

■球対称の電場

前節では，クーロンの法則からガウスの法則を導いた．しかし逆に，ガウスの法則からクーロンの法則を導くには，電場の方向についての仮定をしなければならない．

電荷 q を持つ粒子が1つあるとしよう．そして電場はこの粒子から放射状に，球対称に分布していると仮定する．粒子を中心とした半径 r の球面上でガウスの法則を考えると

$$\int_{\text{球面}} E_{\perp} dS = \frac{q}{\varepsilon_0} \tag{1}$$

である．電場は放射状，球対称と仮定したので，球面上では

$$E_{\perp} = \pm|\boldsymbol{E}| = \text{一定}$$

したがって，(1)は

$$\pm|\boldsymbol{E}|\cdot 4\pi r^2 = \frac{q}{\varepsilon_0} \quad \Rightarrow \quad |\boldsymbol{E}| = \pm\frac{1}{4\pi\varepsilon_0}\frac{q}{r^2}$$

これはクーロンの法則に他ならない．(電場の方向を仮定しなければならない理由は次節で説明する．)

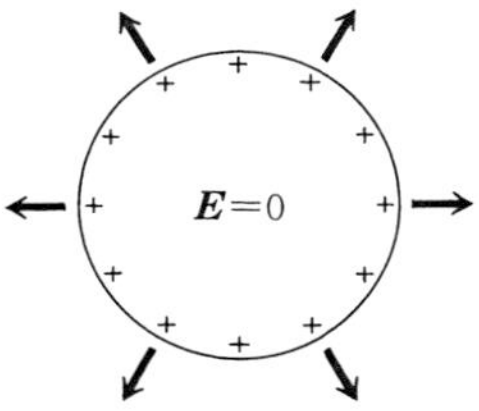

図1 球面上の電荷による電場

以上は当たり前の結果であるが，この計算からいろいろ面白いことがわかる．こんどは，半径 a の球面上に電荷が一様に分布しているとする(図1)．電荷の合計を Q とする．電場はやはり放射状で球対称だと仮定しよう．すると，この球面より大きい球面(つまり $a<r$)上でガウスの法則を書くと

$$\int_{\text{球面}} E_{\perp} dS = \frac{Q}{\varepsilon_0}$$

となる．この式より上と同じ計算をすると

$$|\boldsymbol{E}| = \pm\frac{1}{4\pi\varepsilon_0}\frac{Q}{r^2}$$

となる．クーロンの法則と同じ形をしている．つまり，電荷が広がって分布しているときもそれが球対称であるかぎり，全電荷がその中心に集中しているときと同じ電場となるということである．ただしこれは，電荷の外側の話である．電荷の内側(つまり $a>r$)でガウスの法則を考えると

▶ガウスの法則には，面内部の電荷のみが寄与する．

$$\int_{\text{球面}} E_{\perp} dS = 0$$

ここでもやはり電場が放射状で球対称だとすれば，同じ計算により $\boldsymbol{E}=0$ となる．

■軸対称な電場

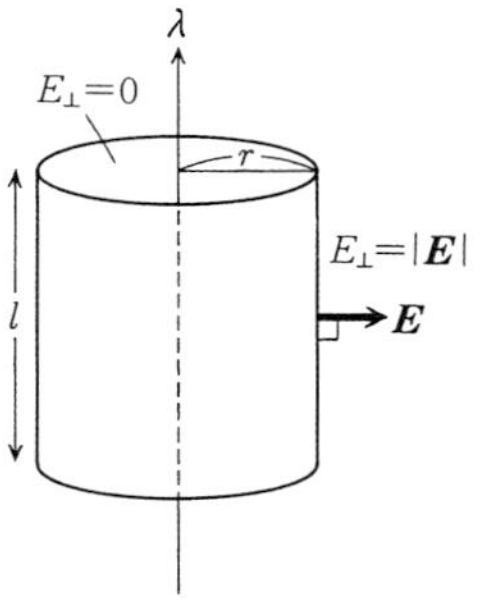

図 2 直線電荷を囲む円筒

直線上に一様に電荷が分布しているとする(図 2)．電荷密度を λ とする．1.4 節で取り上げた例である．電場は直線から放射状かつ軸対称だと仮定すれば，その大きさはすぐに求まる．この直線を中心軸とする，長さ l，半径 r の円筒を考える．この円筒の中に含まれる電荷は λl だから，これに対してガウスの法則を適用すると

$$\int_{\text{円筒}} E_{\perp} dS = \frac{\lambda l}{\varepsilon_0}$$

となる．円筒の上下の底面では仮定より $E_{\perp}=0$ であり，また側面では

$$E_{\perp} = \pm|\boldsymbol{E}| = \text{一定}$$

である．つまり

$$\pm|\boldsymbol{E}|2\pi r l = \frac{\lambda l}{\varepsilon_0} \quad \Rightarrow \quad |\boldsymbol{E}| = \frac{|\lambda|}{2\pi\varepsilon_0 r}$$

これは 1.4 節で積分で求めた結果と一致する．

この計算もやはり拡張できる．軸対称に分布する電荷が無限に続いているときは，電荷が分布している領域の外側から見れば，全電荷が中心軸に集中していると考えても同じことである(章末問題 2.2 参照)．

■平面上の電荷

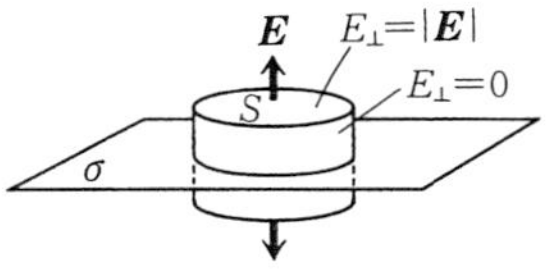

図 3 平面電荷を囲む柱

面密度 σ の電荷が，平面上に一様に分布しているとする．電場はこの平面に垂直，上下対称で，その大きさは平面からの距離のみによると仮定し，ガウスの法則より電場を求めよう．

図 3 のように，この平面が真ん中を横切っている柱を考える．柱の側面はこの平面に垂直で，底面は平行であるとする．底面の面積を S とすればガウスの法則は

$$\int_{\text{柱の表面}} E_{\perp} dS = \frac{\sigma S}{\varepsilon_0} \tag{2}$$

となる．電場は平面に垂直だから，柱の側面では $E_{\perp}=0$，底面では $E_{\perp}=|\boldsymbol{E}|$ となる．これより(2)は

$$\pm 2|\boldsymbol{E}|\cdot S = \frac{\sigma S}{\varepsilon_0} \quad \Rightarrow \quad |\boldsymbol{E}| = \frac{|\sigma|}{2\varepsilon_0}$$

2.4 ガウスの法則と電場の発散(湧き出し)

ぽいんと

ガウスの法則は,電場がその領域から,どれだけ外に出ていくかを示している.これを電場の「発散(湧き出し)」という.また一般にベクトル関数には,「回転(渦)」という概念もある.そして,発散はあるが回転はないということが,静電場の特徴である.

キーワード:発散(湧き出し),回転(渦)

■ガウスの法則の幾何学的意味

ガウスの法則に出てくる積分

$$\int_S E_\perp dS \tag{1}$$

の幾何学的意味を考えてみよう.S は任意の閉曲面であり,$E_\perp$ とは面 S 上での,ベクトル $\boldsymbol{E}$ の面に垂直な成分である.$E_\perp$ は,$\boldsymbol{E}$ が S の外を向いているとき正,内を向いているとき負と定義されている.つまり $E_\perp$ とは,$\boldsymbol{E}$ のうち閉曲面 S から「出ていく」部分であり,入っていくときは,負の量が出ていくと考える.すると上記の積分は,閉曲面から出ていく $\boldsymbol{E}$ の総量ということになる.入っていく量の方が大きければ,答はもちろん負である.

このような意味で,(1)のことを $\boldsymbol{E}$ の S からの**湧き出し**あるいは**発散**と呼ぶ(積分が負のときは「吸い込み」ともいう).ガウスの法則をこの言葉を使って表現すれば,「ある領域からの電場の発散(湧き出し)は,その領域内の全電荷に比例する」ということになる.

■湧き出しから考える電場の振る舞い

▶点電荷(電荷 q)

$$E = \frac{1}{4\pi\varepsilon_0}\frac{q}{r^2}$$

▶直線電荷(電荷密度 λ)

$$E = \frac{1}{2\pi\varepsilon_0}\frac{\lambda}{r}$$

▶平面電荷(電荷密度 σ)

$$E = \frac{\sigma}{2\varepsilon_0}$$

電場の湧き出しと内部の全電荷の比例関係は,どのような閉曲面をとっても成り立つ法則である.これは,電場が電荷の存在するちょうどその場所から湧き出しており(負電荷のときはもちろん吸い込み),電荷のない場所では湧き出しも吸い込まれもしないからに他ならない.

このことから,今までの電場の計算結果を直観的に理解することができる.まず,電荷が1点だけにあったとする.そこから電場が湧き出して,総量は変わらないまま四方八方に広がっていけば,(その点を囲む球面は距離の2乗に比例して広がるので)電場の大きさは距離の2乗に反比例して減少せざるをえない.これがクーロンの逆2乗則に他ならない.

直線電荷のとき電場が距離の1乗に反比例して減少するのも,また平面電荷のときに電場が遠方で減少しない理由も同様に理解できる.

■電気力線

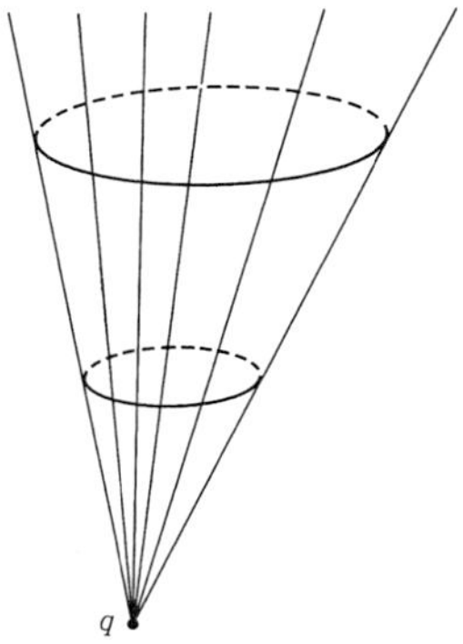

図1 電気力線の密度の変化

以上の事情をうまく表わしているのが電気力線である．たとえば，1つの電荷のある場所から電気力線を四方八方に中断せずに伸ばしていくとしよう．するとその密度は距離の2乗に反比例して減少する．これは電場の大きさの減少にうまく比例している(図1)．

一般に，途中に電荷がない限り，電気力線を中断せずに伸ばし続けることにすれば，電気力線の密度の変化は電場の大きさに比例する．いくつかの具体例で示したように，これはガウスの法則により保証されていることで，その元をただせば，静電場の原理の出発点がクーロンの逆2乗則であったからに他ならない．

■回　転(渦)

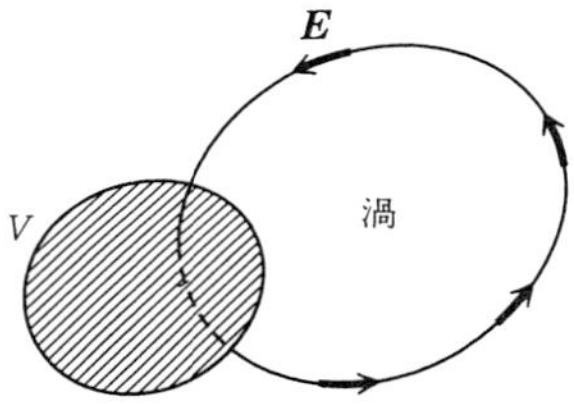

図2 渦を巻く領域があってもガウスの法則に影響を与えない．

静電場は，湧き出し，吸い込みということで特徴づけられるということを説明した．それを表わすのがガウスの法則である．

しかし前節で注意したように，ガウスの法則だけでは電場の様子を完全に決めることはできない．その理由は，湧き出し，吸い込みだけでは表わせないベクトル関数というものが考えられるからである．それが**渦**である(図2)．ベクトル解析では，湧き出しのことを発散というように，渦のことは回転という．

いま各点でのベクトルの方向をたどっていくと元に戻ってくる例を考えてみよう．電気力線がぐるっと回ってしまう場合である．このような輪がつらぬく領域 V を取り，そこでガウスの法則を考える(図2)．ベクトルはある点ではこの領域に入っていく．しかし別の点ではそこから出ていく．つまり総量だけを考えれば，湧き出しも吸い込みも無いことになる．

したがって，このような渦をいくら付け加えても，ガウスの法則には影響は及ぼさない．つまり渦があるかないかは，ガウスの法則からはわからない．これがガウスの法則だけでは電場は決まらない理由である．

ところで，クーロンの法則からある程度想像できるだろうが，静電場では決して渦は生じないことが証明できる．(渦を調べる数学的な方法は，4章で詳しく説明する．) つまり，「渦無し」という条件を付け加えて初めて，ガウスの法則は完全にクーロンの法則の代用になるのである．

話が先走るが，静磁場に関しては「湧き出し」ではなくむしろ「渦」の方が重要になる．さらに，時間的に変動する電場や磁場の場合には，「湧き出し」と「渦」の双方が重要な働きをする．このことをきちんと整理したのが第Ⅱ部で説明するマクスウェルの理論である．

章末問題

[2.1節]

2.1 (1) (0,0),(2,0),(1,1)を頂点とする三角形の面積を，積分により計算せよ．

(2) 半径 a の球面の面積を求めよ．(ヒント：球面の各点を緯度 θ と経度 ϕ で表わし，$\Delta\theta\Delta\phi$ の部分の面積の和をとる．ただし数学では通常，北極にあたる部分を $\theta=0$，南極にあたる部分を $\theta=\pi$ とする．$0\leqq\theta\leqq\pi$，$0\leqq\phi\leqq2\pi$ である．)

(3) 半径 a の球の体積を求めよ．(ヒント：中心を座標軸の原点とする．z 軸に垂直な断面は円だから，その面積を $-a\leqq z\leqq a$ の範囲で積分する．あるいは，(2)の結果を使って，球殻の体積の和を考えてもよい.)

[2.3節]

2.2 (1) 半径 a の球の内部全体に，密度 ρ (一定)の電荷が分布しているときの，球内外の電場を求めよ．

(2) 半径 a の無限に長い円柱内部全体に，密度 ρ (一定)の電荷が分布しているときの，円柱内外の電場を求めよ．

2.3 $a>r$ の領域では，電場は放射状で原点からの距離 r の2乗に比例し，

$$E_{\perp}(r)=\frac{A}{4\pi\varepsilon_0}r^2$$

となり，$a<r$ では $\boldsymbol{E}=0$ となるようにするには，どのように電荷を分布させればよいか．

2.4 球面上に電荷が一様に分布しているとき，その内部では $\boldsymbol{E}=0$ であることを，(ガウスの法則は使わず)クーロンの法則を直接使って示せ．(ヒント：どの部分とどの部分の電荷の寄与が相殺するかを考えよ.)

3

静磁場の基本法則

ききどころ

自然界には，電気力の他に磁気力(磁力)という力がある．磁石や電流により発生する．電流が関係していることからもわかるように，電気力と密接な関係があり，実は電気と磁気は単一の原理の2つの側面であることを第II部で説明するが，この章ではとりあえず，静磁場(時間の経過とともに変化しない磁場)の基本法則を説明する．それはビオ・サバールの法則と呼ばれ，電流があると，その回りに磁場の渦が発生するということを表わしている．

3.1 磁気力と磁力線

ぽいんと

磁気とはどのような現象なのかということをまず説明する．

キーワード：磁力線，磁気双極子，電流の作る磁場，ループ電流

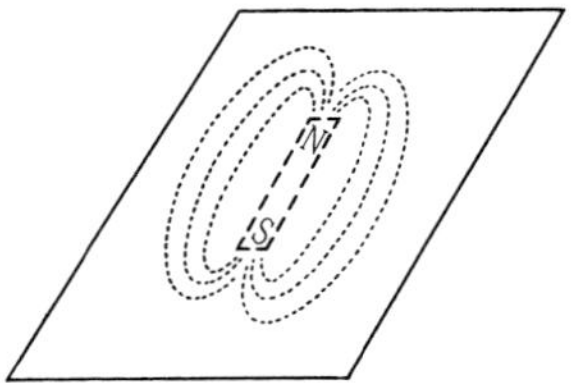

棒磁石の上においた
板上の鉄粉

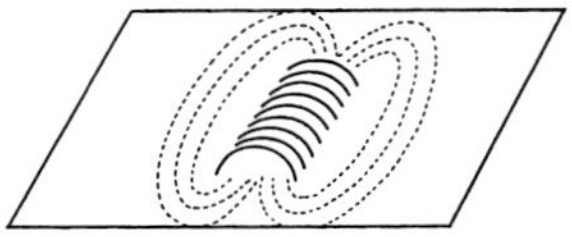

コイルと鉄粉

図 1

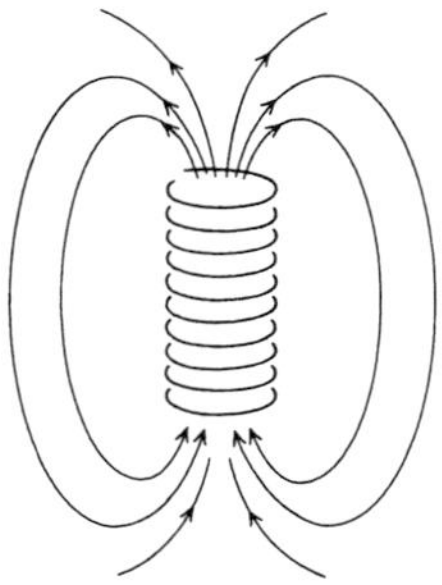

図 2　コイルと磁力線

■磁石とコイル

典型的な磁気力を示すものが，鉄などの磁石であり，またコイル(導線の輪を重ねたもの)に電流を流して作る電磁石である．また，電流の近くに磁針(方位磁石)を置くとそれが向きを変えるという現象も，磁気力である．

磁石とコイルとはまったく違ったものであるが，これらが周囲に及ぼしている影響は同じ種類の力である．それを示すには，次のような実験を考えればよい．まず棒磁石の上に薄い板を置き，その上に鉄粉をまく．すると図 1 のような模様ができることはよく知られている．これと同じ模様は，コイルに電流を流すと作ることができる．コイルの中心軸をつらぬくように板を置き，鉄粉をまく．するとやはり同じ模様ができる．

■磁 力 線

電気による力の方向(電場の方向)をつなげていったものが，電気力線である．これと同様なものとして，**磁力線**というものを考える．これは電流を流したコイルの(あるいは磁石の)周囲の，数珠つなぎになっている鉄粉のすじを伸ばしていったものである．あるいは，鉄粉の代わりに小さな磁針を多数並べ，それらが指す方向をつなげていったものと考えてもよい．いずれにせよ，コイルの周囲の磁力線は，図 2 のようになっている．

電気力線が電場の方向を表わしているように，磁力線は磁場の方向を表わすと考える．といっても，磁力線がどのように磁気力と関係があるかということを説明しなければ意味がない．

電場の場合は，それに電荷を掛ければ荷電粒子に働く力になる．つまり電場と電気力は単純な比例関係にある．しかし磁気の場合，電荷に対応する磁荷というものは存在しない．磁力線と磁石に働く力との関係はむしろ，電気力線と，電気双極子に働く力の関係に似ている．

■磁気双極子

電気双極子とは，プラスとマイナスの電荷がわずかにずれて固定されているようなものである．これを電場のある場所に置いたとしてみよう．プラスの部分は電場の方向に押され，マイナスの部分は逆向きに引っ張られる．

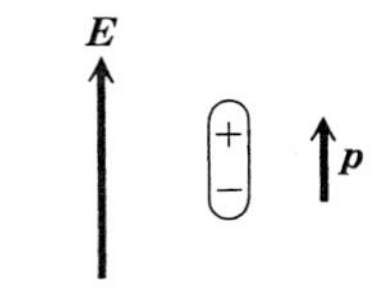

図 3　電場の方向と電気双極子の方向

▶サイズが無限小ならば完全に一致することを，後で示す．

結局，図 3 のように，電場に平行になる．つまり電気力線とは，電気双極子が向く方向をつなげていった線だと考えることができる．

一方，棒磁石やコイルのサイズを無限小にしたもの(ただし，その磁力は有限に保ったままとする)を**磁気双極子**と呼ぶ．なぜこれも「双極子」なのかの詳しい説明は後でするが，ここではとりあえず，(小さい)棒磁石やコイルの作る磁力線が，1.6 節で示した電気双極子の作る電気力線と形が似ていることに注意し，類似物であることを納得してほしい．

棒磁石やコイルの周囲に，このような磁気双極子を置くと，磁力線の方向を向く．鉄粉が磁力線に沿って数珠つなぎになるのも同様な現象である．(磁石の影響で，鉄粉が一時的に小さな磁石，つまり磁気双極子になっている.) つまり，磁力線とは磁気双極子が向く方向をつなげていった線だということができる．

■電流と磁力線(電流の作る磁場)

棒磁石による力も，コイルを流れる電流による力も，基本的には同じ力である．しかし正確に説明しようとすると，棒磁石ではその構成粒子(原子や電子)の性質にまで触れなければならない．一方，コイルでは，その材質などとは無関係に，電流と磁気力の関係だけを理解すれば十分である．そこでこちらの方から話を進めていこう．

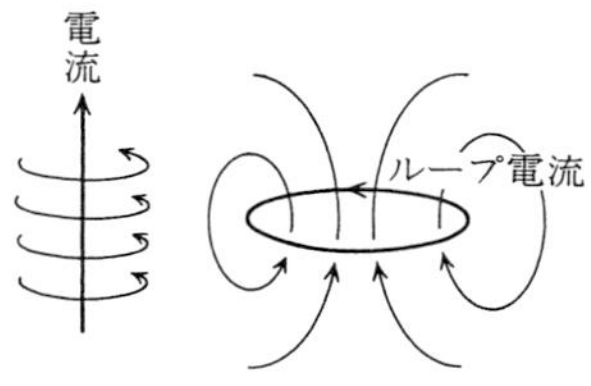

図 4　電流と磁力線

ところで，磁力線の形を決める法則を考えるには，コイルでもまだ複雑すぎる．一番簡単なのは，一直線の導線を流れる電流(直線電流)であろう．これも電流である限りは，その周囲に磁力線を作っているはずである．これも適当な場所に板を置き鉄粉をまけば，調べることができる．

結果は図 4 に示されているように，電流が流れる直線を軸とする同心円であることがわかっている．つまり，磁気力は電流の回りに渦巻く．

磁力線が電流の回りに渦を作るということから，コイルによる磁力線の形も理解できる．まず 1 つの輪に電流が流れているとしよう(**ループ電流**)．電流を囲むように線を描けば磁力線になる．輪を積み重ねたのがコイルだから，コイルの磁力線が図 2 のようになるのも理解できるだろう．

■渦と湧き出し

電気力の源は「電荷の存在」自体である．一方，磁気力の源は，「電流つまり電荷の動き」である．それぞれの源と電気力線あるいは磁力線の関係には大きな違いがある．直線電流の回りの磁力線と，直線電荷の回りの電気力線を比べてみよう．磁力線は直線の回りを渦巻いている．一方，電気力線は電荷から湧き出し，四方に広がっている(1.6 節図 3)．この違いが電気と磁気の法則の基本的な差であることが，これからの説明で明らかになるだろう．

3.2 静磁場の法則の考え方・外積

ぽいんと

時間的に変化しない電流は，当然，時間的に変化しない磁場を作る．これを静磁場という．また逆に，磁場は電流(動く荷電粒子)に力を及ぼす．ここでは，これらの静磁場の法則についての予備的な説明と，法則を数式で表わすときに必要なベクトルの外積というものの解説をする．

キーワード：外積

■静磁場の法則の表わし方

(運動していない荷電粒子による)電気力の基本法則はクーロンの法則であるが，これは2つの部分に分けることができた．第一は，電荷がその周囲にどのような電場を作るかという法則であり，第二は，(別の)電荷がその電場からどのような力を受けるかという法則であった．

静磁場の法則も，同様に2段階で表わすことができる．

(ｉ) 電流は，その周囲にどのような磁場を作るか．(ビオ・サバールの法則)

(ii) 磁場があるとき，そこを流れる電流はどのような力を受けるか．

電流とは電荷を持った粒子の流れである．したがって，2番目の法則は次のように言うこともできる．

(ii′) 磁場があるとき，そこを動く荷電粒子はどのような力を受けるか．(ローレンツ力)

図1 電流の細分割

前節では直線電流の作る磁力線を説明したが，電流は曲がりくねっていることもあるだろう．そこで一般的な法則を書き表わすために，電流を細分割し(図1)，各点で勝手な方向を向いている電流の微小な部分が，どのような磁場($\boldsymbol{B}$ と書く)を作るかという問題を考える．それを表わす法則が，3.4節で述べる**ビオ・サバールの法則**と呼ばれるものである．

また磁場の及ぼす力については，前節では磁気双極子への影響を考えた．磁気双極子とは，電流で作るならば微小なコイルであり，コイルとは電流の輪である．そして輪全体への力を計算するには，輪に流れる電流の各部分，あるいは輪の中を運動する荷電粒子1つ1つへ及ぼす磁場の力がわかればよい．これを表わすのが**ローレンツ力**である．

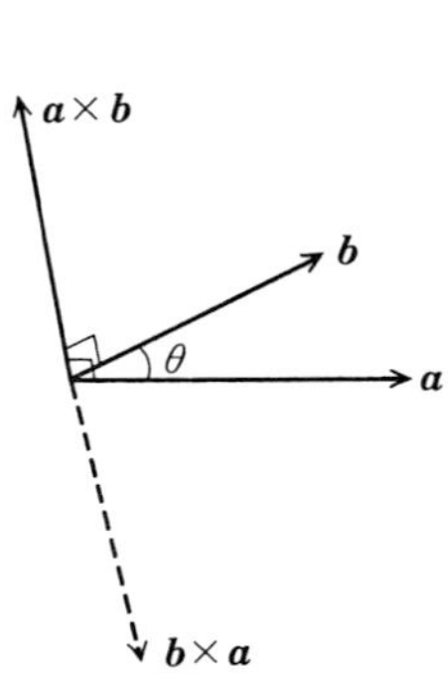

図2

■外　積

平行でない2つのベクトルを $\boldsymbol{a}$ と $\boldsymbol{b}$ とし，その間の角度を θ とする(図2)．

$\boldsymbol{a}$ と $\boldsymbol{b}$ で決まる平面に垂直な方向を向き，大きさが $|\boldsymbol{a}|\cdot|\boldsymbol{b}|\sin\theta$ であるベクトル($\boldsymbol{c}$ とする)を $\boldsymbol{a}$ と $\boldsymbol{b}$ の**外積**と呼び，$\boldsymbol{a}\times\boldsymbol{b}$ と書く．つまり

$$\boldsymbol{c} = \boldsymbol{a}\times\boldsymbol{b}$$

$$|\boldsymbol{c}| = |\boldsymbol{a}|\cdot|\boldsymbol{b}|\sin\theta$$

この $\boldsymbol{c}$ の大きさは，$\boldsymbol{a}$ と $\boldsymbol{b}$ で作る平行四辺形の面積に等しい．$\boldsymbol{c}$ は $\boldsymbol{a}$ と $\boldsymbol{b}$ で作られる平面に垂直だから，$\boldsymbol{a}, \boldsymbol{b}$ それぞれとも直交している．つまり，$\boldsymbol{a}$ あるいは $\boldsymbol{b}$ との内積はゼロである．

$$\begin{aligned} \boldsymbol{a}\perp\boldsymbol{c} \quad &\Rightarrow \quad \boldsymbol{a}\cdot(\boldsymbol{a}\times\boldsymbol{b}) = 0 \\ \boldsymbol{b}\perp\boldsymbol{c} \quad &\Rightarrow \quad \boldsymbol{b}\cdot(\boldsymbol{a}\times\boldsymbol{b}) = 0 \end{aligned} \tag{1}$$

「$\boldsymbol{a}$ と $\boldsymbol{b}$ で作られる平面に垂直方向」といっても，表裏2方向がある．$\boldsymbol{a}\times\boldsymbol{b}$ と書いたときは，$\boldsymbol{a}$ から $\boldsymbol{b}$ へ右ねじを回したときにねじが進む方向であるとする．したがって，$\boldsymbol{b}\times\boldsymbol{a}$ と書けば逆方向となる．つまり

$$\boldsymbol{a}\times\boldsymbol{b} = -\boldsymbol{b}\times\boldsymbol{a} \tag{2}$$

▶ベクトルの出発点を同じにとれば，$\boldsymbol{a}$ と $\boldsymbol{b}$ が重なってしまうから．

$\boldsymbol{a}$ と $\boldsymbol{b}$ が平行なときは平面は決められない．したがって $\boldsymbol{a}\times\boldsymbol{b}$ の方向も決められない．しかし，このときは $\theta=0$，つまり $\sin\theta=0$ なので外積はゼロであるから方向を決める必要もない．

$$\boldsymbol{a}/\!/\boldsymbol{b} \quad \Rightarrow \quad \boldsymbol{a}\times\boldsymbol{b} = 0 \tag{3}$$

2つのベクトルの内積 $\boldsymbol{a}\cdot\boldsymbol{b}$ はスカラーである．これは成分で表わせて

$$\boldsymbol{a}\cdot\boldsymbol{b} = a_x b_x + a_y b_y + a_z b_z$$

である．外積も成分で表わせる．外積自身がベクトルなので3成分あり

$$\begin{aligned} (\boldsymbol{a}\times\boldsymbol{b})_x &= a_y b_z - a_z b_y \\ (\boldsymbol{a}\times\boldsymbol{b})_y &= a_z b_x - a_x b_z \\ (\boldsymbol{a}\times\boldsymbol{b})_z &= a_x b_y - a_y b_x \end{aligned} \tag{4}$$

例として $\boldsymbol{a}=(1,1,0)$，$\boldsymbol{b}=(-1,1,0)$ とすれば（$|\boldsymbol{a}|=|\boldsymbol{b}|=\sqrt{2}$）

$$\begin{aligned} (\boldsymbol{a}\times\boldsymbol{b})_x &= 1\cdot0-0\cdot1 = 0 \\ (\boldsymbol{a}\times\boldsymbol{b})_y &= 0\cdot(-1)-1\cdot0 = 0 \\ (\boldsymbol{a}\times\boldsymbol{b})_z &= 1\cdot1-1\cdot(-1) = 2 \end{aligned}$$

というように，予想どおり大きさが2の z 方向を向くベクトルとなる．

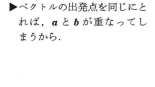

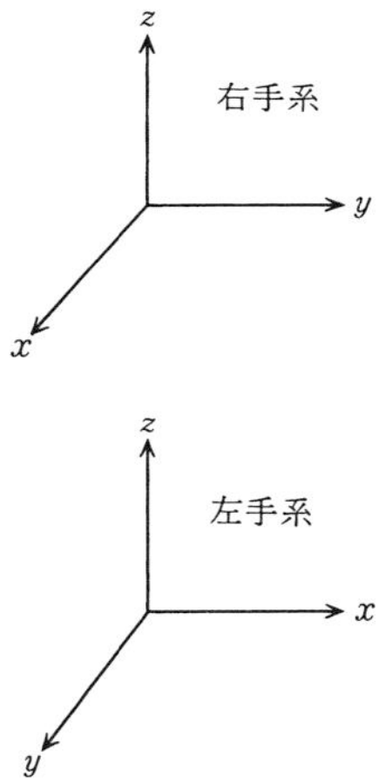

図3

注意　公式(4)は，右手系(図3)と呼ばれる座標系で成り立つ．右ねじを x 軸から y 軸へまわしたとき進む方向が，z 軸の「プラス」方向であるような座標系である．左手系と呼ばれる，x 軸と y 軸が入れ替った座標軸では，上の公式の右辺の符号を入れ替えなければならない．

次の重要な公式が成立する．

$$\boldsymbol{a}\cdot(\boldsymbol{b}\times\boldsymbol{c}) = \boldsymbol{c}\cdot(\boldsymbol{a}\times\boldsymbol{b}) = \boldsymbol{b}\cdot(\boldsymbol{c}\times\boldsymbol{a}) \tag{5}$$

$$\boldsymbol{a}\times(\boldsymbol{b}\times\boldsymbol{c}) = \boldsymbol{b}\cdot(\boldsymbol{a}\cdot\boldsymbol{c})-(\boldsymbol{a}\cdot\boldsymbol{b})\cdot\boldsymbol{c} \tag{6}$$

(5)は，3つのベクトル $\boldsymbol{a}, \boldsymbol{b}, \boldsymbol{c}$ から作る平行四面体の体積を求める式である．たとえば左辺は，$\boldsymbol{b}$ と $\boldsymbol{c}$ で作る底面の面積に，高さ $|\boldsymbol{a}|\cos\theta$ を掛けたものである．(6)には直観的な意味はないが，(4)を使えば証明できる（章末問題3.2参照）．

3.3 ローレンツ力

ぽいんと

静磁場の法則は，2つの部分に分けられるということを説明した．ここではまず，比較的簡単な第二の部分，つまり動く荷電粒子が磁場から受ける力を説明する．この力は，磁場の方向にも，粒子の動いている方向にも垂直である．この磁気力と電気力を一緒にしてローレンツ力と呼ぶ．簡単な応用として，一様な磁場中の荷電粒子の運動を考える．

キーワード：ローレンツ力，サイクロトロン振動数

■ローレンツ力

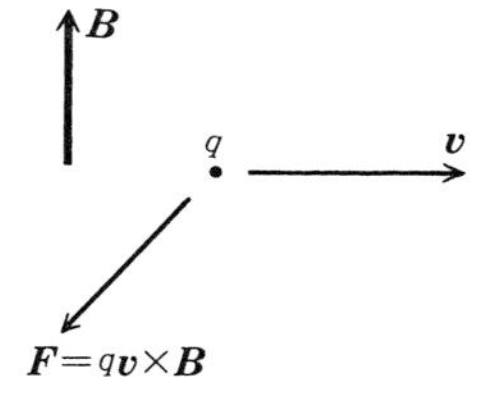

図1　荷電粒子 q に働く力

電荷 q を持つ粒子が速度 $\boldsymbol{v}$ で動いているとする．この粒子が磁場 $\boldsymbol{B}$ から受ける力は，外積を用いて表わすことができ

$$\boldsymbol{F} = q\boldsymbol{v}\times\boldsymbol{B} \tag{1}$$

となる(図1)．外積の定義からわかるように力の方向は $\boldsymbol{v}$ にも $\boldsymbol{B}$ にも垂直で，$\boldsymbol{v}$ から $\boldsymbol{B}$ に右ねじを回したときねじが進む方向である．

電場 $\boldsymbol{E}$ もあるとすれば，この粒子に働く力全体は

$$\boldsymbol{F} = q(\boldsymbol{E}+\boldsymbol{v}\times\boldsymbol{B}) \tag{2}$$

と書ける．この全体を**ローレンツ力**と呼ぶ．

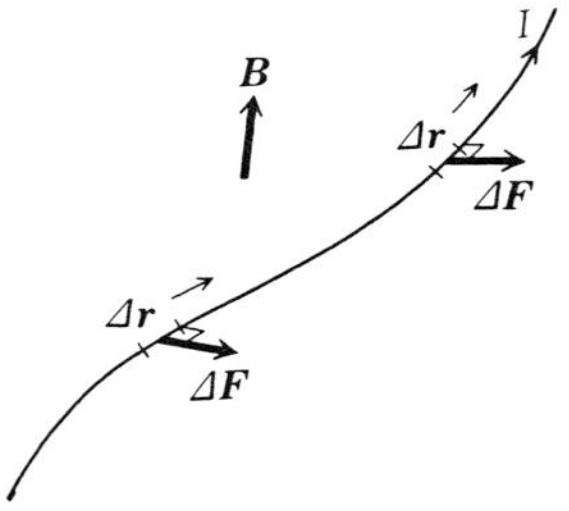

図2　電流に働く力

電流とは荷電粒子の流れであるから，やはり磁場から力を受ける．電流の大きさを I とし，電流の微小部分の長さと方向を $\Delta\boldsymbol{r}$ で表わす(図2)．するとこの微小部分に働く力 $\Delta\boldsymbol{F}$ は

$$\Delta\boldsymbol{F} = I\Delta\boldsymbol{r}\times\boldsymbol{B} \tag{1'}$$

と書ける．(単位長さ当たり電荷 q の粒子が n 個，速度 $\boldsymbol{v}$ で動いているとすると，電流は単位時間にある点を通過した電荷の量だから，$I=qn|\boldsymbol{v}|$ である．一方，長さ $|\Delta\boldsymbol{r}|$ に含まれる粒子数は $n|\Delta\boldsymbol{r}|$ であるから，力は $\Delta\boldsymbol{F}=n|\Delta\boldsymbol{r}|\cdot q\boldsymbol{v}\times\boldsymbol{B}$ となる．$\boldsymbol{v}/\!/\Delta\boldsymbol{r}$ なので，これより(1′)が求まる．)

■輪電流に働く力

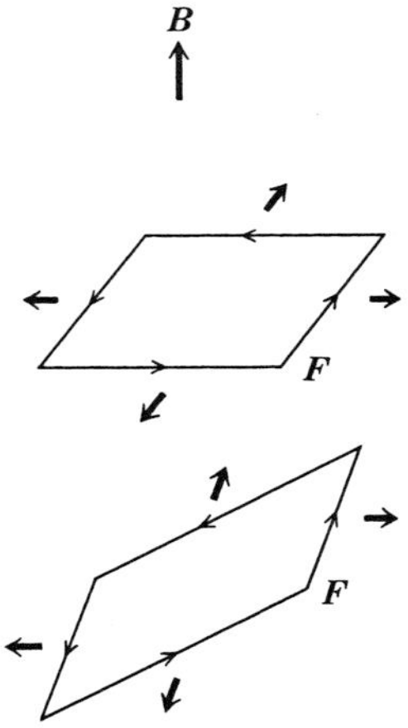

図3　正方形の電流に働く力

小さな輪電流は磁気双極子と呼ばれ，輪の面が磁場の方向を向くという話を3.1節でした．このことを(1′)により確かめてみよう．

一様な磁場のあるところに小さな正方形の導線を置く．導線には電流が流れているとする．そのとき，正方形の各辺に働く力の方向が図3に書き入れてある．正方形の面が磁場に垂直なときは，各辺に働く力が釣り合って導線は動かない．しかし，それ以外では，正方形が回転するように力が働く．これより，正方形の面が磁場に垂直になる理由がわかるだろう．

■サイクロトロン振動数

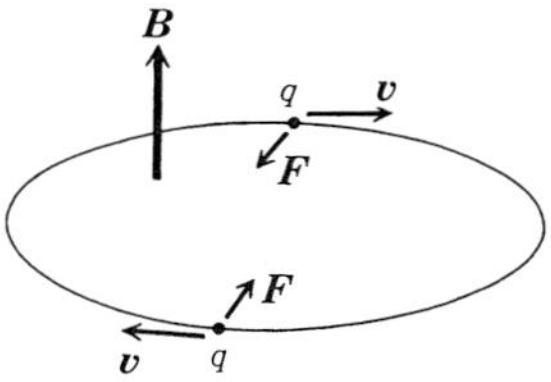

図 4　電荷 $q\,(>0)$ の運動

▶円運動
$F=mr\omega^2=mv\omega$

z 方向を向く一様な磁場があり，電荷 q の粒子が y 方向に動いているとする．力はどちらの方向にも垂直な x 方向に働くので，粒子も x 方向に曲がっていく．すると力の方向も変わり，常に運動方向に垂直であり続ける．このような運動は円運動になる(図 4)．

速度の絶対値を v とすると $F=qvB$ である．また円運動の角振動数を ω とすると向心力は $mv\omega$ でなければならない．したがって

$$qvB = mv\omega \quad \Rightarrow \quad \omega = \frac{qB}{m} \tag{3}$$

である．角振動数は速度によらない．この ω を**サイクロトロン振動数**という．

以上のことを運動方程式を書いて確かめてみよう．$\boldsymbol{B}=(0,0,B)$ であることを使って外積を計算すると，$m(d\boldsymbol{v}/dt)=q\boldsymbol{v}\times\boldsymbol{B}$ より

$$\begin{aligned} m\frac{dv_x}{dt} &= qv_yB \\ m\frac{dv_y}{dt} &= -qv_xB \end{aligned} \tag{4}$$

となる．第 1 式をもう一度 t で微分し，右辺に第 2 式を代入すると

$$m\frac{d^2v_x}{dt^2}\left(=qB\frac{dv_y}{dt}\right) = -\frac{q^2B^2}{m}v_x$$

となる．これは力学の単振動の式と同じ形である．この式の解が

$$v_x = A\sin\left(\frac{qB}{m}t+\theta_0\right) \qquad (A, \theta_0 \text{ は積分定数})$$

であることは，代入してみればすぐわかるだろう．また(4)より

$$v_y = \frac{m}{qB}\frac{dv_x}{dt} = A\cos\left(\frac{qB}{m}t+\theta_0\right)$$

となる．(これだけでも角振動数が(3)であることはわかるが，円運動の軌道を求めたければ速度をもう一度積分すればよい．)

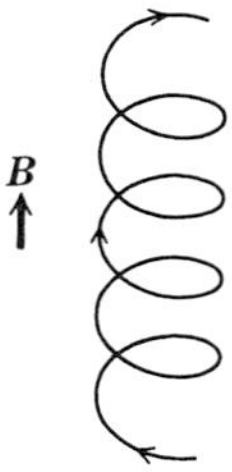

図 5　ら旋運動

磁場が z 方向なので z 方向には力は働かない．したがって，粒子の最初の速度が z 成分を持っている場合は，その方向には等速で動き続ける．つまり全体としては，ら旋運動となる(図 5)．

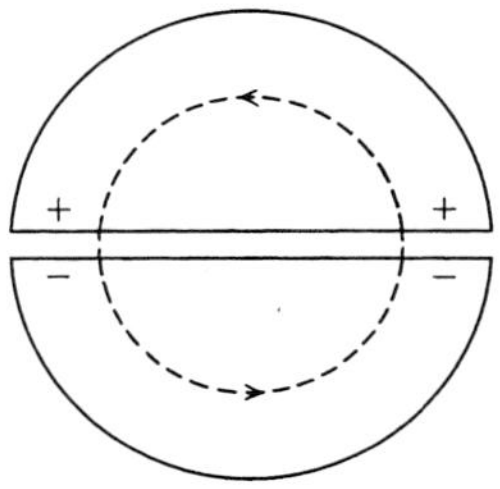

図 6　サイクロトロンの原型：＋と－を周期的に反転させる．

速度によらず，一定の周期で戻ってくる(z 方向には運動していないとき)という性質を利用して荷電粒子を加速する装置が，サイクロトロンと呼ばれるものである．粒子の回転に合わせて電場の向きを反転させれば，粒子がすき間を通るたびに加速させることができる(図 6)．

3.4 ビオ・サバールの法則

ぽいんと

電流が作る磁場を表わす基本公式，ビオ・サバールの法則を説明する．そしてその一番簡単な応用として，直線電流の作る磁場を計算する．3.1節で説明したように，磁場は電流の回りを渦巻く．そしてその大きさは電流からの距離に反比例する．外積の使い方に習熟することが肝要である．

キーワード：ビオ・サバールの法則，直線電流の磁場

■ビオ・サバールの法則

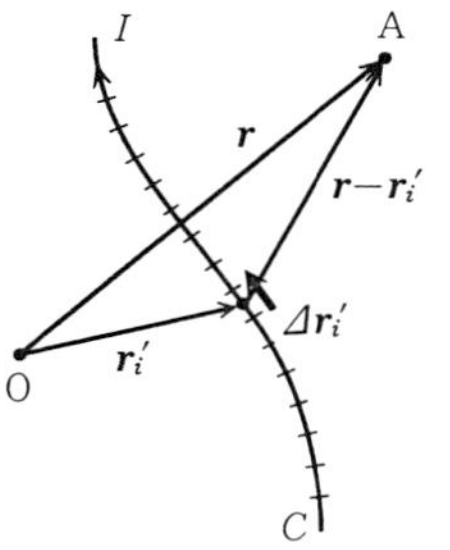

図1　電流の各部分$\Delta\boldsymbol{r}_i'$と磁場を求める位置A

一定の電流が導線Cに沿って流れているとする．電流の大きさをIとする．そして導線を細分化し番号を付ける．i番目の微小部分の位置を表わすベクトルを$\boldsymbol{r}_i'$とし，微小部分自体の長さと方向を表わすベクトルを$\Delta\boldsymbol{r}_i'$と書く．（図1に示すように電流の位置を表わすベクトルと，磁場を考える位置を表わすベクトルを区別するために，前者には$'$を付ける．）

次にこの電流全体が，位置ベクトル$\boldsymbol{r}$の点Aに作る磁場を$\boldsymbol{B}(\boldsymbol{r})$，電流の$i$番目の微小部分だけが作る磁場を$\Delta\boldsymbol{B}_i(\boldsymbol{r})$とする．この$\Delta\boldsymbol{B}_i(\boldsymbol{r})$を与える法則がビオ・サバールの法則であり，

$$\Delta\boldsymbol{B}_i(\boldsymbol{r}) = \frac{\mu_0}{4\pi}\frac{I\Delta\boldsymbol{r}_i'\times(\boldsymbol{r}-\boldsymbol{r}_i')}{|\boldsymbol{r}-\boldsymbol{r}_i'|^3} \tag{1}$$

と表わされる．$\boldsymbol{r}-\boldsymbol{r}_i'$とは，微小部分から点Aへ向かうベクトルであり，また比例係数はMKSA単位系で

▶ N＝ニュートン(kg·m·s^{-2})．単位系について，詳しくは次節参照．

$$\frac{\mu_0}{4\pi} = 10^{-7} \quad (\mathrm{NA}^{-2})$$

(1)は$\Delta\boldsymbol{r}'$の部分が作る磁場が，$\Delta\boldsymbol{r}'$にも$\boldsymbol{r}-\boldsymbol{r}'$にも垂直，つまり$\Delta\boldsymbol{r}'$の方向を軸とした円周の方向であること(図2)，そしてその大きさは，距離の2乗に反比例するということを意味している．これが静磁場の基本法則であり，**ビオ・サバールの法則**と呼ばれる．静電場のクーロンの法則に相当するものである．

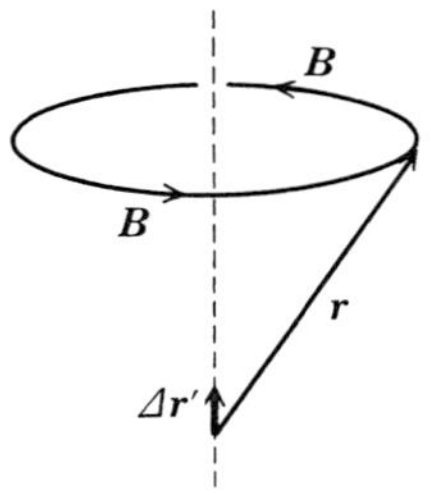

図2　電流$\Delta\boldsymbol{r}'$が作る磁場の向き

電流全体が作る磁場$\boldsymbol{B}(\boldsymbol{r})$は，この式より

$$\boldsymbol{B}(\boldsymbol{r}) = \sum_i \Delta\boldsymbol{B}_i = \frac{\mu_0}{4\pi}\sum\frac{I\Delta\boldsymbol{r}_i'\times(\boldsymbol{r}-\boldsymbol{r}_i')}{|\boldsymbol{r}-\boldsymbol{r}_i'|^3} \tag{2}$$

となる．厳密には，細分割を極限まで($|\Delta\boldsymbol{r}_i'|\to 0$)進め，和を積分で置き換えなければならない．

実際の計算では，(1)，あるいは(2)を成分で表示する．たとえば

$$B_x(\boldsymbol{r}) = \frac{\mu_0 I}{4\pi}\sum\frac{\Delta y_i'(z-z_i')-\Delta z_i'(y-y_i')}{|\boldsymbol{r}-\boldsymbol{r}_i'|^3}$$

などと書ける．ただし

$$\boldsymbol{r} = (x, y, z), \qquad \boldsymbol{r}_i' = (x_i', y_i', z_i')$$

と表示している．これを積分にすれば，

$$B_x(\boldsymbol{r}) = \frac{\mu_0 I}{4\pi}\left\{\int \frac{(z-z')dy'}{|\boldsymbol{r}-\boldsymbol{r}'|^3} - \int \frac{(y-y')dz'}{|\boldsymbol{r}-\boldsymbol{r}'|^3}\right\} \tag{3}$$

▶ $d\boldsymbol{r}'$ を (dx', dy', dz') というベクトルだと考えれば，(4)より(3)が求まる．

となる．これらはもちろん，導線 C の各座標での積分である．またベクトル記号を使えば，(3)などの成分表示をまとめて

$$\boldsymbol{B}(\boldsymbol{r}) = \frac{\mu_0}{4\pi}\int \frac{I d\boldsymbol{r}' \times (\boldsymbol{r}-\boldsymbol{r}')}{|\boldsymbol{r}-\boldsymbol{r}'|^3} \tag{4}$$

のように表現することもできる．

■直線電流による磁場

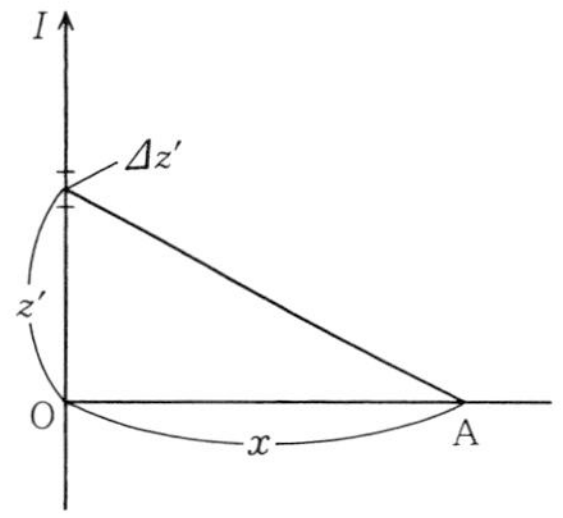

図 3　電流(z 軸)と磁場を求める位置 A

磁場の法則は外積で表わされている．それが表わす方向に慣れなければならない．典型的な例が直線電流が作る磁場である．3.1 節で，磁場は直線の回りの渦となるといったが，これをビオ・サバールの法則により計算し確かめてみよう．

この直線を z 軸とし，また磁場を計算する点 A が x 軸上になるような座標系で計算する(図 3)．点 A の位置ベクトル $\boldsymbol{r}$ は $\boldsymbol{r}=(x, 0, 0)$ と書ける．z 座標が z' である電流の微小部分 $\Delta z'$ が点 A に作る磁場を考える．

$$\boldsymbol{r}' = (0, 0, z'), \qquad \Delta\boldsymbol{r}' = (0, 0, \Delta z')$$

であるから，

$$\boldsymbol{r}-\boldsymbol{r}' = (x, 0, -z')$$

▶ $\Delta\boldsymbol{r}'$ も $\boldsymbol{r}-\boldsymbol{r}'$ も xz 平面内のベクトルであるから，この双方に垂直なベクトルが y 方向を向くのは当然である．

これと外積の公式(3.2.4)を見比べれば，$\Delta\boldsymbol{r}' \times (\boldsymbol{r}-\boldsymbol{r}')$ は y 成分しか持たないことがわかるだろう．つまり紙面に垂直，裏向きである．具体的には

$$\{\Delta\boldsymbol{r}' \times (\boldsymbol{r}-\boldsymbol{r}')\}_y = x\Delta z'$$

であるから

$$\Delta B_y(\boldsymbol{r}) = \frac{\mu_0 I}{4\pi}\frac{x\Delta z'}{(x^2+z'^2)^{3/2}}$$

となる．これの和を積分で表わせば

$$B_y(\boldsymbol{r}) = \frac{\mu_0 I}{4\pi}\int_{-\infty}^{\infty}\frac{x}{(x^2+z'^2)^{3/2}}dz'$$

となる．この積分は公式(1.4.1)を用いると

$$B_y(\boldsymbol{r}) = \frac{\mu_0 I}{2\pi}\frac{1}{x} \tag{5}$$

▶ $(-y, x, 0)$ というベクトルは，考えている点の位置ベクトル $(x, y, 0)$ と直交している．つまり磁場 $\boldsymbol{B}$ は z 軸の回りを渦巻く．

他の成分はゼロである．他の点でも同様の計算ができる．結局，磁場は直線の回りを渦巻き，大きさは電流からの距離(一般には $\sqrt{x^2+y^2}$)の 2 乗に反比例している．具体的に点 (x, y, z) の磁場を書くと次のようになる．

$$\boldsymbol{B} = \frac{\mu_0 I}{2\pi}\left(\frac{-y}{x^2+y^2},\ \frac{x}{x^2+y^2},\ 0\right)$$

3.5 電流，電荷，磁場の単位

ぽいんと

平行電流の間に働く力を使って，電流の単位 A（アンペア）を定義する．電流の単位が決まれば，他の電気，磁気に関連する諸量の単位もそれをもとにして決めることができる．長さに m，質量に kg，時間に s，電流に A を使う単位系を，**MKSA 単位系**と呼ぶ．

MKSA 単位系の他に，CGS ガウス単位系というものもよく使われる．両者の関係についても説明しよう．

■平行電流に働く力

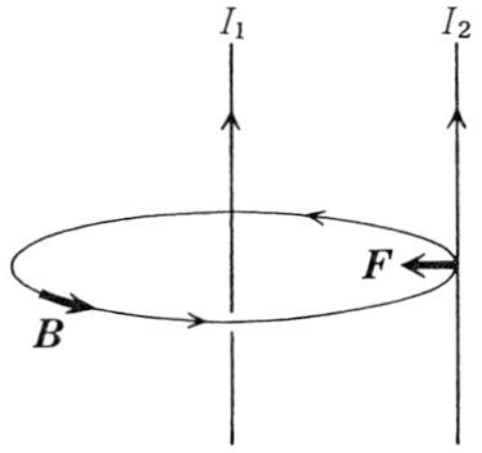

図 1　向きが同じ電流は引き付け合う

2 つの平行な直線電流があったとする．電流の大きさをそれぞれ I_1, I_2 とし，電流間の距離を r とする（図 1）．磁場は直線の回りに輪を描くので，I_1 による I_2 の位置の磁場は，I_2 に直角な方向である．また力は $\boldsymbol{v}\times\boldsymbol{B}$ の方向（3.3 節）だから，I_1 の方向に向かう．つまり電流は引きつけあう．もし電流が逆方向に流れていたら反発する．

磁場の大きさは（3.4.5）で与えられるから，電流の長さ Δl 当たりに働く力の大きさは

$$\Delta F = \frac{\mu_0}{4\pi}\frac{2I_1I_2}{r}\Delta l \tag{1}$$

となる．

■電流の単位：アンペア

いま求めた平行電流の間に働く力を使って，MKSA 単位系における電流の単位アンペアを定義する．1 m 離れている 2 本の平行な導線に，大きさの等しい電流が流れているとする．そのとき，1 m 当たり 2×10^{-7} N の力が働くような電流の大きさを，1 A（アンペア）と定義する．つまり（1）で，力 ΔF をニュートン，電流 I をアンペアで表わしたときには，比例係数が

$$\frac{\mu_0}{4\pi} = 10^{-7} \quad (\mathrm{NA^{-2}})$$

となる（r と Δl の単位は共通ならば何でも構わないが，MKSA 単位系で考えている限り，メートルで表わすのが自然である）．

■電荷の単位：クーロン

電流の単位が決まれば電荷の単位も決まる．導線に 1 A の電流が流れているとき，1 秒に通過する電荷の量を 1 C（クーロン）と定義する．したがってクーロンとアンペアの関係は

▶ s＝second（秒）

$$1\,\mathrm{C} = 1\,\mathrm{s}\cdot\mathrm{A}$$

である．電場の単位は，$F=qE$ という関係を使うと，$E=F/q$ より

▶ X という量の単位を $[X]$ と書く．

$$[\boldsymbol{E}] = \mathrm{NC}^{-1}$$

となり，また電位の単位 V（ボルト）は，これに長さを掛けるから

$$[\mathrm{V}] = \mathrm{NmC}^{-1} = \mathrm{Nms}^{-1}\mathrm{A}^{-1}$$

である．

■磁場の単位

MKSA 単位系の磁場の単位を T（テスラ）という．これはローレンツ力の関係式を使えば，アンペアを使って表わすことができる．つまり

$$[\text{力}] = [\text{電荷}]\cdot[\text{速度}]\cdot[\text{磁場}]$$

であるから，

$$1\,\mathrm{T} = 1\,\mathrm{NC}^{-1}\mathrm{m}^{-1}\mathrm{s} = 1\,\mathrm{kg}\cdot\mathrm{A}^{-1}$$

となる．また 10^{-4} T を 1 gauss（ガウス）と呼ぶ．日本付近での地球による磁場（地磁気）は，約 0.3 gauss である（gauss は本来，下記の CGS ガウス単位系での磁場の単位である）．

また 8 章で磁束 $\boldsymbol{\Phi}$ という量を定義する．$\boldsymbol{\Phi}$ は磁場を面積分したものだから単位は $\mathrm{m^2T}$ である．これを Wb（ウェーバー）と呼ぶ．これを使えば

$$1\,\mathrm{T} = 1\,\mathrm{m}^{-2}\mathrm{Wb}$$

となる．

■ CGS ガウス単位系

この単位系では，長さ，重さ，時間にはそれぞれ cm, g, s を使う．また，今までの法則で登場した比例係数も変えて，クーロンの法則，ビオ・サバールの法則，そしてローレンツ力の式をそれぞれ

$$\boldsymbol{E} = q\frac{\boldsymbol{r}-\boldsymbol{r}'}{|\boldsymbol{r}-\boldsymbol{r}'|^3}$$

$$\Delta\boldsymbol{B} = \frac{1}{c}\frac{I\Delta\boldsymbol{r}'\times(\boldsymbol{r}-\boldsymbol{r}')}{|\boldsymbol{r}-\boldsymbol{r}'|^3}$$

$$\boldsymbol{F} = q\left(\boldsymbol{E}+\frac{1}{c}\boldsymbol{v}\times\boldsymbol{B}\right)$$

とする（c は光速度）．ε_0 や μ_0 という量がなくなってしまうので，電荷，電流などの単位はすべて cm, g, s で表わされる．換算の例をあげると

$$\begin{aligned} &1\,C = c\times 10^{-1}(\text{CGS ガウス単位}), \\ &1\,\mathrm{A} = c\times 10^{-1}(\text{CGS ガウス単位}) \\ &1\,\mathrm{T} = 10^4(\text{CGS ガウス単位}=\text{gauss}) \quad \text{etc.} \end{aligned} \qquad (2)$$

この他にも，ε_0 だけ導入するもの（CGS 電磁単位系），μ_0 だけ導入するもの（CGS 静電単位系），また 4π を入れないもの（非有理化系）と入れるもの（有理化系）などがあり，注意が必要である．

章末問題

[3.2 節]

3.1　$\boldsymbol{a}\cdot(\boldsymbol{a}\times\boldsymbol{b})=0$ (式(3.2.1))を，$\boldsymbol{a}=(a_x, a_y, a_z)$，$\boldsymbol{b}=(b_x, b_y, b_z)$ として，外積と内積の公式を使って確かめよ．

3.2　$\boldsymbol{a}=(a_x, 0, 0)$，$\boldsymbol{b}=(b_x, b_y, b_z)$，$\boldsymbol{c}=(c_x, c_y, c_z)$ として，(3.2.6)を確かめよ．

[3.3 節]

3.3　3.3節右ページの問題で，z 方向の磁場に加えて x 方向の一様な電場 $\boldsymbol{E}$ もあるとする．そのときの運動方程式を書き，粒子は時間平均すると $-y$ 方向に動くことを示せ．ただし z 方向には力は働かないので，$v_z=0$ の場合を考えよ．(電場と直角の方向へ粒子が動くこの現象を，**ホール効果**(ホールは人名)と呼ぶ.)

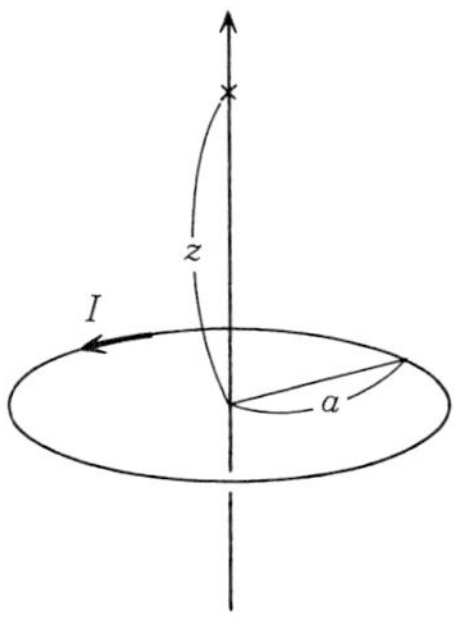

図1

[3.4 節]

3.4　半径 a の輪に一定の電流 I が流れている．輪の中心軸(z 軸とする)上の磁場を輪の中心からの距離 z の関数として求めよ(図1参照)．

[3.5 節]

3.5　電流の大きさが等しい 1 cm 離れた平行電流の，10 cm 当たりに働く力が 1 グラム重であるためには，電流は何アンペアでなければならないか.

3.6　1 アンペアの直線電流から 1 cm 離れた所の磁場と，地磁気(0.3 gauss とする)との比を求めよ．

3.7　(3.5.2)の 3 つの関係式を導け.

4

静磁場の回転(渦)

きどころ

　電流があると，その回りを磁場が渦巻く．この回転(渦)という観点から磁場の様子をとらえると，磁場の全体的な振る舞いを直観的に理解することができる．静電場が，発散(湧き出し)という観点から見るとわかりやすかったのに対応している．そして，発散の大きさを決めるのがガウスの法則であったのに対し，回転の大きさを決めるのが，この章で解説するアンペールの法則である．発散と回転は，ベクトル解析における2本柱となっている．

4.1 アンペールの法則

ぽいんと

電流があると，その回りを磁場が渦巻く．一方，電場は電荷から湧き出している．そこが電場と磁場の本質的な相違点である．

電場の湧き出しの量は電荷の大きさと関係していたが(ガウスの法則)，磁場の渦の大きさは電流の大きさと関係している．その関係を表わすのがアンペールの法則である．ガウスの法則では，曲面上の積分というものを考えた．アンペールの法則では，曲線上の積分(曲線に沿っての積分ともいう)という概念を使う．ここでは，曲線上の積分を説明した後，特殊な場合のアンペールの法則を証明する．一般の場合の証明は4.5節で行なう．

キーワード：曲線上の積分(線積分)，アンペールの法則

■曲線上の積分

渦の大きさを数式で表わすために，**曲線上の積分**(**線積分**)というものを説明しよう．空間内に，関数(スカラー関数)$f(\boldsymbol{r})$が決まっていたとする．この関数に対する，空間内の曲線のある区間Cでの積分というものを考える．

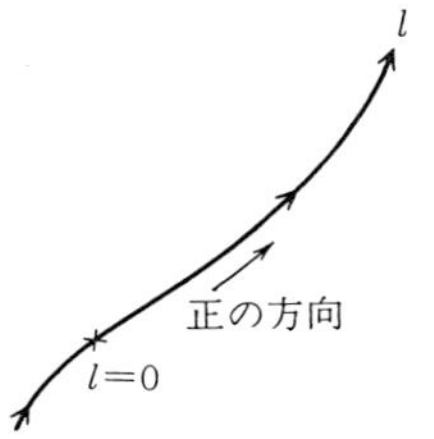

図1　曲線上の座標づけ

この曲線上に座標づけ(lで表わす)をしよう．まず，曲線上のある1点をl座標の原点とする．つまりそこを$l=0$とする．そしてそこから曲線に沿って測った距離を，そこでのlの値とする．ただし，曲線にはあらかじめ向きが決まっているとする．原点からその向きに測ったときのlを正とし，逆向きを負とする(図1)．

次に，曲線上の各点でのfの値を$f(l)$と書く．あとは直線上の積分と変わりはない．積分すべき範囲Cの両端のl座標を(曲線の向きの順番に)a, bとすれば，fのC上の積分とは

$$\int_C f dl \equiv \int_a^b f(l) dl$$

である．関数fをlで表わしておきさえすれば，後は通常の積分計算とまったく同様にできる．もし$f=1$だったら，この積分は曲線の長さに他ならない．

■渦

空間内にベクトル関数$\boldsymbol{a}(\boldsymbol{r})$があったとする．このベクトル関数の，閉曲線(元に戻る曲線)Cに沿った渦の大きさというものを定義しよう．

上の場合と同様に，曲線上に座標lを目盛る．曲線上の各点でのベクトル$\boldsymbol{a}$を，そこでのlの値を使って$\boldsymbol{a}(l)$と書く．そしてこのベクトル関数の，各点での接線方向の成分を$a_{\parallel}(l)$と書く．接線の方向といっても前後

▶ $\parallel$は，この曲線に平行という意味．

2つあるが，閉曲線には向きが決まっているとし，その方向を正とする．$\boldsymbol{a}$ が逆を向いていれば，$a_{\parallel}$ は負になる．

この $a_{\parallel}$ の，閉曲線 C を1周した積分

$$\int_C a_{\parallel} dl$$

を，$\boldsymbol{a}$ の C に沿った**回転**(渦)の大きさと定義する．直線電流の回りを渦巻く磁場に対して，この量を実際に計算してみよう．

■直線電流に対するアンペールの法則

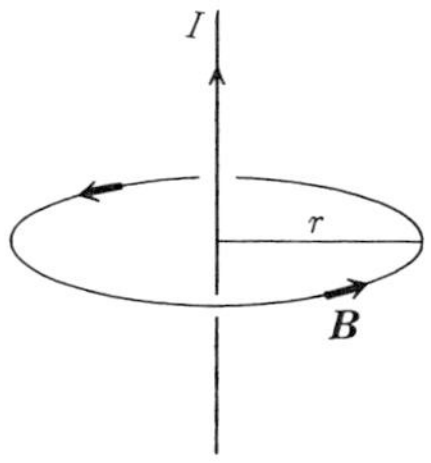

図2　直線電流の回りの磁場

直線電流の作る磁場の磁力線を描くと図2のようになる．これを直線電荷の作る電気力線と比べると，磁場の特徴がよくわかる．(静)電場というのは電荷からの湧き出しであるのに対し，磁場は電流を軸とする渦である．そして，閉曲面からの湧き出しの総量を決めるのがガウスの法則であるのに対し，閉曲線上の渦の大きさを決めるのがアンペールの法則である．

一番簡単な例として，直線電流を軸とする半径 r の円に沿った磁場の渦の大きさを計算しよう．円に平行な成分を積分するのだが，円の方向と磁場の方向は平行なので，磁場の絶対値そのもの $|\boldsymbol{B}|$ を積分すればよい．さらに磁場は円周上では一定で($|\boldsymbol{B}|=\mu_0 I/2\pi r$)，また円周は $2\pi r$ だから

▶式(3.4.5)参照．

$$\int B_{\parallel} dl = \frac{\mu_0 I}{2\pi r} 2\pi r = \mu_0 I \qquad (1)$$

となる．結果は円の半径 r に依らず，電流の大きさ I で決まっていることがわかる．

■アンペールの法則

(1)より，直線電流の回りの円に沿った渦の大きさは，$\mu_0 I$ であることがわかった．実はこの結果は，直線電流でなくても，また渦を計算する閉曲線が円でなくても成り立つことが知られている．これをさらに一般化したのが，次に述べるアンペールの法則である．

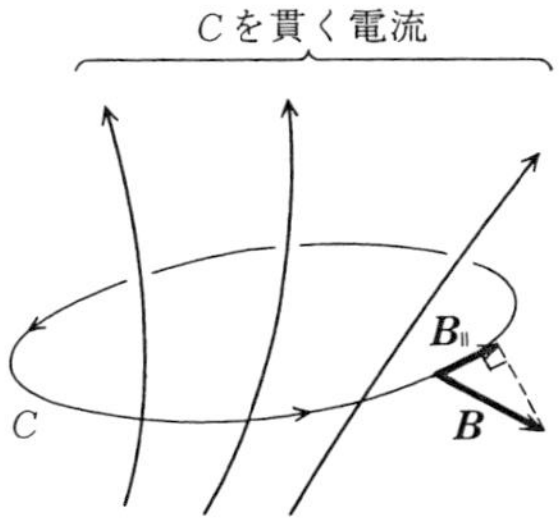

図3　アンペールの法則

定理(アンペールの法則)　任意の閉曲線 C を考える．この曲線に沿った磁場の渦の大きさ(接線方向の成分の線積分)は

$$\int_C B_{\parallel} dl = \mu_0 \times \{C\text{ を貫く全電流}\} \qquad (2)$$

となる(図3)．電流は，閉曲線 C の向きに右ねじを回したときにねじが進む方向をプラスとし，逆方向をマイナスとして足し合わせる．(「C を貫く」とは，C を境界とする(任意の)面を貫くという意味である．)

この式はビオ・サバールの法則から導かれることだが，証明は4.5節で行なう．

4.2 アンペールの法則の応用

ぽいんと

アンペールの法則を使うと，磁力線が単純な形をしているとき，磁場の大きさを簡単に求めることができる．ただし，磁力線の方向がわかっている必要がある．ガウスの法則から電場の大きさを求めるときに，電気力線の形がわかっている必要があったのと似た事情である．

キーワード：円筒電流，ソレノイド，平面電流

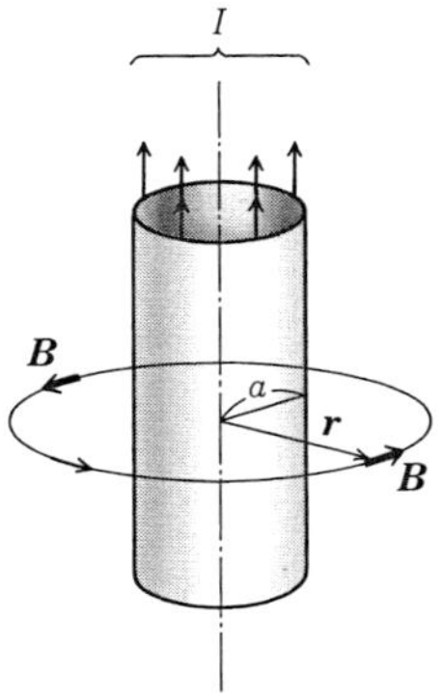

図1 円筒状の電流が作る磁場

[例] **円筒電流の作る磁場**

例題 半径 a の円筒に電流 I が流れている(図1)．円筒内外での磁場を求めよ．

[解法] 磁場は電流の回りに渦を巻く．そのことと円筒が軸対称であることを考えれば，磁場は円筒の軸を中心として渦巻いていると考えていいだろう．つまり磁場は，円筒の中心を軸とする円周の方向を向き，その大きさは軸からの距離の関数となるだろう．それを $B(\boldsymbol{r})$ と表わす．

円筒の中心を軸とし，半径が $\boldsymbol{r}$ の円に対して，アンペールの法則を適用する．(4.1.2)の左辺は

$$\int_C B_{\parallel} dl = |\boldsymbol{B}|\cdot 2\pi r$$

である．一方，この円を貫く電流は，$r>a$ のとき I，$r<a$ のときは0であるから，

$$|\boldsymbol{B}| = \begin{cases} \dfrac{\mu_0 I}{2\pi r} & r>a \text{ のとき} \\ 0 & r<a \text{ のとき} \end{cases}$$

となる．円筒の外側では，電流が円筒であっても直線であっても磁場には変わりはない．これは，球対称に分布する電荷の作る電場が，電荷の外側では，中心に集中した電荷が作る電場と同じになるということに類似している．

[例] **無限のソレノイドが作る磁場**

▶長い円筒状のコイルを，ソレノイドと呼ぶ．

例題 無限に続くコイル内部の磁場を求めよ．コイルの巻き数は単位長さ当たり $\boldsymbol{n}$ 回，電流は I とする．(磁場はコイルと平行に，コイルの内部だけに存在していることを仮定する．コイルの長さが無限のときは，コイルの端から出てくる磁力線というものがなく，コイル外部には磁場が存在しないのである．このことは，4.4節の等価定理，あるいは6.5節のベクトルポテンシャルによる議論で証明できるが，ここではそれを前提にして計算を進めよう.)

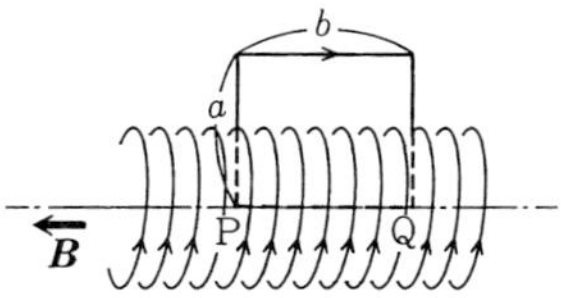

図2 ソレノイドの作る磁場

［解法］　コイルの側面に垂直に交わる縦 a 横 b の長方形(図 2)に対してアンペールの法則を考える．この法則(4.1.2)の左辺は，長方形の辺に沿った $B_{\parallel}$ の線積分であるが，磁場の向きを考えるとコイルに含まれる辺 PQ の部分だけは $B_{\parallel}=|\boldsymbol{B}|$，それ以外ではすべて，$B_{\parallel}=0$ である．したがって

$$\int B_{\parallel}dl = |\boldsymbol{B}|\cdot b$$

また，この長方形を貫く全電流は nbI だから，

$$|\boldsymbol{B}|\cdot b = \mu_0 nbI \quad\Rightarrow\quad |\boldsymbol{B}| = \mu_0 nI \qquad (1)$$

答は，コイルの半径には依らず，しかもコイルの内部では一定であることがわかる．

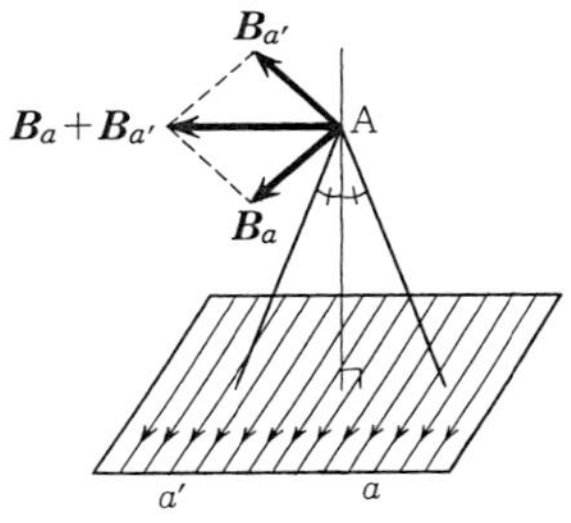

図 3　平面電流の作る磁場

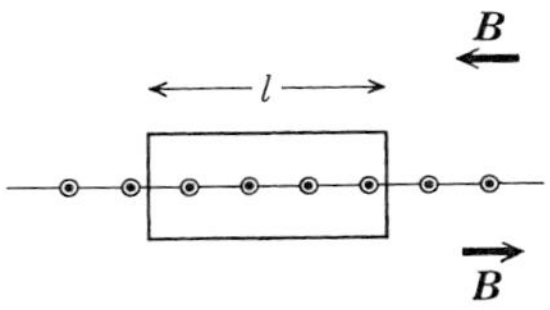

図 4　平面電流(こちら向き)の磁場の計算

［例］　**平面電流の作る磁場**

例題　無限に広がる平面に，一定の方向に一様な電流が流れている．電流密度を i とするとき，磁場を求めよ．

［解法］　図 3 の点 A での磁場の方向を考えよう．この電流は，直線電流を横にずらっと並べたものだと考えられる．ある直線電流 a が点 A に作る磁場の方向は，a の回りの渦と考えると，図 3 の $\boldsymbol{B}_a$ のようになる．点 A とちょうど反対側にある直線電流 a' の作る磁場は，図の $\boldsymbol{B}_{a'}$ のようになる．それを合成すれば，合成磁場の向きは平面に平行，かつ電流に直角な方向を向くことがわかる．平面上の電流はすべて，このように点 A の左右で組み合わせることができるから，全磁場もこの方向を向くことになる．

方向がわかったから，後はアンペールの法則を使って，磁場の大きさはすぐ求まる．まず，平面にも電流にも直交する長方形を考える(図 4)．ただし上下の 2 辺は平面に平行だとし，その長さを l とする．この長方形に対して，アンペールの法則を適用しよう．磁場の方向を考えると，この長方形に沿った平行成分は，

$$B_{\parallel}\,(\text{上下の 2 辺}) = |\boldsymbol{B}|$$
$$B_{\parallel}\,(\text{左右の 2 辺}) = 0$$

となる．したがってアンペールの法則は，

$$2|\boldsymbol{B}|l = \mu_0 li$$

であり，

$$|\boldsymbol{B}| = \frac{\mu_0 i}{2} \qquad (2)$$

となる．磁場の大きさは，平面からの距離に依らない．平面電荷の作る電場が，平面からの距離に依存しなかったことと類似している．

4.3 渦のない静電場

ぽいんと

渦のあるのが磁場の特徴だが，静電場には渦はないことを一般的に証明する．このことは，静電場が電位の勾配として表わされること($\boldsymbol{E}=-\nabla\phi$)から導かれる．また逆に，磁場には渦があることから，電位に相当した磁位というものはありえないこともわかる．

■電場の線積分と電位

▶ $\boldsymbol{E}=-\nabla\phi$

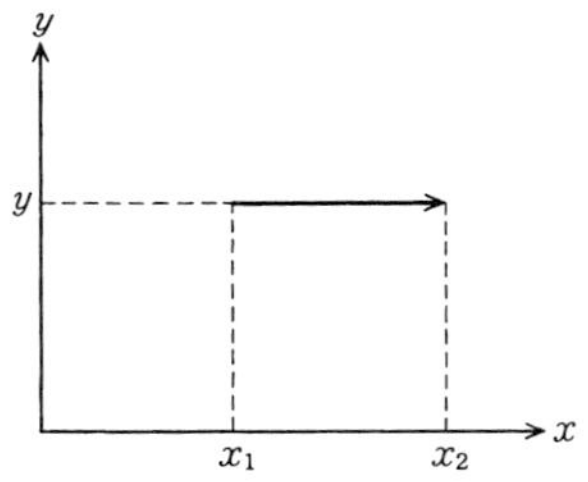

図1　y を固定した上での x に関する積分

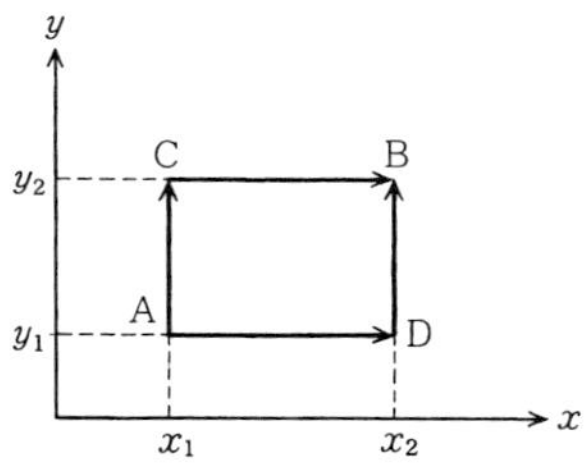

図2　AからBへの2つの積分経路

電位 ϕ を x で偏微分すると，電場の x 成分 E_x が求まる．したがって，逆に E_x を x で積分すれば ϕ が求まる．ただし x で偏微分するときは，y や z は定数とみなし一定にしておかなければならないので，逆に積分するときも y や z は一定に保ったままで積分しなければならない(図1)．つまり

$$\phi(x_2,y,z)-\phi(x_1,y,z)=-\int_{x_1}^{x_2}E_x(x,y,z)dx \tag{1}$$

である．この式では，x だけが異なる2点での電位の関係しかわからない．y も異なる2点，AとB(図2参照)での電位の関係を求めるには，2段階に分けて積分すればよい．つまり，図の経路ACBに沿っての積分で

$$\begin{aligned}\phi(\mathrm{B})-\phi(\mathrm{A})&=\{\phi(\mathrm{B})-\phi(\mathrm{C})\}+\{\phi(\mathrm{C})-\phi(\mathrm{A})\}\\&=\int_{x_1}^{x_2}\frac{\partial\phi}{\partial x}(x,y_2,z)dx+\int_{y_1}^{y_2}\frac{\partial\phi}{\partial y}(x_1,y,z)dy\\&=-\int_{x_1}^{x_2}E_x(x,y_2,z)dx-\int_{y_1}^{y_2}E_y(x_1,y,z)dy\end{aligned}$$

となる．第1項も第2項も，積分経路の方向と，電場の成分の方向は平行である．つまり経路A→C→Bに沿って平行成分 $E_\parallel$ を積分しているのだから，まとめて

$$\phi(\mathrm{B})-\phi(\mathrm{A})=-\int_{\mathrm{A}\to\mathrm{C}\to\mathrm{B}}E_\parallel dl \tag{2}$$

と書ける．また，ADBという経路で積分することも考えられる．つまり

$$\phi(\mathrm{B})-\phi(\mathrm{A})=-\int_{\mathrm{A}\to\mathrm{D}\to\mathrm{B}}E_\parallel dl \tag{3}$$

(2)の右辺と(3)の右辺は積分経路が違うが，左辺はどちらもAとBでの電位の差だから答は等しい．

次に，ACBDAという長方形に沿った積分を考えよう．積分の向きを逆にすると答の符号が変わることを使うと

$$\int_{\mathrm{A}\to\mathrm{C}\to\mathrm{B}\to\mathrm{D}\to\mathrm{A}}E_\parallel dl=\int_{\mathrm{A}\to\mathrm{C}\to\mathrm{B}}E_\parallel dl+\int_{\mathrm{B}\to\mathrm{D}\to\mathrm{A}}E_\parallel dl$$

$$= \int_{A \to C \to B} E_{\parallel} dl - \int_{A \to D \to B} E_{\parallel} dl = 0 \qquad (4)$$

となる．最後に(2)と(3)が等しいことを使った．つまり一周積分するとゼロになる．

■電場の線積分についての一般的な定理

以上の結論は，任意の曲線に沿った線積分に対しても成立する．

定理　電場 $\boldsymbol{E}$ が電位 ϕ の勾配により，$\boldsymbol{E} = -\nabla\phi$ のように表わされているとき，2 点 A, B での電位の差は，2 点を結ぶ「任意」の線に沿った $E_{\parallel}$ の線積分で表わされる．

$$\phi(\mathrm{B}) - \phi(\mathrm{A}) = -\int_{A \to B} E_{\parallel} dl \qquad (5)$$

また，任意の閉曲線 C に沿った線積分をすれば必ずゼロになる．

$$\int_C E_{\parallel} dl = 0 \qquad (6)$$

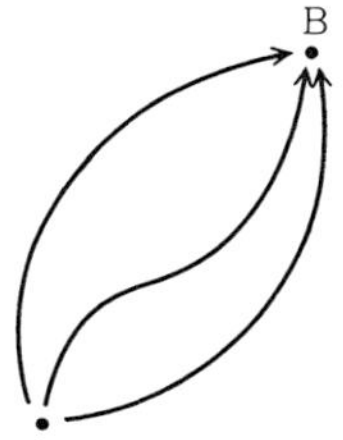

図 3　A から B へのさまざまな積分経路

(4.1 節で説明したように，閉曲線に沿った積分が渦の大きさを表わしている．したがって，この定理は，静電場には渦がないということを意味している．また逆に，どんな閉曲線に対しても渦がなければ，(5)を使って ϕ を定義することができる．基準点 A での ϕ を決めておけば，他の点 B での ϕ は，AB を結ぶ任意の線にそって $E_{\parallel}$ を積分して決めればよい．積分値はその線の選び方に依らない(図 3).)

[証明]　証明の考え方だけを説明しておく．曲線というものは，微小な線分のつなぎ合わせと考えられる．したがって，1 つの線分について(5)を証明しておけば，あとはその足し合わせで全体が証明できる．ところで 1 つの線分に対しては，その方向を x 軸にとれば(5)は(1)に他ならないので成立する．

▶A→B→A という閉曲線 C を考えれば，

$$\int_{A \to B \to A} = \int_{A \to B} + \int_{B \to A} = \int_{A \to B} - \int_{A \to B} = 0$$

また(6)については，閉曲線上に 2 点 A, B を適当に決めれば，(4)と同じやり方で証明される．(証明終)

■保存力とポテンシャル

力学で，保存力 $\boldsymbol{F}$ とはポテンシャル U により $\boldsymbol{F} = -\nabla U$ と表わせる力であると説明した．これは電場と電位の関係 $\boldsymbol{E} = -\nabla\phi$ と同じだから，上の定理も $\boldsymbol{F}$ と U についてそのまま成り立つ．特に

$$\int_{A \to B} F_{\parallel} dl$$

という式は，物体が A から B まで動くとき力 $\boldsymbol{F}$ がする仕事である．上の定理を考えれば，保存力とは，それによってなされる仕事が経路に依らないような力であるということができる．

4.4 ループ電流と等価双極子層

ぽいんと

電流の流れるコイルを磁気双極子と呼び，電気双極子と振る舞いが似ているという話を3.1節でした．この対応をより厳密に調べてみよう．もっとも単純なコイルとして，ループ電流(1巻きのコイル)を考える．ループ電流の作る磁場と，電気双極子の作る電場には，厳密に成立する対応関係(ここでは等価双極子層の定理と呼ぶ)がある．磁場と電場の類似性，あるいは相違点を考える上で有用な定理である．

キーワード：電気双極子層，等価双極子層の定理

■電気双極子層

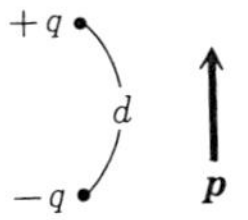

図1　電気双極子

距離 d 離れて電荷 q を持つ粒子と $-q$ を持つ粒子があったとする．そして積 $p=qd$ を一定に保ったまま $d\to 0$ の極限を取ったもの，つまり $q\to\infty$ としたものが電気双極子である．p が双極子の大きさであり，それに粒子の並ぶ方向を持たせたベクトル $\boldsymbol{p}$ を**双極子モーメント**と呼ぶ(図1)．

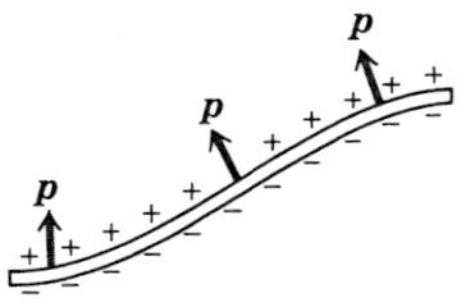

図2　電気双極子層

次にあらゆる点で一定の距離 d だけ離れている2つの曲面があったとする．そしてそれぞれ電荷面密度 σ，および $-\sigma$ に帯電していたとする．それを積 $p=\sigma d$ を一定に保ったまま $d\to 0$ の極限を取ったもの，つまり $\sigma\to\infty$ としたものを**電気双極子層**という．p が双極子面密度であり，それに曲面に垂直な方向を持たせたベクトル $\boldsymbol{p}$ を，双極子モーメントの**面密度**という．曲面ならば，ベクトルの方向は面上の各点で異なる(図2)．

■等価双極子層の定理

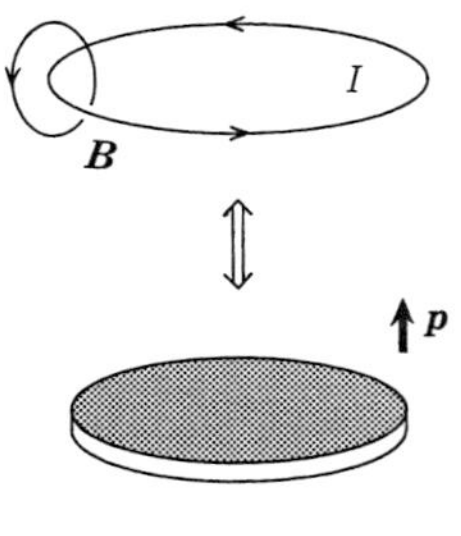

図3　ループ電流と双極子層の対応

電気双極子層の作る電場と，ループ電流の作る磁場の間には，次の定理で表わされる重要な関係がある．

定理　閉曲線 C 上を大きさ I の電流が流れているとする(ループ電流)．このループ電流が作る磁場(図3)は，この閉曲線を境界とする密度 p の電気双極子層の作る電場と

$$\mu_0 \longleftrightarrow 1/\varepsilon_0, \qquad I \longleftrightarrow |\boldsymbol{p}| \tag{1}$$

の入れ換えをすれば一致する．ただし双極子層内部は除く．

層の面は，境界さえ C に一致していさえすれば何でも構わない．したがって，$\boldsymbol{p}$ の向きは変わって構わないが，その大きさ p は一定であるとする．

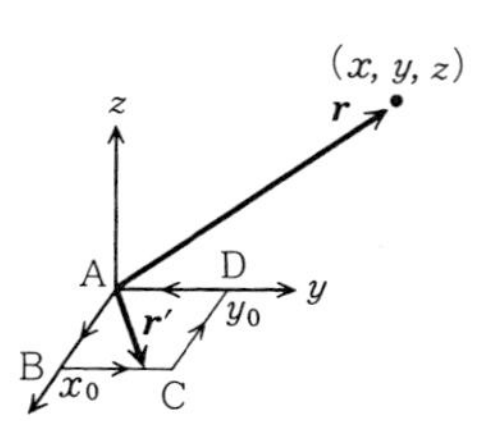

図4　正方形電流の位置と磁場を計算する点

[証明]　まず，双極子層が正方形の場合に，この定理が(厳密に)成り立っていることを証明しよう．

図4に示されたような座標系をとり，点 (x, y, z) での電場と磁場を計算する．電流あるいは双極子層内の位置を表わす座標には $'$ を付ける．まず正方形の電流の作る磁場を(3.4.2)より計算する．

$$\{\Delta \boldsymbol{r}' \times (\boldsymbol{r}-\boldsymbol{r}')\}_x = \Delta y'(z-z') - \Delta z'(y-y')$$

であるが，正方形の辺では常に $z'=\Delta z'=0$，また y 座標は AB 上と CD 上では変化しないので，$\Delta y'=0$．電流の向きも考慮し，結局

$$B_x = \frac{\mu_0 I}{4\pi}\left\{ \underset{\text{BC上}}{\int_0^{y_0}} \frac{z}{|\boldsymbol{r}-\boldsymbol{r}'|^3}dy' - \underset{\text{AD上}}{\int_0^{y_0}} \frac{z}{|\boldsymbol{r}-\boldsymbol{r}'|^3}dy' \right\} \tag{2}$$

となる．

次に，双極子層の作る電場を計算しよう．一般に，$\boldsymbol{r}'$ にある 1 つの双極子 $\boldsymbol{p}$ が $\boldsymbol{r}$ の位置に作る電位は

$$\phi(\boldsymbol{r}) = \frac{1}{4\pi\varepsilon_0}\frac{\boldsymbol{p}\cdot(\boldsymbol{r}-\boldsymbol{r}')}{|\boldsymbol{r}-\boldsymbol{r}'|^3}$$

▶ $\boldsymbol{p}\cdot(\boldsymbol{r}-\boldsymbol{r}')=p(z-z')=pz$

である(1.6.1)．今の場合 $\boldsymbol{p}$ は z 方向を向き，さらにこの正方形上では $z'=0$ であることを考えると，双極子層の作る電位は

$$\phi(\boldsymbol{r}) = \frac{p}{4\pi\varepsilon_0}\int_{\text{面上}} \frac{z}{|\boldsymbol{r}-\boldsymbol{r}'|^3}dx'dy'$$

となる．電場はこれを微分すればよい．たとえば，$E_x=-\partial\phi/\partial x$ であるが，そのときに

▶一般に $x-x'$ の関数 $f(x-x')$ に対して

$$\frac{\partial f}{\partial x} = -\frac{\partial f}{\partial x'}$$

となる．

$$-\frac{\partial}{\partial x}\int_0^{x_0}\frac{1}{|\boldsymbol{r}-\boldsymbol{r}'|^3}dx' = \int_0^{x_0}\frac{\partial}{\partial x'}\frac{1}{|\boldsymbol{r}-\boldsymbol{r}'|^3}dx' = \left[\frac{1}{|\boldsymbol{r}-\boldsymbol{r}'|^3}\right]_0^{x_0}$$

であることに注意すると

$$E_x = \frac{p}{4\pi\varepsilon_0}\left\{ \int_{x=x_0} \frac{z}{|\boldsymbol{r}-\boldsymbol{r}'|^3}dy' - \int_{x=0} \frac{z}{|\boldsymbol{r}-\boldsymbol{r}'|^3}dy' \right\}$$

となり，対応関係(1)のもとで(2)と一致することがわかる．

y 成分もほとんど同様に証明できる．z 成分も

▶ $\nabla\cdot\frac{\boldsymbol{r}}{r^3}=0$ ということ(5.2 節参照)．

$$\frac{\partial}{\partial z}\frac{z}{|\boldsymbol{r}-\boldsymbol{r}'|^3} = -\frac{\partial}{\partial x}\frac{x-x'}{|\boldsymbol{r}-\boldsymbol{r}'|^3} - \frac{\partial}{\partial y}\frac{y-y'}{|\boldsymbol{r}-\boldsymbol{r}'|^3}$$

という関係式を用いれば，同じやり方で証明できる．

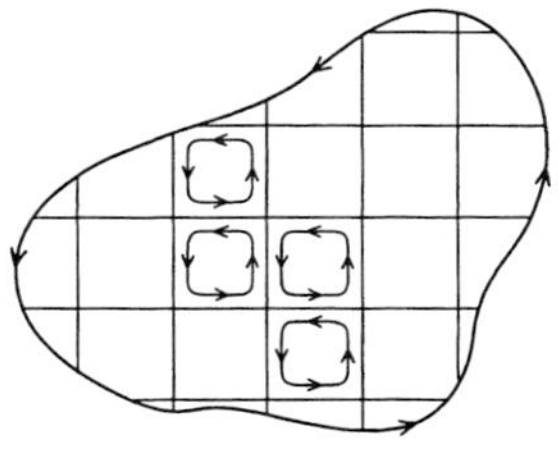

図 5　ループ電流

次に，この定理が任意の曲面に対して成立することを示さなければならない．それには曲面を，微小な正方形の貼り合わせで近似する．ループ電流は，面の一番外側を流れているだけだが，図 5 のように，微小な各正方形それぞれの境界を同じ量の電流が回っていると考えてもよい．隣り合っている部分は足せば打ち消し合うので，全体としては，元来の外側の電流だけになるからである．そのように考えると，各正方形でループ電流の磁場と，双極子層の電場が厳密に対応するので，近似した曲面全体に対してもこの定理が成り立つ．

次に，微小な正方形の面積をしだいにゼロに近づけ，近似した面がもとの曲面に一致する極限を考える．近づける過程では定理は厳密に成り立っているので，極限でも定理は成り立つ．(証明終)

4.5 アンペールの法則の証明

ぽいんと

渦があるというのが磁場の特徴であり，静電場との本質的な違いとなっている．前節の定理は類似性の方を強調したものだが，違いの方は双極子層内部に押し込められている．その違いを調べることにより，磁場の渦の大きさを決めるアンペールの法則(4.1節)を証明することができる．

■磁気双極子モーメント

前節の定理により，ループ電流の作る磁場をなぜ磁気双極子というのかが理解できるだろう．電気双極子モーメントに対応させて，磁気双極子モーメントを正確に定義しておこう．

まず電気双極子層に対応するものが，磁場では有限な大きさを持ったループ電流である．どちらも平面上にあるとしよう．電気双極子層全体の双極子の大きさが密度($|\boldsymbol{p}|$)×面積であるから，ループ電流の双極子としての大きさ m は，密度 $|\boldsymbol{p}|$ と電流 I の対応より

$$\text{磁気双極子強度}\quad m \equiv \text{電流} \times \text{面積} = I \cdot S$$

と定義される．ただし，S はループの囲む領域の面積である．また，m を一定に保ちながら $S \to 0$ ($I \to \infty$) の極限を取れば，点状の磁気双極子になる．その m に，ループの面に垂直な方向を持たせたベクトルが，**磁気双極子モーメント**である(図1)．

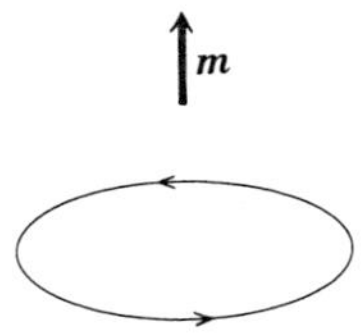

図1　磁気双極子モーメント

■ループ電流と双極子層の差

磁石が作る磁場を考えるときに，＋や－の電荷との類推で，磁石の両端にNとSという「磁荷」が存在するとして磁力線を頭に描く人も多いだろう．それで正しい結果が求まるのは，前節の等価定理があるからである．

しかし世の中には，磁荷というものは存在していない．将来発見される可能性は否定できないが，少なくとも磁石の磁場は，磁荷によるものではない．厳密には原子のことを知らなければ理解できないことだが，原子スケールでのミクロなループ電流の集合と考えれば，物質全体が作る磁場としては正しい理解が得られる．

ただし電流による磁場と，電荷による電場とは，渦の有無など本質的な違いがあることは，すでに示した通りである．このように違いのある電場と磁場に，前節の等価定理のような類似性があるのは不思議に思えるだろうが，この定理では両者の本質的な差を，双極子層内部に押し込めてしまっているのである．

層の厚さを完全にゼロにしてしまっては少し考えにくいので，微小な厚

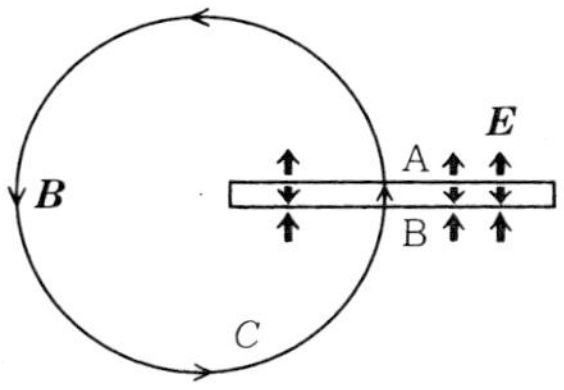

図 2　層内では電場の向きが逆

さ d を持たせて，電場と磁場を比較してみよう．すると双極子層の場合，層の内部で電場の向きが逆転していることがわかる(図 2)．一方，磁場の場合を考えるとき，これはループ電流だから，双極子層のある位置には何も存在していない．そこにはただ磁場が連続的に分布しているだけである．この違いが電場と磁場における渦の有無と深い関係がある．

クーロンの法則で表わされる静電場は，どのような閉曲線に対しても渦を持たない(4.3 節)．そこで，双極子層を図 2 のように横切る閉曲線に対して，渦を計算してみよう．線積分は図 2 に示した向きに沿って行なうとする．まず双極子層の外部 A から B までは，積分路は電場と同方向だから，電場の平行成分 $E_\parallel$ はプラスである．また層の内部 B から A までは電場は積分路と逆向きで，$E_\parallel$ はマイナスである．そして静電場は渦無しなのだから，それらは完全に相殺していなければならない．

$$\int_{\mathrm{AB}} E_\parallel dl + \int_{\mathrm{BA}} E_\parallel dl = 0 \tag{1}$$

ところが磁場に対応するループ電流では，この式の第 2 項にあたるものがない．磁場はループの中でも滑らかにつながっているからである．そのため，第 1 項を相殺するものがないので，渦を生じる．そしてそれを計算すれば，磁場の渦に対する定理，つまり 4.1 節のアンペールの法則が以下のように証明できることになる．

■アンペールの法則の証明

上の説明と等価双極子層の定理を組み合わせ，アンペールの法則を証明しよう．まず双極子層に有限な幅 d を持たせ，表面には面密度 σ の電荷が存在するとする．すると層の内部での電場の大きさは

▶(1.4.3)あるいは(2.3.2)を使う．ただし，そこでの $E_\perp$ は閉曲線 C に平行な成分 $E_\parallel$ に一致する．

$$E_\parallel = -\frac{\sigma}{\varepsilon_0}$$

である．したがって(1)より

$$\int_{\mathrm{AB}} E_\parallel dl = -\int_{\mathrm{BA}} E_\parallel dl = \frac{\sigma d}{\varepsilon_0} \tag{2}$$

次に，積 $p=\sigma d$ を一定にしたまま面の厚さをゼロにする．2 点 A と B は一致し，しかも(2)の右辺は変わらない．そこで等価双極子層の定理の対応関係を使い，双極子層をループ電流に置き換える．上式で言えば，左辺は磁場に置き換え，右辺は前節(1)の置き換えをする．すると

$$\int_C B_\parallel dl = \mu_0 I$$

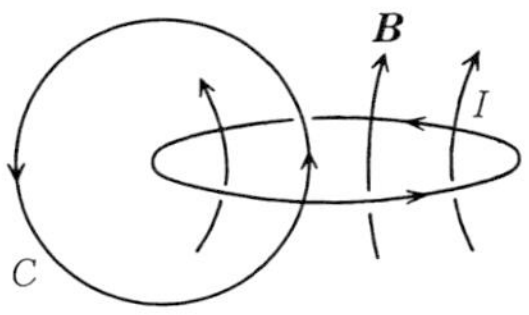

図 3　C と $B_\parallel$ は常に同じ向き

となる．これがまさにアンペールの法則である(図 3)．今はループ電流が 1 つだけの場合を考えたが，多数あってもそれぞれによる磁場を足し合わせるだけなので，この法則が成立することは明らかである．

章末問題

[4.1 節]

4.1 半径 a の輪に電流が流れている．この中心軸を $-\infty$ から $+\infty$ まで行き，無限遠を回って $-\infty$ に戻るという閉曲線 C に対して，アンペールの法則を確かめよ．(章末問題 3.4 の結果を使う．)

[4.2 節]

4.2 半径 a の円柱に，密度 j の一様な電流が流れているとする．円柱内外での磁場を求めよ．

4.3 平面電流の作る磁場(4.2.2)を，ビオ・サバールの法則から直接求めよ．(ヒント：平面電流を直線電流の和として考え，(3.4.5)を使う．)

4.4 磁場が z 軸を中心軸として渦巻いており，その大きさ B は位置に依らないとする．そのときの電流密度の分布を求めよ．

[4.3 節]

4.5 原点に電荷 q があるとき，図 1 のように A→B→C→A と 1 周する閉曲線に対して，直接 $\boldsymbol{E}$ を積分することにより(4.3.6)を確かめよ．(BC は，原点を中心とする円弧である．)

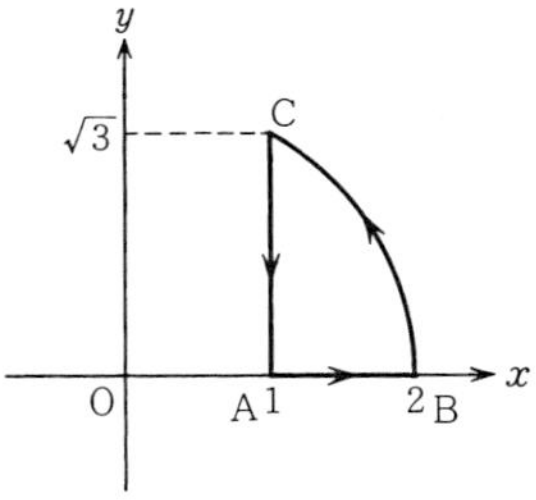

図 1

[4.4 節]

4.6 半径 a の輪に電流が流れているときの，輪の中心軸上の磁場(章末問題 3.4)を等価双極子層の定理を使って求めよ．(章末問題 1.6 の結果を微分して使う．)

4.7 無限のソレノイドの作る磁場を，等価双極子層の定理を使って求め，(4.2.1)と一致することを確かめよ．(ヒント：ソレノイド内部に電気双極子層が詰まっていると考える．ただし磁場を求める点 A は電気双極子層の外部になければならないので，そこには幅が無限小のすきまが開いているとして考える．図 2 参照．) また，ソレノイド外部に磁場がない理由もこの定理を使って説明せよ．

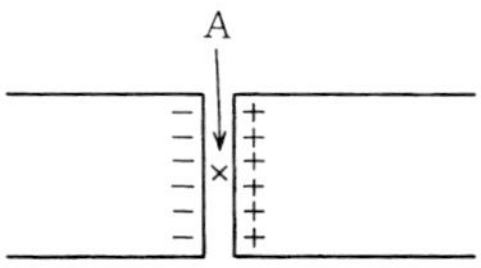

図 2

5

局所的に見た
発散と回転

ききどころ

静電場，静磁場に関する基本法則は学んだので，本章からはもう一歩踏み込んだ，「局所的な見方」という考え方を導入する．

クーロンの法則は，ある場所の電荷が，他の場所にどのような電場を作るかということを示した法則であり，またビオ・サバールの法則は，ある場所の電流が，他の場所にどのような磁場を作るかを示した法則である．つまりどちらも，「離れた位置」での2つの量の間の関係を表わしているという意味で，「非局所的な見方」をした法則だと言える．

この章の目的は，これらを局所的な見方で書き換えることである．電場にしろ磁場にしろ，空間各点での変化の様子がわかれば，その変化を積み上げていって空間全体での振る舞いがわかるはずである．ところがその変化の様子は，「その位置」での電荷や電流の量で決まることが示せる．この章では，空間各点での電場や磁場の変化率と，その位置での電荷や電流の量との関係を求めることにより，クーロンの法則あるいはビオ・サバールの法則に取って代わる，新しい局所的な電場・磁場の基本法則を求めよう．

5.1 微小な領域での発散(湧き出し)

ぽいんと

今まで，発散(湧き出し)そして回転(渦)ということの重要性を強調してきた．発散は，ある閉曲面から外に出ていくベクトル関数の総量を表わし，回転は，ある閉曲線に沿ったベクトル関数の渦の強さを表わしていた．これらの量を局所的な見方で表わそうとすれば，空間各点での湧き出しの密度，空間各点での渦の密度という量を定義しなければならない．

この節ではまず，2章で定義した発散(湧き出し)という概念を微小な領域で計算し，それがベクトル関数の変化率とどのような関係があるかを調べてみよう．

■発散の性質

ベクトル関数の有限な領域からの発散という概念を復習する．ベクトル関数 $\boldsymbol{a}(\boldsymbol{r})$ が決まっていたとする．このベクトル関数の有限な領域 V からの発散とは，V の境界(閉曲面) S 上での，$\boldsymbol{a}$ の S に対する垂直成分 $a_\perp$ の積分である．

▶境界面 S からの発散といってもよい．

$$\{V\text{からの発散}\} \equiv \int_S a_\perp dS$$

ここで，$\boldsymbol{a}$ が外向きのときは $a_\perp$ はプラス，内向きのときはマイナスと定義することにする．つまりベクトル関数が(平均して) S から出ていっているときには発散はプラス，入ってくるときにはマイナスとなる．

発散に関する重要な性質として，次の定理が簡単に導かれる．

定理　領域 V をいくつかの部分 $V_1, V_2, \cdots$ に分割する．そのとき V からの発散は，各部分 V_i からの発散の和に等しい．このことを式で表わせば，

$$\int_S a_\perp dS = \int_{S_1} a_\perp dS + \int_{S_2} a_\perp dS + \cdots \tag{1}$$

となる．ただし V の境界を S，V_i の境界を S_i とする．

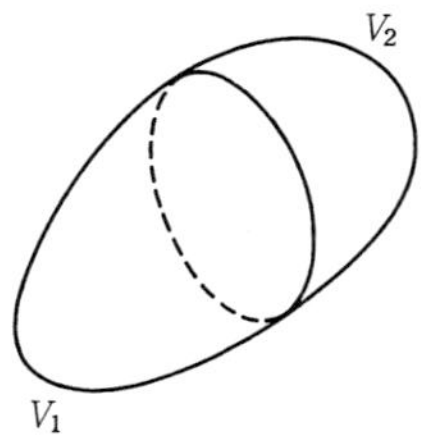

図1　領域の分割

［証明］ 2つに分割した場合を考えよう(図1)．V_1 と V_2 が接する境界面では，$a_\perp$ は V_1 に対して外向きでプラスだとすれば，V_2 に対しては内向きでマイナスになる．つまり，そこでの右辺の面積分は，足し合わせれば相殺してしまう．また境界 S_1 と S_2 の他の部分は，全体の境界 S と共通である．したがって，上式は成り立つ．より多くの部分に分割されている場合も，同様にして証明できる．(証明終)

■微小な領域での発散

この定理より，発散は細分割した微小な領域で計算し，後で足し合わせればよいことがわかる．では，細分割を極限まで進めたとき，各点での発散がどう表わされるかということを考えてみよう．

ベクトルがどこでも一定ならば，領域に入っていく量も出ていく量も等しいので発散はない．つまり発散は，そこでのベクトルの変化率(微分)に関係していることは想像がつく．しかし微分といっても，ベクトル $\boldsymbol{a}$ には3成分があり，また微分をする座標にも x, y, z の3成分があるから，その組合せで9通りの微分が考えられる．それをどのように組み合わせれば各点での発散が求まるかというのが問題である．答は次の定理で表わされる．

▶たとえば $\dfrac{\partial a_x}{\partial x}, \dfrac{\partial a_x}{\partial y}, \dfrac{\partial a_y}{\partial x}$, etc.

定理　微小な領域 $\varDelta V$ での発散は，その境界を $\varDelta S$ とすると

$$\int_{\varDelta S} a_{\perp} dS \simeq \left(\frac{\partial a_x}{\partial x}+\frac{\partial a_y}{\partial y}+\frac{\partial a_z}{\partial z}\right)\varDelta V \tag{2}$$

と表わされる．ただし右辺の $\varDelta V$ は，この領域の体積を表わすこととする．(上式は近似式であるが，$\varDelta V \to 0$ の極限では両辺の比は正確に1となる．)

[証明]　この定理は一般に成り立つが，ここでは話を簡単にするために $\varDelta V$ は微小な立方体とする．まず図2のような立方体を考える．中心の座標を (x, y, z) とし，1辺の長さを $\varDelta l$ とする．上式の左辺は6つの面上での積分の和であるが，まず x 軸に垂直な2つの面 S_x と S_x' での積分を考えよう．S_x では右が外側であり，S_x' では左が外側だから

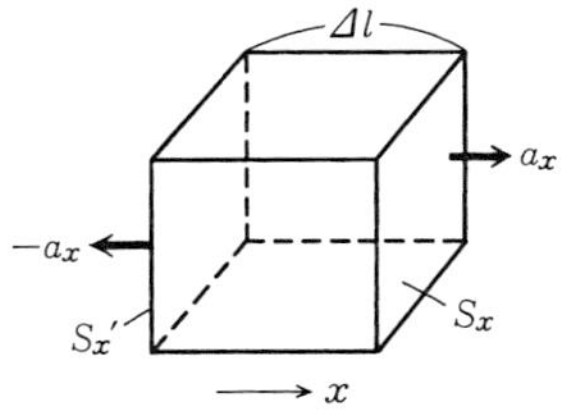

図2　x 方向への湧き出し(便宜上大きく描いているが，大きさは微小だとする)

$$a_{\perp}(S_x \text{上}) \simeq a_x\left(x+\frac{\varDelta l}{2}, y, z\right)$$

$$a_{\perp}(S_x' \text{上}) \simeq -a_x\left(x-\frac{\varDelta l}{2}, y, z\right)$$

という近似式が成り立つ．この立方体は微小なので，y 座標や z 座標は立方体の中心の座標をそのまま使った．しかし，S_x と S_x' の位置のずれが重要なので，x 座標は正確に表わした．これを用いると，

$$\int_{S_x+S_x'} a_{\perp} dS = \left\{a_x\left(x+\frac{\varDelta l}{2}, y, z\right)-a_x\left(x-\frac{\varDelta l}{2}, y, z\right)\right\}(\varDelta l)^2$$

となる．ところで $\varDelta l$ は微小だから，$\left[x-\dfrac{\varDelta l}{2}, x+\dfrac{\varDelta l}{2}\right]$ の領域では a_x は直線的に変化すると近似し，

▶立方体の場合にはもっと厳密な証明ができるが(章末問題5.1)，ここではこの公式の直観的意味が理解しやすい証明を示した．

$$\text{上式の}\ \{\cdots\}\ \text{の中} \simeq \frac{\partial a_x}{\partial x}\cdot\varDelta l$$

とすれば，結局

$$\int_{S_x+S_x'} a_{\perp} dS \simeq \frac{\partial a_x}{\partial x}(\varDelta l)^3 = \frac{\partial a_x}{\partial x}\varDelta V$$

となる．これを y 軸に垂直な面，z 軸に垂直な面に対しても行なえば，(2)が求まることはわかるだろう．(証明終)

注意　この証明を見れば，(2)の直観的意味はわかるだろう．a_x が変化していなければ S_x' から入る量と S_x から出ていく量が同じなので，この方向の湧き出しはない．つまり x 方向の湧き出しは a_x の，x に対する変化率に比例する．(2)の右辺の第2,3項は，それぞれ y 方向，z 方向への湧き出しを表わす．

5.2 発散密度とガウスの法則(微分形)

ぽいんと

前節では微小な領域に対する発散の公式を求めた．その領域の体積がゼロになる極限を考えれば，各点での発散密度という量が定義できる．

また逆に，微小な領域の発散を公式を使って計算し，それを足し合わせれば，大きな領域に対する発散の公式も求まる．この数学的関係を「ガウスの定理」と呼ぶ．そして，このガウスの定理を，第2章で求めた電場の発散に対する(積分形の)ガウスの法則に適用すれば，微分で表わされたガウスの法則が求まる．これは4つある電磁場の基本法則(マクスウェルの方程式)のうちの第一のものである．

キーワード：発散密度，$\nabla\cdot\boldsymbol{a}$，ガウスの定理，電荷密度，ガウスの法則(微分形)

■発散密度

発散というのは，広がりをもった領域に対して定義された量である．そこで，各点で意味を持つ発散密度という量を定義しよう．前節の定理によれば，微小な領域 ΔV に対して

$$\frac{1}{\Delta V}\int_{\Delta S} a_{\perp} dS \simeq \frac{\partial a_x}{\partial x}+\frac{\partial a_y}{\partial y}+\frac{\partial a_z}{\partial z} \tag{1}$$

という式が成り立つ．左辺は発散を体積で割っているのだから，領域 ΔV 内の，平均的な発散密度を表わしている．また，この式は $\Delta V\to 0$ の極限で厳密に成り立つのだから，(1)の右辺は，各点での**発散密度**といえる．

ところでこの右辺は，ナブラベクトル ∇ (1.5節)と $\boldsymbol{a}$ の内積に他ならないから $\nabla\cdot\boldsymbol{a}$ とも書ける．また英語 divergence(発散の意)より，div $\boldsymbol{a}$ と書くこともある．つまり

$$\nabla\cdot\boldsymbol{a} = \mathrm{div}\,\boldsymbol{a} \equiv \frac{\partial a_x}{\partial x}+\frac{\partial a_y}{\partial y}+\frac{\partial a_z}{\partial z} \tag{2}$$

が $\boldsymbol{a}$ の発散密度である．

■ガウスの定理

微小な領域に対する発散の公式がわかったので，これを足し合わせれば，微小でない領域に対する発散の公式がえられる．この公式は**ガウスの定理**と呼ばれ，これにより発散を面積分の代わりに体積積分で表わせる．

定理(ガウスの定理)　領域 V の境界を S とすれば

$$\int_S a_{\perp} dS = \int_V \nabla\cdot\boldsymbol{a}dV \tag{3}$$

[証明]　V を微小な領域に細分割したとき，各領域に対して前節の(2)が成り立つ．したがって，それをすべて足し合わせて $\Delta V\to 0$ の極限を考えれば，体積積分の定義に一致し(3)の右辺となる．(証明終)

▶この数学上の一般的な関係式をガウスの「定理」と呼び，電場に関する物理の法則をガウスの「法則」と呼んで区別する．

▶ V が直方体のときは，より直接的に証明できる(章末問題5.1)．

■ガウスの法則(微分形)

微分形のガウスの法則とは，各点での電場の発散密度と，そこでの電荷密度との関係を示した法則である．これは2.2節で求めた積分形のガウスの法則と，(3)のガウスの定理を結びつけることにより求まる．

まず電荷密度 $\rho(\boldsymbol{r})$ という量を定義しておこう．これは各点での電荷分布を表わす関数で，たとえば領域 V での全電荷は

$$(\text{領域 } V \text{ での全電荷}) = \int_V \rho(\boldsymbol{r})dV$$

という式で表わされる．したがって，2.2節のガウスの法則は

$$\int_S E_\perp dS = \int_V \frac{\rho}{\varepsilon_0}dV$$

となる．これと，(3)で $\boldsymbol{a}$ が電場 $\boldsymbol{E}$ であった場合を結びつければ

$$\int_V \nabla\cdot\boldsymbol{E}dV = \int_V \frac{\rho}{\varepsilon_0}dV$$

ところでこの式は，領域 V をどのように取っても成り立たなければならないから，積分の中の関数自体が等しくなければならない．したがって

$$\textbf{ガウスの法則(微分形)}\quad \nabla\cdot\boldsymbol{E} = \frac{\rho}{\varepsilon_0} \tag{4}$$

という公式が求まる．これが微分形のガウスの法則である．「電場の発散密度はその位置の電荷密度に比例する」，あるいは「電場は電荷が存在しているところで湧き出している」ことを意味する，重要な法則である．

［例題］ **球電荷**

一様に電荷が分布している半径 a の球が作る電場は，その電荷密度を ρ (定数)とすれば

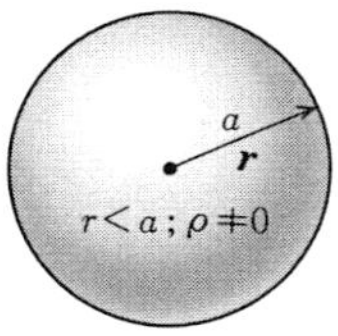

図1 球電荷

$$\boldsymbol{E} = \begin{cases} \dfrac{\rho}{3\varepsilon_0}\boldsymbol{r} & (r<a) \\ \dfrac{\rho}{4\pi\varepsilon_0}\cdot\dfrac{4\pi a^3}{3}\cdot\dfrac{\boldsymbol{r}}{r^3} & (r>a) \end{cases}$$

である(章末問題2.2参照)．(4)が成り立っていることを確かめよ(図1)．

［解法］ 定義にしたがって，上式の発散密度を計算する．$r<a$ のときは

$$\nabla\cdot\boldsymbol{r} = \frac{\partial x}{\partial x}+\frac{\partial y}{\partial y}+\frac{\partial z}{\partial z} = 3$$

であるから，(4)は明らか．$r>a$ のときは $\rho=0$ であるが

$$\nabla\cdot\frac{\boldsymbol{r}}{r^3} = \frac{3}{r^3}-3\frac{x^2+y^2+z^2}{r^5} = 0 \tag{5}$$

となり，この場合も(4)が成り立つ．

▶ $\nabla\cdot\dfrac{\boldsymbol{r}}{r^3}=0$ (ただし $r\neq 0$)は重要な関係式である．

5.3 微小な領域での回転(渦)

ぽいんと

こんどは，第4章で議論した回転(渦)という概念を微小な面で計算し，それがベクトル関数の変化率とどのような関係があるかを調べてみよう．

■回転の性質

発散の場合と対応させて議論を進めよう．まず，有限な閉曲線でのベクトル関数の回転という概念を復習する．ベクトル関数 $\boldsymbol{a}(\boldsymbol{r})$ が決まっていたとする．有限な閉曲線 C でのこのベクトル関数の回転とは，$\boldsymbol{a}$ の C に対する平行成分 $a_{\parallel}$ の C に沿った線積分である．

$$\{C \text{ に沿った回転}\} \equiv \int_C a_{\parallel} dl$$

ただし，この閉曲線には向きを決めておく．そして $\boldsymbol{a}$ の平行成分がこの向きと同じときには $a_{\parallel}$ はプラス，逆のときにはマイナスと定義する．つまりベクトル関数が(平均して) C と同じ向きに回っているときには回転はプラス，逆向きのときはマイナスとなる．

回転に対しても，次の定理が成り立つ．

定理　閉曲線 C を，いくつかのより小さな閉曲線 $C_1, C_2, \cdots$ に分割する．そのとき C での回転は，各閉曲線 C_i での回転の和に等しい．このことを式で表わせば

$$\int_C a_{\parallel} dl = \int_{C_1} a_{\parallel} dl + \int_{C_2} a_{\parallel} dl + \cdots \tag{1}$$

となる．(各 C_i の向きは，C の向きと同じであるとする．)

[証明]　2つに分割した場合を考えよう(図1)．C_1 と C_2 が接した部分では，その曲線の向きは逆になるように定義されている．したがって，C_1 にとって $a_{\parallel}$ がプラスだったとすれば，C_2 にとってはマイナスである．つまりそこでの右辺の線積分は，足し合わせれば相殺してしまう．また C_1 と C_2 の他の部分は，曲線全体 C と共通である．したがって，上式は成り立つ．(証明終)

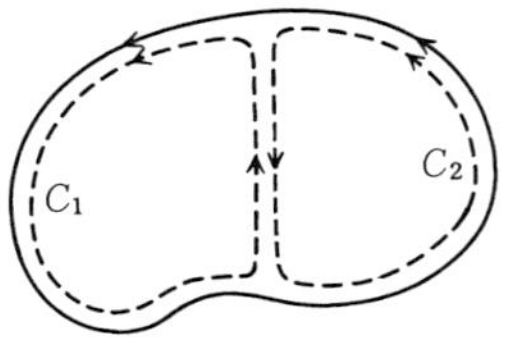

図1　領域の分割

■微小な面での回転

この定理により，回転はまず細分割した微小な閉曲線で計算し，後で足し合わせればよいことがわかる．では，細分割を極限にまで進め，大きさのない各点での回転というものがどう表わされるかということを考えてみよう．これも発散の場合と同様，ベクトル関数 $\boldsymbol{a}$ の微分で表わされる．しかし，その組合せは，もちろん発散とは異なる．さらに複雑なことには，

回転には方向がある．単に右回転，左回転の違いばかりでなく，回転軸の方向も考えなければならない．回転軸の方向が違えば，その回転を表わす表式も異なる．

一般に閉曲線には凹凸があるから，1つの平面上に乗っているとは限らない．しかし，ここでは十分細分割を進め，微小な閉曲線を考えているので，それは平面上にあるとする．そこでまず，この平面が xy 平面に平行（z 軸に垂直）である場合を考えよう．すると次の定理が成り立つ．

定理　z 軸に垂直な平面上にある微小な閉曲線 $\varDelta C$ での回転は，

$$\int_{\varDelta C} a_{\parallel} dl \simeq \left(\frac{\partial a_y}{\partial x} - \frac{\partial a_x}{\partial y}\right)\varDelta S \qquad (2)$$

と表わされる．ただし，右辺の $\varDelta S$ は，この閉曲線で囲まれる部分の面積を表わす．また $\varDelta C$ の向きは，上から見て左回りとする．（上式は近似式であるが，$\varDelta S$ の極限では両辺の比は厳密に1となる．）

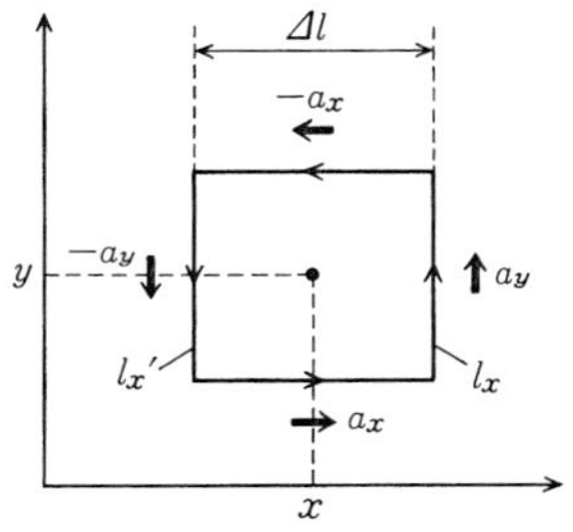

図2　正方形の回りの渦
（便宜上大きく描いているが，正方形の大きさは微小だとする）

［証明］　この定理は一般の場合に成り立つが，ここでは話を簡単にするために $\varDelta C$ は微小な正方形とする．まず図2のような正方形を考えよう．その中心の座標を (x, y, z) とし，1辺を $\varDelta l$ とする．(2)の左辺は4つの辺上での積分の和であるが，まず x 軸に垂直な2つの辺 l_x, l_x' での積分を考えよう．l_x では $\varDelta C$ は上向きであり，l_x' では下向きだから，

$$a_{\parallel}(l_x \text{上}) \simeq a_y\left(x+\frac{\varDelta l}{2}, y, z\right)$$

$$a_{\parallel}(l_x' \text{上}) \simeq -a_y\left(x-\frac{\varDelta l}{2}, y, z\right)$$

という近似式が成り立つ．x 座標だけ厳密に表わしたのは，l_x と l_x' のずれが重要だからである．これを用いると

$$\int_{l_x+l_x'} a_{\parallel} dl = \left\{a_y\left(x+\frac{\varDelta l}{2}, y, z\right) - a_y\left(x-\frac{\varDelta l}{2}, y, z\right)\right\}\varDelta l$$

▶正方形の場合にはもっと厳密な証明ができるが（章末問題5.4），ここではこの公式の直観的意味が理解しやすい証明を示した．

となる．ところで

$$\text{上式の} \{\cdots\} \text{の中} \simeq \frac{\partial a_y}{\partial x}\varDelta l$$

であるから，結局

$$\int_{l_x+l_x'} a_{\parallel} dl \simeq \frac{\partial a_y}{\partial x}(\varDelta l)^2 = \frac{\partial a_y}{\partial x}\varDelta S$$

となる．これは(2)の右辺第1項である．他の2辺に対しても同じことを行なえば，右辺第2項が求まる．（証明終）

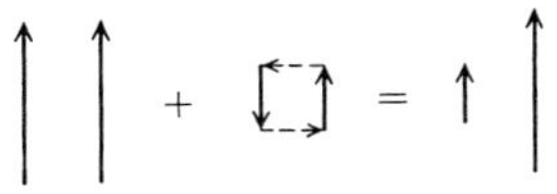

（左右等しい流れ＋渦）
＝（右側で速い流れ）

図3

注意　この証明の手順を考えれば，ベクトルの回転とはどういうことなのかがわかる．左右等しい上向きの流れに左回りの渦を加えれば（図3），左側より右側で流れが速くなる．このことに対応して，左側の $a_{\parallel}$ より右側の $a_{\parallel}$ が大きければ，この正方形の部分には左回り（プラス）の渦があると表現するのである．

5.4 回転密度とストークスの定理(平面の場合)

ぽいんと

微小な閉曲線に対する回転の公式を求めたので，その大きさがゼロになる極限を考えれば，各点での回転密度という量が定義できる．

また逆に，微小な閉曲線に対する回転を公式を使って計算し，それを足し合わせれば，大きな閉曲線に対する回転の公式も求まる．これをストークスの定理と呼ぶ．

簡単な例で，回転や回転密度の計算練習をする．

キーワード：回転密度，ストークスの定理

■回転密度(平面の場合)

発散密度にならって，回転密度というものを定義しよう．前節の定理によれば，z 軸に垂直な面内にある微小な閉曲線 ΔC に対して

$$\frac{1}{\Delta S}\int_{\Delta C} a_{\parallel} dl \simeq \frac{\partial a_y}{\partial x} - \frac{\partial a_x}{\partial y}$$

という式が成り立つ．この式で左辺は回転を面積で割っているのだから，ΔC に囲まれた部分の平均的な**回転密度**を表わしている．したがって，閉曲線の面積をゼロとした各点での回転密度は

$$(\boldsymbol{a} \text{ の回転密度}) = \frac{\partial a_y}{\partial x} - \frac{\partial a_x}{\partial y} \tag{1}$$

と定義すればよいことがわかるだろう．ただし，これはあくまで，z 軸に垂直な平面上での回転密度の公式である．より一般の場合は，5.6 節で議論する．

■ストークスの定理(平面の場合)

微小な閉曲線に対する回転の公式がわかったので，これを足し合わせれば，微小でない閉曲線に対する回転の公式も求めることができる．この公式はストークスの定理と呼ばれ，回転を線積分の代わりに面積分で表わすことを可能にする．

定理(**ストークスの定理**──z 軸に垂直な平面上の場合)　z 軸に垂直な平面上の閉曲線 C で囲まれる平面を S とすれば，

$$\int_C a_{\parallel} dl = \int_S \left(\frac{\partial a_y}{\partial x} - \frac{\partial a_x}{\partial y}\right) dS \tag{2}$$

(ただし，左辺は左回りに積分することとする．)

［証明］ C を微小な閉曲線に細分割したとき，各閉曲線に対して前節の(2)が成り立つ．したがって，それをすべて足し合わせて全体の回転を求めれば，この式が求まることはすぐにわかるだろう．(証明終)

■回転と回転密度の計算例

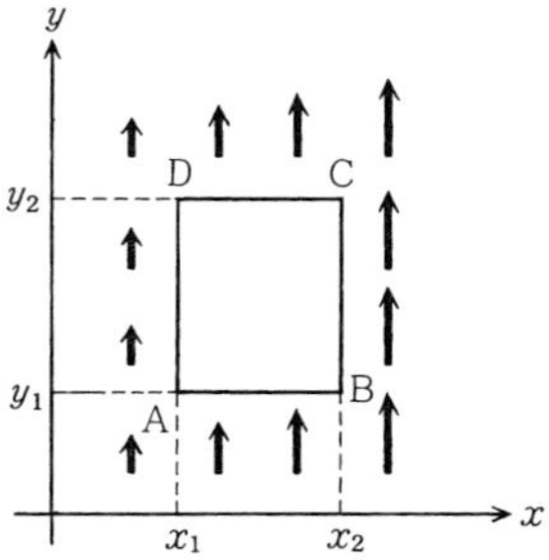

図1　(3)で表わされるベクトル関数

具体例で，ストークスの定理を確かめてみよう．図1のような，xy平面上で定義されているベクトル関数を考える．向きは常にy方向(あるいはその逆方向)であり，大きさは各点でのx座標の値に等しいとする．式で書けば

$$\boldsymbol{a} = (0, x) \tag{3}$$

となる．一見すると回転があるようには見えないが，実はいたるところに回転がある．図1のような小さな長方形を考えてみよう．長方形の左側より右側のほうがベクトルの値が大きい．これは，左右等しい流れに，小さな渦を重ね合わせたものとみなすことができる(前節の図3参照)．左側では打ち消し合い，右側では強め合う結果，図1のような流れになると考えればよい．

具体的に回転の大きさを計算してみよう．図1に記したように座標を取ると

$$\begin{aligned}\int_{\mathrm{ABCD}} a_{\parallel} dl &= \int_{\mathrm{BC}} a_y dy + \int_{\mathrm{DA}} a_y dy \\ &= x_2(y_2-y_1) - x_1(y_2-y_1) = (x_2-x_1)(y_2-y_1)\end{aligned} \tag{4}$$

となる．答は長方形の面積に等しく，位置には依らない．

同じことをこんどは回転密度の式により確かめてみよう．(3)を(1)に代入すれば

$$(\text{回転密度}) = \frac{\partial x}{\partial x} - 0 = 1$$

となる．大きさが1の回転密度がいたるところに存在していることがわかる．したがって，面積Sの領域での回転の総量はSそのものになり，(4)と一致する．つまりストークスの定理(2)が成り立っている．

ついでに，このベクトル関数の発散も計算しておこう．平面上のベクトルだからz成分のことは無視し，発散密度の公式(5.2.2)に代入すると

$$\nabla \cdot \boldsymbol{a} = 0 + \frac{\partial x}{\partial y} = 0$$

となる．発散はない．このことは図からも直観的に理解できる．ベクトルの方向に，つまりy方向にたどっていくと，$\boldsymbol{a}$の大きさは変化していない．つまりベクトルの流れには湧き出しも吸い込みもない．したがって，発散がゼロなのである．

5.5 アンペールの法則の微分形

ぽいんと

ガウスの定理を使って，電場のガウスの法則を微分形に書き直したように，前節のストークスの定理を使えば，磁場のアンペールの法則を微分形にすることができる．簡単な具体例で，この法則が成り立っていることを確かめる．

キーワード：電流密度，アンペールの法則（微分形）

■微分形でのアンペールの法則

xy 平面に平行な閉曲線 C で囲まれた領域 S を考える．するとアンペールの法則(4.1.2)は

$$\int_C B_{\parallel} dl = \mu_0 \times (S\text{を貫く全電流}) \tag{1}$$

となる．右辺を数式で表現するために，**電流密度**というベクトル関数 $\boldsymbol{j}(\boldsymbol{r})$ を定義する．これは各点で，そこでの電流の方向と電流密度の大きさをもつベクトル関数である．これを使うと，一般の面 S を貫く電流は $\int_S j_{\perp} dS$ と表わせる(図1)．面を「通過する」電流を求めるには，この面に垂直な成分 $j_{\perp}$ の積分をしなければならないことに注意しよう．

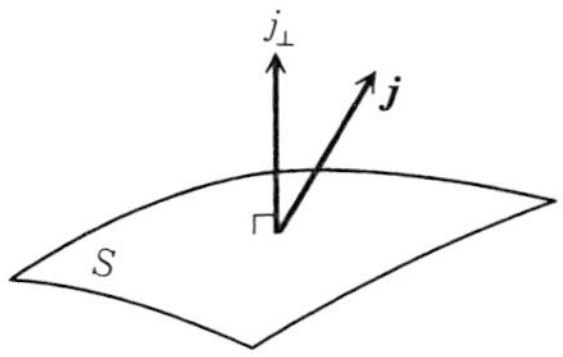

図1　面を通過する成分

これを使えば(1)は，xy 平面に垂直な成分とは z 成分のことだから

$$\int_C B_{\parallel} dl = \mu_0 \int_S j_z dS$$

となる．これに，前節のストークスの定理(5.4.2)で $\boldsymbol{a}$ を $\boldsymbol{B}$ とした式と組み合わせれば

$$\int_S \left(\frac{\partial B_y}{\partial x} - \frac{\partial B_x}{\partial y} \right) dS = \mu_0 \int_S j_z dS$$

である．この式は，(xy 平面に平行である限り)任意の面に対して成り立たなければならないから，左右の積分される関数が等しい．

▶(2)は次節で導くベクトル表示のアンペールの法則の z 成分に相当する．

$$\frac{\partial B_y}{\partial x} - \frac{\partial B_x}{\partial y} = \mu_0 j_z \tag{2}$$

これが，**アンペールの法則の微分形**(局所形)である．

［例題］　**円柱電流**

半径 a の無限に続く円柱に，電流密度 j の一様な電流が流れているとする．すると磁場は，この円柱の回りに渦を巻くように発生し，その大きさは次のようになる(章末問題4.2参照)．

$$|\boldsymbol{B}| = \begin{cases} \dfrac{\mu_0 j}{2} r & (r<a\ のとき) \\ \dfrac{\mu_0 a^2 j}{2} \dfrac{1}{r} & (r>a\ のとき) \end{cases}$$

このとき(2)を円柱の中心軸が z 軸と一致しているとして確かめよ.

［解法］　磁場は図2に示した方向を向いているから，円柱内外で，

$$\begin{aligned} &内部\quad \boldsymbol{B} = \frac{\mu_0 j}{2}(-y, x, 0) \\ &外部\quad \boldsymbol{B} = \frac{\mu_0 a^2 j}{2}\frac{1}{r^2}(-y, x, 0) \end{aligned} \tag{3}$$

となる．まず内部について計算すると，

$$\frac{\partial B_y}{\partial x} - \frac{\partial B_x}{\partial y} = \frac{\mu_0 j}{2}\{1-(-1)\} = \mu_0 j$$

となり(2)が成り立つ．また外部は

$$\begin{aligned} \frac{\partial B_y}{\partial x} - \frac{\partial B_x}{\partial y} &\propto \frac{\partial}{\partial x}\left(\frac{x}{r^2}\right) - \frac{\partial}{\partial y}\left(-\frac{y}{r^2}\right) \\ &= \frac{2}{r^2} - 2\frac{x^2+y^2}{r^4} = 0 \end{aligned} \tag{4}$$

であるから，(2)はやはり成り立っている．

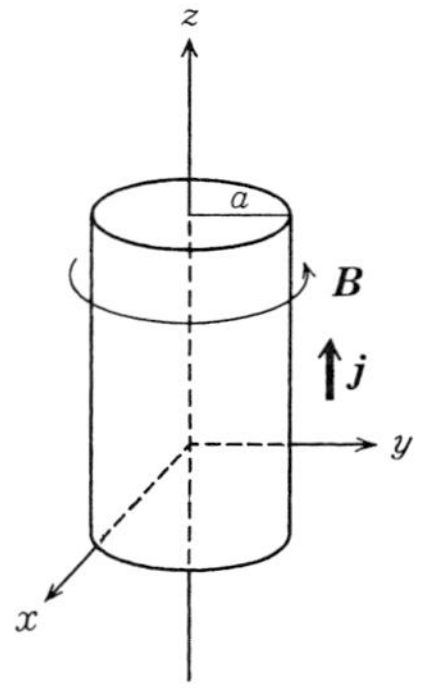

図2　円柱を流れる電流

■「回転密度」の幾何学的意味

回転密度という言葉の幾何学的な意味について注意しておこう．上の例の場合，円柱の外側にも磁場は渦巻いている．しかし，(4)からわかるように，外側には電流は流れていないので回転密度はゼロになっている．つまり回転密度という量は，そこの磁場が渦巻いているかどうかではなく，そこに渦の中心が分布しているかどうかを示す量である．この例では，円柱内部の各点に渦の中心があり，それが軸対称に分布しているので，全体を足し合わせると円柱を取り巻く大きな渦になるのである．

また，上の例で円柱の半径をゼロにした極限を考えてみよう．ただし電流密度を無限にし，電流の総量は有限に保たれているとする．つまり，直線電流の場合である．このときは至るところで(4)が成り立っているから，回転密度も至るところでゼロになる．しかし実際には，直線電流の磁場は直線電流の回りに渦を巻いているのだから，どこかに回転の中心があるはずである．それはもちろん z 軸上だが，そこでは r がゼロになってしまうので(3)や(4)が意味をなさない．回転密度が計算できないので，回転の総量を求めるには，積分系のアンペールの法則を使わざるをえない．回転はあるが回転密度は z 軸を除きどこでもゼロなので，その回転(の中心)は z 軸に集中しているはずであるという論法である(章末問題5.6も参照)．

▶同じことは点電荷の電場でも言える．発散はあるが，発散密度は(5.2.5)からわかるように，原点を除き至るところでゼロである．つまり発散は原点に集中している．

5.6 回転密度ベクトル(rot $\boldsymbol{a}$)

ぽいんと

今まで考えてきたのは，z 軸に垂直な平面内での回転であった．しかし，ベクトル関数の渦の回転軸は，一般には傾いている．そこで回転密度という量もベクトルとして定義しなければならない．それを rot と表わすが，これを用いれば，5.3 節のストークスの定理を一般化して曲面で成り立つ定理を考えることができる．さらにそれとアンペールの法則とを結びつければ，任意の方向に対する微分形でのアンペールの法則を導くことができる．

キーワード：回転密度ベクトル(rot $\boldsymbol{a}$)，一般のストークスの定理，一般のアンペールの法則(微分形)

■回転密度ベクトル(rot $\boldsymbol{a}$)

ベクトル関数の渦の回転軸は，一般には傾いているし場所によって変化もする．つまり発散とは異なり，回転というものはベクトル関数として考えなければならない．

▶ rot＝rotation

まずベクトル関数 $\boldsymbol{a}$ があったとしよう．それの**回転密度ベクトル**(rot $\boldsymbol{a}$ と書く)のある方向の成分とは，それに垂直な平面内の回転密度のことであると定義しよう．すると前節まで考えてきたのは，z 軸に垂直な平面内の回転だったから，正確に言えば rot $\boldsymbol{a}$ の z 成分ということになる．つまり(5.4.1)は

$$(\mathrm{rot}\,\boldsymbol{a})_z = \frac{\partial a_y}{\partial x} - \frac{\partial a_x}{\partial y} \tag{1}$$

となる．x 成分も y 成分も同様に求められ

$$\begin{aligned}(\mathrm{rot}\,\boldsymbol{a})_x &= \frac{\partial a_z}{\partial y} - \frac{\partial a_y}{\partial z} \\ (\mathrm{rot}\,\boldsymbol{a})_y &= \frac{\partial a_x}{\partial z} - \frac{\partial a_z}{\partial x}\end{aligned} \tag{2}$$

となる．以上の表式をよく見ると，ナブラベクトル

$$\nabla = \left(\frac{\partial}{\partial x}, \frac{\partial}{\partial y}, \frac{\partial}{\partial z}\right)$$

と $\boldsymbol{a}$ の外積になっていることがわかる．つまり

$$\mathrm{rot}\,\boldsymbol{a} = \nabla \times \boldsymbol{a}$$

という式が成り立つ．

■ rot $\boldsymbol{a}$ と回転軸の方向

このように定義された rot $\boldsymbol{a}$ は，渦の回転軸の方向を向くベクトルである．たとえば前節で考えた z 軸に平行な円柱電流(あるいは直線電流)が作る磁場を考えてみる．そのとき $\boldsymbol{a}$ (つまり磁場 $\boldsymbol{B}$)は，あらゆる点で z 軸と垂

直だから $a_z=0$ である．また a_x も a_y も z に依存していないので

$$\frac{\partial a_x}{\partial z}=\frac{\partial a_y}{\partial z}=0$$

でもある．これらを(2)に代入すれば

$$(\mathrm{rot}\,\boldsymbol{a})_x=(\mathrm{rot}\,\boldsymbol{a})_y=0$$

であることはすぐわかる．つまりこの場合，rot $\boldsymbol{a}$ は z 方向を向いている．

■ストークスの定理(一般の場合)

4.4 節では，平面にのっている閉曲線に対するストークスの定理というものを説明した．閉曲線に沿った線積分の代わりに，それを境界とする領域での面積分により回転を計算する式である．しかし一般には，うねっていて平面にはのらない閉曲線も考えられる．そのような場合に対しても，ストークスの定理を一般化することができる．

定理　閉曲線 C を境界とする曲面 S を考えると，任意のベクトル関数 $\boldsymbol{a}$ に対して

$$\int_C a_\parallel dl=\int_S(\nabla\times\boldsymbol{a})_\perp dS \tag{3}$$

という式が成り立つ．ただし $a_\parallel$ は C 上の各点での $\boldsymbol{a}$ の C への平行成分であり，$(\nabla\times\boldsymbol{a})_\perp$ は S 上の各点での，$\nabla\times\boldsymbol{a}$ の面への垂直成分である．

▶ S は，C を境界とする面である限り，何であっても構わない．

[証明]　この曲面を，微小な平面で貼り詰めて近似する．各平面に対してはこの定理が成り立つので，それを足し合わせたものに対しても成り立つ．そして平面の大きさをゼロにする極限を取れば，貼り詰めたものはもとの曲面に一致するので，曲面に対するこの定理も成り立つ．(証明終)

■微分形のアンペールの法則(一般の場合)

任意の方向に対するアンペールの法則は，前節で定義した電流密度ベクトルを使うと

$$\int_C B_\parallel dl=\mu_0\int_S j_\perp dS$$

と表わすことができる．ただし，右辺の S は C を境界とする任意の曲面である．これと，上のストークスの定理で $\boldsymbol{a}$ を磁場 $\boldsymbol{B}$ とした式とを比較してみると

$$\int_S(\nabla\times\boldsymbol{B})_\perp dS=\mu_0\int_S j_\perp dS$$

であることがわかる．これはどのような曲面 S に対しても成り立つから，結局

$$\nabla\times\boldsymbol{B}=\mu_0\boldsymbol{j} \tag{4}$$

となる．これはアンペールの法則を局所的に表わしたものといえる．

▶曲面 S の位置や向きが何であっても成り立つ式だから，ベクトルとして等しくなければならない．

5.7 局所的にみた静電場・静磁場の基本法則(まとめ)

ぽいんと

この章では，局所的にみたベクトル関数の発散と回転，つまり発散密度と回転密度という量を定義した．そして静電場の発散密度が電荷密度に比例し(ガウスの法則)，静磁場の回転密度が電流密度に比例する(アンペールの法則)ことを証明した．では逆に，静電場の回転密度，静磁場の発散密度はどうなっているだろうか．

この節では，これがどちらもゼロであることを示す．さらに，発散密度と回転密度を知ることにより，ベクトル関数が完全に決まることも示す(一意性の定理)．つまり，静電場と静磁場の(非局所的に表わされた)基本法則であるクーロンの法則とビオ・サバールの法則は，この章で求めた合計 4 つの発散密度，回転密度の(局所的な)基本法則に置き換えることができるのである．

キーワード：静電場の回転密度，静磁場の発散密度，一意性の定理

■静電場の回転密度

4.3 節で，いかなる閉曲線に対しても静電場の回転はゼロであることを証明した(4.3.6)．いかなる閉曲線に対しても回転がゼロならば，回転密度がゼロでなければならないのは明らかである．つまり静電場一般に対して

$$\nabla \times \boldsymbol{E} = 0 \qquad (1)$$

という法則が成り立つ．実は $\boldsymbol{E} = -\nabla\phi$ という形に書けるということからも自動的に，上式が証明できる．たとえば，x 成分は，

▶$E_y = -\dfrac{\partial\phi}{\partial y}$
$E_z = -\dfrac{\partial\phi}{\partial z}$
を代入する．

$$(\nabla \times \boldsymbol{E})_x = \frac{\partial}{\partial y}\left(-\frac{\partial\phi}{\partial z}\right) - \frac{\partial}{\partial z}\left(-\frac{\partial\phi}{\partial y}\right)$$
$$= -\frac{\partial^2\phi}{\partial y\partial z} + \frac{\partial^2\phi}{\partial z\partial y} = 0 \qquad (2)$$

というように，ϕ の具体的な形にかかわらず自動的にゼロになる(y 微分と z 微分の順序を入れ換えても構わないことを使った)．

ストークスの定理を使えば，逆も真である．もし(1)が至るところで成り立っているならば，(5.6.3)より任意の閉曲線に対して回転がゼロであることがわかる．すると 4.3 節での議論が使え，$\boldsymbol{E} = -\nabla\phi$ という式をみたす電位 ϕ が存在することもわかる．

余談になるが，以上の議論は力学における保存力の判定条件にも使うことができる．もし，ある力 $\boldsymbol{F}$ が

$$\nabla \times \boldsymbol{F} = 0 \qquad (3)$$

という式を至るところで満たしていれば，4.3 節と同じ論法により $\boldsymbol{F} = -\nabla U$ という関数 U が存在する．また，逆にこのような U が存在すれば，(3)が成り立つ．つまり(3)は，$\boldsymbol{F}$ が保存力であるかどうかの必要十分条件になる．

■静磁場の発散密度

静磁場は，電流の回りを渦巻くように発生する．どこからも湧き出したり吸い込まれたりしない(世の中に磁荷というものは存在しないということを前提とする)．だから静磁場には発散はなく

▶電場が湧き出るものが電荷であるように，磁場が湧き出るものが磁荷である．しかし，そのようなものはまだ発見されていない．

$$\nabla\cdot\boldsymbol{B} = 0 \tag{4}$$

である．以上は直観的な議論であるが，厳密にはビオ・サバールの法則(3.4.4)を使って(4)を証明しなければならない．まずこの法則は，線電流の代わりに電流密度 $\boldsymbol{j}$ を使って表わすと

▶積分は $\boldsymbol{r}'$ での積分である．

$$\boldsymbol{B}(\boldsymbol{r}) = \frac{\mu_0}{4\pi}\int\frac{\boldsymbol{j}(\boldsymbol{r}')\times(\boldsymbol{r}-\boldsymbol{r}')}{|\boldsymbol{r}-\boldsymbol{r}'|^3}dV = \frac{\mu_0}{4\pi}\int\left\{\left(\nabla_r\frac{1}{|\boldsymbol{r}-\boldsymbol{r}'|}\right)\times\boldsymbol{j}(\boldsymbol{r}')\right\}dV \tag{5}$$

とも表わせる．$\boldsymbol{r}'$ ではなく $\boldsymbol{r}$ による微分であることを示すために，∇ に添字を付けてある．ただし

$$\nabla\frac{1}{r} = -\frac{\boldsymbol{r}}{r^3}$$

という関係の，原点を $\boldsymbol{r}'$ だけずらした式を使った．これより，

$$\nabla\cdot\boldsymbol{B} = \frac{\mu_0}{4\pi}\int\left\{\nabla_r\cdot\left(\nabla_r\frac{1}{|\boldsymbol{r}-\boldsymbol{r}'|}\right)\times\boldsymbol{j}\right\}dV = \frac{\mu_0}{4\pi}\int\left\{\nabla_r\times\nabla_r\frac{1}{|\boldsymbol{r}-\boldsymbol{r}'|}\right\}\cdot\boldsymbol{j}dV$$

となるが((3.2.5))，右辺の $\{\cdots\}$ の中は(2)とまったく同じ計算でゼロになる．つまり(4)が証明された(6.3節に別証を示す)．

■発散密度と回転密度の重要性(一意性の定理)

これで，静電場，静磁場ともその発散密度と回転密度を与える法則が求まった．実は次の定理により，これだけで静電場と静磁場は完全に決まる．

▶静電場，静磁場の公式は6.6節にまとめてある．

定理　ベクトル関数 $\boldsymbol{a}_1, \boldsymbol{a}_2$ の発散密度と回転密度が等しい，つまり

$$\nabla\cdot(\boldsymbol{a}_1-\boldsymbol{a}_2) = 0, \qquad \nabla\times(\boldsymbol{a}_1-\boldsymbol{a}_2) = 0$$

であり，しかもどちらも無限遠でゼロになるならば，$\boldsymbol{a}_1=\boldsymbol{a}_2$ である．

[証明]　まず，$\boldsymbol{a}_1-\boldsymbol{a}_2$ に回転がないという条件(第2式)より

$$\boldsymbol{a}_1-\boldsymbol{a}_2 = -\nabla f$$

となる関数 f が存在する．次に，$f\nabla f$ というベクトル関数にガウスの定理を適用すると

$$\int_S f\nabla f dS = \int_V \nabla\cdot(f\nabla f)dV = \int\{(\nabla f)\cdot(\nabla f)+f\nabla\cdot\nabla f\}dV$$

であるが，まず，閉曲面 S を無限遠にすれば $f\to 0$ なので左辺はゼロ．また右辺の第2項も，この定理の第1式よりゼロ．したがって

▶f は無限遠で，少なくとも距離に反比例して小さくなるとする．

$$\int(\nabla f)^2 dV = 0 \quad\Rightarrow\quad \nabla f = 0 \quad (\because\ (\nabla f)^2 \geqq 0)$$

が得られる．すなわち，$\boldsymbol{a}_1=\boldsymbol{a}_2$ である．(証明終)

章末問題

［5.2節］

5.1　直方体に対して(5.2.3)が成り立つことを，右辺の各項を1方向ずつ積分することにより証明せよ．

5.2　電場が

$$\boldsymbol{E} = \varepsilon_0{}^{-1} r^{\alpha} \boldsymbol{r} = \varepsilon_0{}^{-1} r^{\alpha}(x, y, z)$$

となるためには，電荷はどのように分布していなければならないか．($\alpha > -3$ の場合と $\alpha \leqq -3$ の場合の違いに注意せよ．)

5.3　半径 a の無限に長い円柱内部全体に，密度 ρ (一定)の電荷が分布しているときの電場は，章末問題2.2で求めてある．これが(5.2.4)を満たしていることを，円柱内外で確かめよ．

［5.4節］

5.4　長方形に対して(5.4.2)が成り立つことを，右辺の各項を1方向ずつ積分することにより証明せよ．

5.5　次のベクトル関数に発散密度と回転密度があるかどうか，図を書いて考えよ．また実際に計算せよ．

(1) $(0, y)$,　(2) (x, y),　(3) (y, x),　(4) $(-y, x)$

［5.5節］

5.6

$$\boldsymbol{a} = r^{\alpha}(-y, x)$$

というベクトル関数の回転密度を計算せよ．($\alpha > -2$ の場合と $\alpha \leqq -2$ の場合の違いに注意せよ．)

6

スカラーポテンシャルとベクトルポテンシャル

きき どころ

前章までは主に，電気の問題に対しては電場，磁気の問題に対しては磁場というものを対象に説明してきた．しかし，電気に関しては電位 ϕ（別名，スカラーポテンシャル）という概念を使うと便利なこともあることを1章や4.3節で説明した．これまで ϕ を決める法則としては，1.5節のクーロンの法則という非局所的な見方を使ってきたが，前章の議論を使うと局所的な法則を導くことができる．これはポワソン方程式と呼ばれ，応用上きわめて重要な方程式である．

磁気の問題で ϕ に対応するものは，ベクトルポテンシャル（通常，$\boldsymbol{A}$ と書く）というものである．なぜベクトルでなくてはならないのかは後で説明するが，これに対しても非局所的な法則と局所的な法則が導ける．ベクトルポテンシャルは新しい概念なので，ここでは主に直観的にわかりやすい非局所的な計算をする．

章の最後に，今まで登場した静電場と静磁場の諸法則をまとめ，互いの関係，電場と磁場の類似性と相違点を説明する．

6.1 ポワソン方程式

ぽいんと

電位(スカラーポテンシャル) ϕ を使って静電場の問題を議論する．ϕ を決める法則は，1.4 節で説明した電位に対するクーロンの法則であるが，これを局所的に表わすこともできる．電場の基本法則は，局所的には発散密度と回転密度に関する 2 つのものが必要であったが，ϕ に対しては 1 つですむ．これはポワソン方程式と呼ばれ，複雑な電場の問題を考えるときに，きわめて有用な方程式である．

キーワード：ラプラス演算子(ラプラシアン)，ポワソン方程式，ラプラス方程式

■電位で表わした静電場の基本法則

電荷の分布が電荷密度 ρ で表わされているとき，位置 $\boldsymbol{r}$ での電位 ϕ は，すべての電荷の効果を足し合わせて

$$\phi(\boldsymbol{r}) = \frac{1}{4\pi\varepsilon_0}\int_{\boldsymbol{r}'}\frac{\rho(\boldsymbol{r}')}{|\boldsymbol{r}-\boldsymbol{r}'|}dV \tag{1}$$

となる．(体積積分が $\boldsymbol{r}$ でなく，電荷の位置 $\boldsymbol{r}'$ での積分であることを明示するために，$\int$ に添字を付けた.)

この式は非局所的な表現であるが，電場の場合と同様，局所的な表現もできる．電場と電位の関係は $\boldsymbol{E}=-\nabla\phi$ だから，これを $\nabla\cdot\boldsymbol{E}=\rho/\varepsilon_0$ に代入すれば，

$$\nabla\cdot(\nabla\phi) = -\rho/\varepsilon_0$$

となる．・は内積を表わしていることに注意して具体的に表わせば

$$\frac{\partial}{\partial x}\left(\frac{\partial\phi}{\partial x}\right)+\frac{\partial}{\partial y}\left(\frac{\partial\phi}{\partial y}\right)+\frac{\partial}{\partial z}\left(\frac{\partial\phi}{\partial z}\right) = -\frac{\rho}{\varepsilon_0}$$

ということになる．あるいはナブラベクトルの内積を $\triangle\equiv\nabla\cdot\nabla$ と表わすことにすれば

$$\triangle\phi = \left(\frac{\partial^2}{\partial x^2}+\frac{\partial^2}{\partial y^2}+\frac{\partial^2}{\partial z^2}\right)\phi = -\frac{\rho}{\varepsilon_0} \tag{2}$$

▶$\triangle$ はラプラシアンともいう．

とも書ける．$\triangle$ は**ラプラス演算子**と呼ばれる．また，この式を**ポワソン方程式**と呼び，特に電荷がない($\rho=0$)とき**ラプラス方程式**という．このポワソン方程式が，電位で表わしたときの静電場の局所的基本法則である．

この式は発散の式(1)から導いたが，電位で考えているときは回転のことを気にする必要はない．4.3 節ですでに証明したが，$-\nabla\phi$ のように静電場が 1 つのスカラー関数で表わされること自体が，静電場には回転がないということを意味している．実際，回転密度を直接計算すると，ϕ の具体的な形にかかわらず自動的にゼロになることも 5.7 節で説明した．

■ポワソン方程式の解(平面電荷の場合)

ごく簡単な例で，ポワソン方程式から電位を求める練習をしてみよう．無限に広がっている平面上に，電荷が一様に分布しているとする．この平面を xy 平面とする．つまり $z=0$ である．

これ以外に電荷は存在しないとすれば，電位は x, y には依らず

$$\frac{\partial \phi}{\partial x} = \frac{\partial \phi}{\partial y} = 0$$

となるはずである．つまり ϕ は1つの変数 z だけの関数となり，ポワソン方程式(2)は偏微分ではなく普通の微分で表わせる．$z \neq 0$ では電荷がないことから，

$$\frac{d}{dz}\left(\frac{d\phi}{dz}\right) = 0 \qquad (\text{ただし } z \neq 0) \tag{3}$$

つまり，$d\phi/dz=$定数 となる．ただし，面上ではそこの電荷により特殊なことが起こるので，面の上下を分けて考えなければならない．電位は上下対称であるはずだから

$$\begin{cases} \dfrac{d\phi}{dz} = A & (z>0 \text{ のとき}) \quad (4) \\[2ex] \dfrac{d\phi}{dz} = -A & (z<0 \text{ のとき}) \quad (4') \end{cases}$$

とする(A は定数)．

$z=0$ では電荷があるから，(3)の右辺はゼロではない．それどころか，面の厚さがゼロならば，体積がゼロのところに有限の電荷があることになり，(体積)密度 ρ は無限になってしまう．そこでとりあえず面に厚さを持たせて板として計算し答を求め，必要ならば後で厚さがゼロの極限を考える．

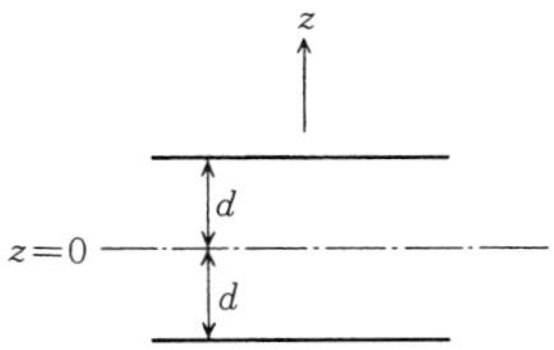

図1 厚さ $2d$ の板

板の厚さを $2d$ とする(図1)．上側が $z=d$ であり，下側が $z=-d$ である．この板内部でのポワソン方程式は(σ を電荷の面密度とすれば $\sigma=2d\rho$ だから)

$$\frac{d}{dz}\left(\frac{d\phi}{dz}\right) = -\frac{1}{\varepsilon_0}\frac{\sigma}{2d}$$

$$\Rightarrow \quad \frac{d\phi}{dz} = -\frac{1}{\varepsilon_0}\frac{\sigma}{2d}z + B \qquad (B \text{ は積分定数})$$

▶電荷分布に幅を持たせたので，$E_z=-d\phi/dz$ は連続である(ρ が有限だから)．

これが $z=d$ では(4)と，$z=-d$ では(4′)と一致するから，

$$A = -\frac{\sigma}{2\varepsilon_0}, \qquad B = 0$$

となり，(1.6.7)が求まった．

6.2 球座標でのポワソン方程式とクーロンの法則

ぽいんと

ポワソン方程式はクーロンの法則を出発点として導かれたものだが，逆に，この方程式からクーロンの法則を導くこともできる．xyz 座標でなく，球座標で表わした式を使う．

キーワード：球座標でのラプラス演算子，球対称な解，$\cos\theta$ に比例する解

■球 座 標

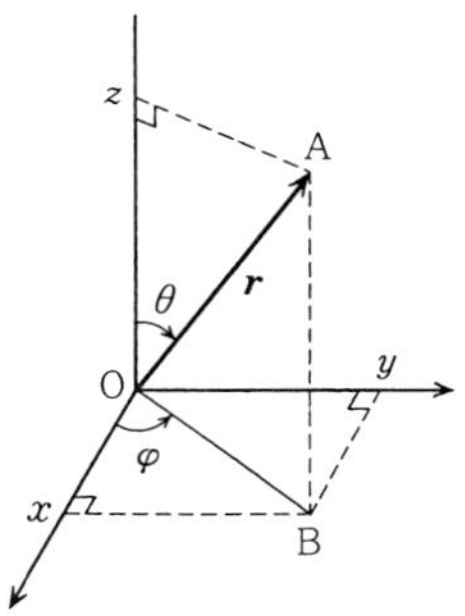

図 1　球座標

平面を表わすのに極座標というものがあるが，それを空間の場合に拡張したのが球座標である．

球座標では，点を3つの変数 (r, θ, φ) で表わす．図1の点Aで説明しよう．まず座標の原点Oからの距離を r とする．

$$r = (x^2+y^2+z^2)^{1/2}$$

である．そして z 軸からOAへの角度を θ とする．

$$z = r\cos\theta$$

である．次にAから xy 平面に下ろした垂線の足をBとする．x 軸からOBへの角度が φ である．すると

$$x = r\sin\theta\cos\varphi, \qquad y = r\sin\theta\sin\varphi$$

球座標を使ってポワソン方程式を表わすには，微分の変数変換をしなければならない．今の場合は変数が3つあるので，変換公式は

▶ 1変数の場合の公式
$$\frac{df}{dx} = \frac{df}{dy}\cdot\frac{dy}{dx}$$
の拡張版である．

$$\frac{\partial\phi}{\partial x} = \frac{\partial\phi}{\partial r}\frac{\partial r}{\partial x} + \frac{\partial\phi}{\partial\theta}\frac{\partial\theta}{\partial x} + \frac{\partial\phi}{\partial\varphi}\frac{\partial\varphi}{\partial x}$$

のようになる．このかなり面倒な計算を(2階微分なので)2度実行し，ポワソン方程式を書き換えると，途中の計算は省略するが結果は次式となる．

$$\left\{\frac{1}{r^2}\frac{\partial}{\partial r}\left(r^2\frac{\partial}{\partial r}\right) + \frac{1}{r^2\sin\theta}\frac{\partial}{\partial\theta}\left(\sin\theta\frac{\partial}{\partial\theta}\right) + \frac{1}{r^2\sin^2\theta}\frac{\partial^2}{\partial\varphi^2}\right\}\phi = -\frac{\rho}{\varepsilon_0} \quad (1)$$

▶(1)の左辺において{　}の部分を**球座標でのラプラス演算子**という．

■点電荷の電位(クーロンの法則)

ポワソン方程式の解は無限にある．しかし点電荷に対するクーロンの法則を導くには，原点を除き $\rho=0$ で，しかも ϕ は球対称，つまり r にしか依らないとして解けばよい(球対称な解)．このとき ϕ の角度変数についての微分はゼロになるから，(1)は

$$\frac{1}{r^2}\frac{d}{dr}\left(r^2\frac{d}{dr}\phi\right) = 0$$

となる．両辺に r^2 を掛けて1回積分すると

$$r^2\frac{d\phi}{dr} = A \qquad (A \text{ は積分定数})$$

となる．これを r^2 で割ってからもう一度積分すると

$$\phi = -\frac{A}{r}+B \qquad (B\text{ は積分定数}) \tag{2}$$

▶通常は無限遠で $\phi=0$ とするので $B=0$.

となる．第2項は定数であるから微分すればゼロ，つまり電場には寄与しない．第1項は点電荷の電位，つまりクーロンの法則に他ならない．

積分定数 A と中心の点電荷の大きさとの関係を決めるには，多少の工夫が必要となる．前節の平面電荷の場合もそうだったが，総量は有限でも密度 ρ が無限になるような電荷分布は，ポワソン方程式では直接扱えないからである．しかし，たとえば次の方法などが考えられる．

（i）　半径 a の球の中に電荷が一様に分布しているとし，後で，電荷の総量を一定に保ったまま $a\to 0$ とする極限を考える（章末問題6.1参照）．

（ii）　ガウスの法則（積分形）を使う．ガウスの法則からポワソン方程式を導いた手順の逆をたどれば，ポワソン方程式からガウスの法則を導くことができるから，ここでガウスの法則を使うことは正当化される．

■$\cos\theta$ に比例する電位

こんどは球対称でなく，$\cos\theta$ に比例する解（ただし $\rho=0$ の領域で）を求めてみよう．電位を $\cos\theta$ と r の関数の積だとして

$$\phi = \cos\theta\cdot f(r) \tag{3}$$

とする．角度変数 φ での微分はゼロになり，また θ の微分は

$$\frac{1}{\sin\theta}\frac{\partial}{\partial\theta}\left\{\sin\theta\frac{\partial}{\partial\theta}(\cos\theta\, f)\right\} = -2\cos\theta\, f$$

となるから，ポワソン方程式は結局（$\cos\theta$ で全体を割ったのち）

$$\frac{1}{r^2}\frac{d}{dr}\left(r^2\frac{df}{dr}\right)-2\frac{f}{r^2} = 0$$

となる．これは

$$\frac{d}{dr}\left\{\frac{1}{r^2}\frac{d}{dr}(r^2 f)\right\} = 0$$

とも書ける（各自チェックされたい）．これより A と B を積分定数として

$$\frac{1}{r^2}\frac{d}{dr}(r^2 f) = A \quad\Rightarrow\quad r^2 f = \frac{1}{3}Ar^3+B$$

となる．$z=r\cos\theta$ であることを使うと，電位 ϕ は

$$\phi = \frac{A}{3}z+B\frac{z}{r^3} \tag{4}$$

となる．第1項は z 方向を向いた一様な電場であり，第2項は z 方向を向いた電気双極子の電位（1.6節）である．(3)という形を仮定しただけで，この2種類に限定されるという点が重要である．

6.3 ベクトルポテンシャル

ぽいんと

静電場の基本法則は，電場で表わす方法と電位で表わす方法があった．静磁場の場合も，磁場で表わす方法の他に，電位に相当するベクトルポテンシャルで表わす方法がある．ベクトルポテンシャルは，一般には比較的なじみが薄いが，電磁気全体を理解する上で，また電磁気と量子力学との関係を理解する上でも重要な量である．またベクトルポテンシャルを使えば，磁場の発散密度がゼロであることもすぐに証明できる．

キーワード：ベクトルポテンシャル

■ベクトルポテンシャル

クーロンの法則を電位で表わすと，(6.1.1)となる．そして電場は電位により

$$\boldsymbol{E} = -\nabla\phi \tag{1}$$

と求まる．

磁場を生じさせるものは，電荷ではなく電流である．空間内の電流密度の分布を $\boldsymbol{j}$ とし，(6.1.1)に対応して

$$\boldsymbol{A} = \frac{\mu_0}{4\pi}\int_{\boldsymbol{r}'}\frac{\boldsymbol{j}(\boldsymbol{r}')}{|\boldsymbol{r}-\boldsymbol{r}'|}dV \tag{2}$$

というベクトル関数 $\boldsymbol{A}$ を定義し，これを**ベクトルポテンシャル**と呼ぶ．電位 ϕ のことをスカラーポテンシャルと呼ぶのは，ベクトルポテンシャルに対応させるためである．

スカラーポテンシャルを微分して電場を求めたように，ベクトルポテンシャルを微分すれば磁場が求まる．ただし $\boldsymbol{A}$ はベクトルであり，微分して再びベクトル(磁場)にするのだから，これは外積でなければならない．

$$\boldsymbol{B} = \nabla\times\boldsymbol{A} \tag{3}$$

(証明は下に示す)．つまり，$\boldsymbol{A}$ の回転密度が磁場であるということになる．(1)に対応する式である．

定理　(2)を(3)に代入すると，電流密度で表わされたビオ・サバールの法則(5.7.5)となる．

［証明］　(3)の微分は，$\boldsymbol{A}$ の変数である $\boldsymbol{r}$ についての微分である．電流の位置を示す $\boldsymbol{r}'$ と混同しないように，$\nabla_{\boldsymbol{r}}$ と書くことにする．(2)の右辺で $\boldsymbol{r}$ に関係しているのは $|\boldsymbol{r}-\boldsymbol{r}'|$ の部分だけだから，

$$\nabla\times\boldsymbol{A} = \frac{\mu_0}{4\pi}\int_{\boldsymbol{r}'}\nabla_{\boldsymbol{r}}\left(\frac{1}{|\boldsymbol{r}-\boldsymbol{r}'|}\right)\times\boldsymbol{j}(\boldsymbol{r}')dV$$

となる．これは(5.7.5)に他ならない．(証明終)

■線を流れる電流の場合

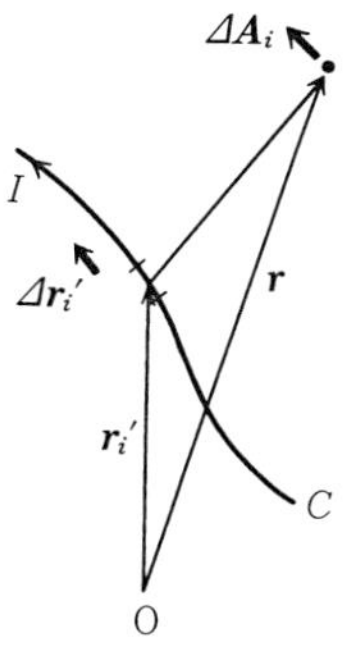

図1　$\Delta \boldsymbol{r}_i'$ の部分の電流が $\boldsymbol{r}$ に作るベクトルポテンシャル $\Delta \boldsymbol{A}_i$ ($\Delta \boldsymbol{r}_i' /\!/ \Delta \boldsymbol{A}_i$)

(2)は，電流が広がって分布している場合の公式である．電流 I が導線 C に沿って流れているときには，体積積分ではなく，導線に沿った線積分で表わさなければならない．

3.4節でビオ・サバールの法則を説明したときと同様に，まず導線を細分割し番号を付ける．そして i 番目の微小部分の位置を表わすベクトルを $\boldsymbol{r}_i'$ とし，その微小部分自体の長さと方向を表わすベクトルを $\Delta \boldsymbol{r}_i'$ と書く(図1)．

次に，i 番目の微小部分が作る $\boldsymbol{r}$ でのベクトルポテンシャルを $\Delta \boldsymbol{A}_i(\boldsymbol{r})$ とし，電流全体が作る $\boldsymbol{r}$ でのベクトルポテンシャルを $\boldsymbol{A}(\boldsymbol{r})$ とすると

$$\boldsymbol{A}(\boldsymbol{r}) = \sum_i \Delta \boldsymbol{A}_i(\boldsymbol{r}) = \frac{\mu_0}{4\pi}\sum_i \frac{I\Delta \boldsymbol{r}_i'}{|\boldsymbol{r}-\boldsymbol{r}_i'|} \tag{4}$$

となる．あるいは(3.4.4)のような書き方をすれば

$$\boldsymbol{A}(\boldsymbol{r}) = \frac{\mu_0}{4\pi}\int_C \frac{Id\boldsymbol{r}'}{|\boldsymbol{r}-\boldsymbol{r}'|} \tag{5}$$

である．ただし，積分は電流に沿った線積分である．いずれにしろ，これらの回転密度を取れば磁場が求まることには変わりはない．

■磁場の発散

静電場が電位 ϕ の勾配であることから，ϕ がどのような形をしていても，静電場の回転密度がゼロであることが自動的に求まる(5.7節)．同様に，磁場がベクトルポテンシャル $\boldsymbol{A}$ の回転密度であることから，$\boldsymbol{A}$ がどのような形をしていようとも，磁場の発散密度がゼロであることが自動的に求まる．実際

$$\begin{aligned}\nabla\cdot\boldsymbol{B} &= \nabla\cdot(\nabla\times\boldsymbol{A}) \\ &= \frac{\partial}{\partial x}\left(\frac{\partial A_z}{\partial y}-\frac{\partial A_y}{\partial z}\right)+\frac{\partial}{\partial y}\left(\frac{\partial A_x}{\partial z}-\frac{\partial A_z}{\partial x}\right)+\frac{\partial}{\partial z}\left(\frac{\partial A_y}{\partial x}-\frac{\partial A_x}{\partial y}\right) \\ &= \left\{\frac{\partial}{\partial y}\left(\frac{\partial A_x}{\partial z}\right)-\frac{\partial}{\partial z}\left(\frac{\partial A_x}{\partial y}\right)\right\}+\cdots = 0\end{aligned} \tag{6}$$

▶y 微分と z 微分は順番を変えてもよい．

あるいはより抽象的に

$$\nabla\cdot(\nabla\times\boldsymbol{A}) = (\nabla\times\nabla)\cdot\boldsymbol{A} = 0$$

と考えてもよい((3.2.5)と(3.2.3)を使った)．

6.4 ベクトルポテンシャルの計算

ぽいんと

いくつかの例で，ベクトルポテンシャル $\boldsymbol{A}$ を計算する．対応する電位 ϕ の計算結果を利用する．$\boldsymbol{A}$ は ϕ と違ってベクトルではあるが，その各成分を考えれば ϕ の式とまったく同じ形になるので，すでに行なった計算が利用できる．

キーワード：直線電流のベクトルポテンシャル，平面電流のベクトルポテンシャル，ベクトルポテンシャルの任意性，ゲージ対称性

■直線電流

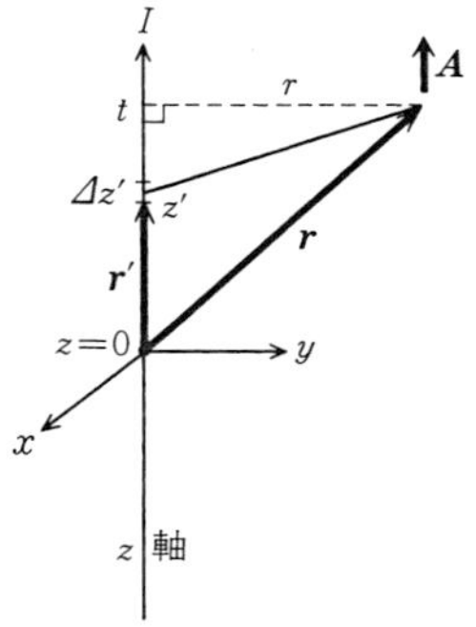

図 1　z 軸に沿って流れる電流によるベクトルポテンシャル $\boldsymbol{A}$

▶ここでは慣例に反して $|\boldsymbol{r}|=r$ ではない．
$r^2 \equiv x^2+y^2$

z 軸に沿って大きさ I の電流が流れているときのベクトルポテンシャル $\boldsymbol{A}$ を計算しよう(図 1)．ベクトルポテンシャルの公式の 1 つの特徴は，電流の向きが $\boldsymbol{A}$ の向きになるということである．今の例では電流は z 方向を向いているので，$\boldsymbol{A}$ も z 成分しか持たない．

点 (x, y, z) での A_z を計算しよう．電流の z 座標が z' である部分と，この点との距離は，

$$|\boldsymbol{r}-\boldsymbol{r}'|^2 = x^2+y^2+(z-z')^2 \equiv r^2+(z-z')^2$$

である．r はこの点と電流との距離である．したがって(6.3.4)より，

$$A_z(\boldsymbol{r}) = \frac{\mu_0}{4\pi}\sum \frac{I\varDelta z'}{\{r^2+(z-z')^2\}^{1/2}}$$

$$\Rightarrow \quad \frac{\mu_0}{4\pi}\int_{-\infty}^{\infty} \frac{I}{\{r^2+(z-z')^2\}^{1/2}}dz'$$

となる．この式は

$$\mu_0 \longleftrightarrow \varepsilon_0^{-1}, \qquad I \longleftrightarrow \lambda$$

の置き換えをすれば，1.6 節で計算した直線電荷の電位の式と同じである．したがって，(1.6.4)より

$$A_z = -\frac{\mu_0 I}{2\pi}\log r + \text{定数}$$

となる．「定数」は実は無限大であったが，電位の場合と同様，ベクトルポテンシャルでもその微分だけが必要なので問題にはならない．

磁場は $\boldsymbol{B} = \nabla\times\boldsymbol{A}$ の式より求める．$\boldsymbol{A}$ は z 成分しか持たないので

$$B_x = \frac{\partial A_z}{\partial y} = -\frac{\mu_0 I}{2\pi}\frac{\partial \log r}{\partial y} = -\frac{\mu_0 I}{2\pi}\frac{1}{r}\frac{\partial r}{\partial y} = -\frac{\mu_0 I}{2\pi}\frac{y}{r^2}$$

$$B_y = -\frac{\partial A_z}{\partial x} = +\frac{\mu_0 I}{2\pi}\frac{x}{r^2}, \qquad B_z = 0$$

である．これは，ビオ・サバールの法則より直接求めた 3.4 節の結果と一致する．

■平面電流

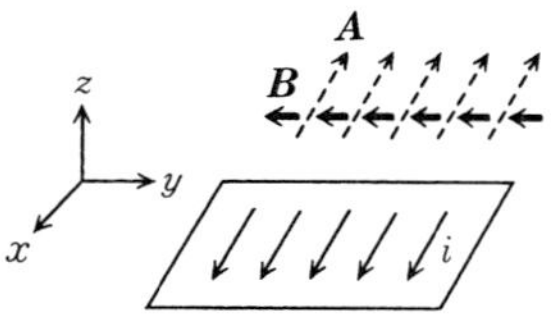

図2 平面電流 i(→, x 方向), ベクトルポテンシャル $\boldsymbol{A}$(⇢, $-x$ 方向) 磁場 $\boldsymbol{B}$(→, $-y$ 方向)

xy 平面(つまり $z=0$ の平面)に，面密度 i の一様な電流が x 方向に流れているとする(図2). 電流が x 方向なので，$\boldsymbol{A}$ は x 方向，つまり $A_y=A_z=0$.

ところで，一様な電荷密度 σ を持つ面電荷の作る電位は

$$\phi = -\frac{\sigma}{2\varepsilon_0}|z|$$

であった(1.6.7). これに $\mu_0 \leftrightarrow \varepsilon_0{}^{-1}$, $\sigma \leftrightarrow i$ の対応を考えると

$$A_x = -\frac{\mu_0 i}{2}|z| \tag{1}$$

となる. 磁場は

$$B_y = \frac{\partial A_x}{\partial z} = \mp\frac{\mu_0 i}{2} \qquad (z>0 \text{ で } -,\ z<0 \text{ で } +)$$

$$B_x = B_z = 0$$

である. つまり面の上では $-y$ 方向，面の下では $+y$ 方向を向く一様な磁場を表わしている. これは4.2節の結果と一致する.

■ベクトルポテンシャルの任意性

(1)の絶対値を取り除き(比例係数も本質的でないので無視し)，単に

$$A_x = z, \quad A_y = A_z = 0 \tag{2}$$

とすれば,

$$B_y = 1, \quad B_x = B_z = 0$$

という，全空間で一様な磁場を表わすベクトルポテンシャルになる. しかし，一様な磁場を表わすベクトルポテンシャルはこれだけではない. 仮に

$$A_x = \frac{z}{2}, \quad A_y = 0, \quad A_z = -\frac{x}{2} \tag{3}$$

としたとすると,

$$B_y = \frac{\partial A_x}{\partial z} - \frac{\partial A_z}{\partial x} = 1, \quad B_x = B_z = 0$$

となり，やはり同じ磁場を表わしている. つまり，ベクトルポテンシャルは必ずしも(6.3.3)である必要はない. 実際,

$$\boldsymbol{A} = (6.3.3) + \nabla\psi \tag{4}$$

としてみよう. ψ は，任意のスカラー関数である. 任意のスカラー関数の勾配の回転はゼロ，つまり

$$\nabla \times \nabla\psi = 0$$

であることは5.7節で示したとおりである. したがって，$\nabla\psi$ を $\boldsymbol{A}$ に加えておいても磁場($=\nabla\times\boldsymbol{A}$)は変化しない. この任意性は，**ゲージ対称性**と呼ばれる電磁場の重要な性質の一部である.

6.5 ソレノイドのベクトルポテンシャルと磁場

ぽいんと

ソレノイドの作るベクトルポテンシャルを求めてみよう．アンペールの法則を使えば磁場の大きさはすぐに求まるということは，4.2節ですでに示した．しかしそこでは，磁場の形，特にソレノイド外部では磁場が無いということを仮定していた．ここではそのことを，厳密に証明する．前節と同様，静電気の問題(ただし電位ではなく電場)に置き換えるが，対応する静電気の問題を見つけるのには少しテクニックを必要とする．

■ベクトルポテンシャル

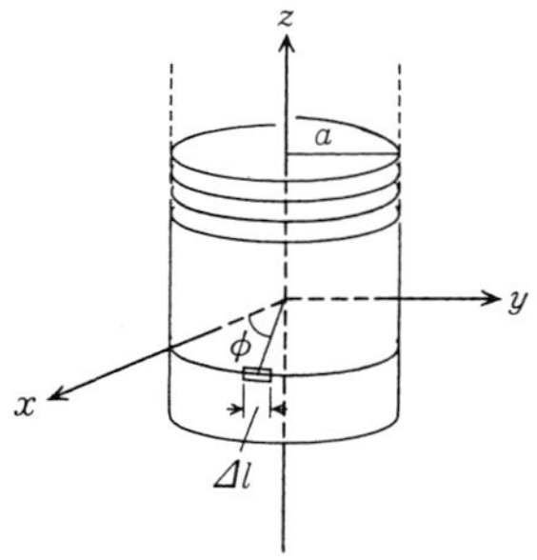

図1　ソレノイドの位置

ソレノイドを流れる電流を I，単位長さ当たり n 巻き，半径を a とする．また，ソレノイドの中心軸を z 軸とする．断面は xy 座標で表わされるが，x 軸から測った角度を ϕ とする(図1)．

角度が ϕ の部分にある，縦方向の長さ Δz，横方向の長さ Δl の微小な領域を流れる電流が作るベクトルポテンシャル $\Delta\boldsymbol{A}$ を考えよう．$\Delta\boldsymbol{l}$ は電流の方向を向くベクトルで，

$$\Delta\boldsymbol{l} = (\pm\Delta x', \pm\Delta y', 0)$$

と書ける(図2)．± の符号は，xy 平面のどの位置を考えるかに依る．電流の向きを考えれば，どちらの符号を取るべきかわかるだろう．これと，$\Delta z'$ 当たりの巻数は $n\Delta z'$ であることに注意すれば，(6.3.4)により $\Delta\boldsymbol{A}$ の x 成分は

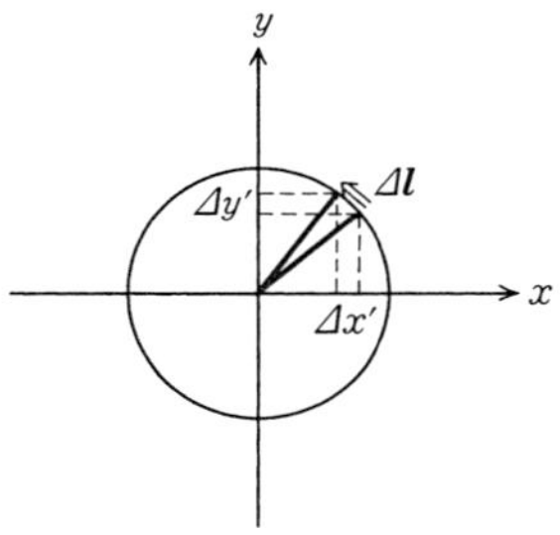

図2　電流の微小部分 Δl

$$\Delta A_x = \frac{\mu_0}{4\pi}(\pm)\frac{In\Delta z'\cdot\Delta x'}{|\boldsymbol{r}-\boldsymbol{r}'|}$$

ただし，図2の上半分 ($y>0$) では −，下半分 ($y<0$) では + である．

次に，x' 座標が同じ上下2つの部分を対にして考える．その位置を図3のように，$\boldsymbol{r}_1', \boldsymbol{r}_2'$ と表わす．この2つは y 座標が異なっているだけだから，次のような関係式が成り立つ．

▶ $\nabla\dfrac{1}{\boldsymbol{r}} = -\dfrac{\boldsymbol{r}}{r^3}$

$$-\frac{1}{|\boldsymbol{r}-\boldsymbol{r}_1'|}+\frac{1}{|\boldsymbol{r}-\boldsymbol{r}_2'|} = -\int_{r_2'}^{r_1'}\left(\frac{\partial}{\partial y'}\frac{1}{|\boldsymbol{r}-\boldsymbol{r}'|}\right)dy'$$
$$= -\int\frac{y-y'}{|\boldsymbol{r}-\boldsymbol{r}'|^3}dy'$$

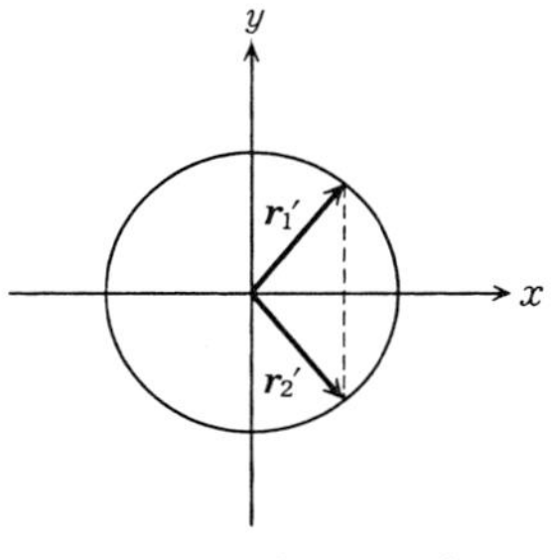

図3　2つの部分の組合せ

最初の変形は，一度微分し，また積分してもとに戻しただけである．これより

$$\Delta A_x(\boldsymbol{r}_1'\text{の部分})+\Delta A_x(\boldsymbol{r}_2'\text{の部分})$$
$$= -\frac{\mu_0}{4\pi}nI\left(\int\frac{y-y'}{|\boldsymbol{r}-\boldsymbol{r}'|^3}dy'\right)\Delta x'\Delta z'$$

となる．これを，ソレノイド全体について足し合わせる．つまり $\Delta x', \Delta z'$ も積分に直すと

$$A_x = -\frac{\mu_0}{4\pi} nI \int \frac{y-y'}{|\boldsymbol{r}-\boldsymbol{r}'|^3} dx'dy'dz'$$

となる．積分は，ソレノイド内部全体での体積積分である．

ここまで変形すると，対応する静電気の問題がわかる．これは $\mu_0 \leftrightarrow \varepsilon_0{}^{-1}$ の置き換えさえすれば，半径 a の円柱内に一様な電荷密度 $-nI$ があるときの，電場の y 成分を求めるクーロンの法則の式に他ならない．答は，円柱の外部では直線電荷の場合と同じになり（2.3 節参照）

$$E_y = -\frac{1}{2\pi\varepsilon_0} nI\pi a^2 \frac{y}{r^2}$$

これよりソレノイド外部でのベクトルポテンシャルは

$$A_x = -\frac{\mu_0}{2\pi} nI\pi a^2 \frac{y}{r^2}$$

であることがわかる．

y 成分の計算も同様にして

$$A_y = \frac{\mu_0}{2\pi} nI\pi a^2 \frac{x}{r^2}$$

となり，また z 成分は，電流が z 方向には流れていないので $A_z=0$ となる．以上のことから，$\boldsymbol{A}$ はソレノイドの回りを渦巻いていることがわかる（図 4）．（ソレノイド内部の計算は，章末問題 6.6 参照.）

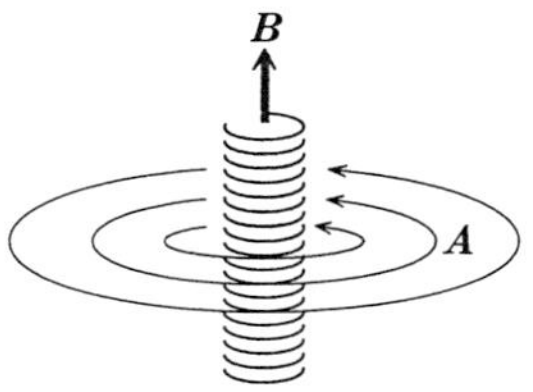

図 4　ソレノイドの回りのベクトルポテンシャル

■磁　場

4.2 節では，無限に長いソレノイドの外部には磁場はないと仮定した．そのことを確かめてみよう．まず，

$$A_z = \frac{\partial A_x}{\partial z} = \frac{\partial A_y}{\partial z} = 0$$

より，$B_x=B_y=0$ は明らかであるが，さらに

$$B_z = \frac{\partial A_y}{\partial x} - \frac{\partial A_x}{\partial y} = \frac{\mu_0}{4\pi} nI\pi a^2 \left\{ \left(\frac{1}{r^2} - 2\frac{x^2}{r^4} \right) + \left(\frac{1}{r^2} - 2\frac{y^2}{r^4} \right) \right\} = 0$$

となり，ソレノイド外部の磁場は完全にゼロであることがわかる．

ソレノイド外部には $\boldsymbol{A}$ はあるが磁場はない．では，その領域を動く粒子に，磁気力による影響があるかということが問題になる．磁場はローレンツ力の原因となるものだから意味のある量であるが，$\boldsymbol{A}$ は単なる計算の便宜上だけのものなのか，それとも物理的に意味のある量なのかという疑問である．ここでは答しか述べられないが，量子力学でのみ理解できる現象では，$\boldsymbol{B}=0$ でも $\boldsymbol{A}$ の影響が実際に存在することが理論的に示され，実験でも確かめられている（**アハラノフ・ボーム効果**と呼ばれている）．

6.6 静電場と静磁場の法則のまとめ

ぽいんと

静電場と静磁場の法則を対照させて，類似点と相違点を明らかにしよう．

静 電 場 $\boldsymbol{E}$	静 磁 場 $\boldsymbol{B}$
発 生 源　電荷密度 ρ	発 生 源　電流密度 $\boldsymbol{j}$
クーロンの法則 $$\boldsymbol{E}(\boldsymbol{r}) = \frac{1}{4\pi\varepsilon_0}\int_{\boldsymbol{r}'}\frac{\rho(\boldsymbol{r}')\cdot(\boldsymbol{r}-\boldsymbol{r}')}{\lvert\boldsymbol{r}-\boldsymbol{r}'\rvert^3}dV$$	ビオ・サバールの法則 $$\boldsymbol{B}(\boldsymbol{r}) = \frac{\mu_0}{4\pi}\int_{\boldsymbol{r}'}\frac{\boldsymbol{j}(\boldsymbol{r}')\times(\boldsymbol{r}-\boldsymbol{r}')}{\lvert\boldsymbol{r}-\boldsymbol{r}'\rvert^3}dV$$
スカラーポテンシャル(電位) ϕ $$\boldsymbol{E} = -\nabla\phi$$ $$\phi(\boldsymbol{r}) = \frac{1}{4\pi\varepsilon_0}\int_{\boldsymbol{r}'}\frac{\rho(\boldsymbol{r}')}{\lvert\boldsymbol{r}-\boldsymbol{r}'\rvert}dV$$	ベクトルポテンシャル $\boldsymbol{A}$ $$\boldsymbol{B} = \nabla\times\boldsymbol{A}$$ $$\boldsymbol{A}(\boldsymbol{r}) = \frac{\mu_0}{4\pi}\int_{\boldsymbol{r}'}\frac{\boldsymbol{j}(\boldsymbol{r}')}{\lvert\boldsymbol{r}-\boldsymbol{r}'\rvert}dV$$
発　　散(発散密度) ガウスの法則 $$\int_S E_\perp dS = \frac{1}{\varepsilon_0}\int_V \rho dV$$ $$\nabla\cdot\boldsymbol{E} = \frac{\rho}{\varepsilon_0}$$	回　　転(回転密度) アンペールの法則 $$\int_C B_\parallel dl = \mu_0\int_S j_\perp dS$$ $$\nabla\times\boldsymbol{B} = \mu_0\boldsymbol{j}$$
回　　転(回転密度) $$\int_C E_\parallel dl = 0$$ $$\nabla\times\boldsymbol{E} = 0$$	発　　散(発散密度) $$\int_S B_\perp dS = 0$$ $$\nabla\cdot\boldsymbol{B} = 0$$
ポワソン方程式 $$\Delta\phi = -\frac{\rho}{\varepsilon_0}$$	$\boldsymbol{A}$ に対する微分方程式 $$\Delta\boldsymbol{A} - \nabla(\nabla\cdot\boldsymbol{A}) = -\mu_0\boldsymbol{j}$$

$$\left(\Delta \equiv \nabla\cdot\nabla = \frac{\partial^2}{\partial x^2}+\frac{\partial^2}{\partial y^2}+\frac{\partial^2}{\partial z^2}\right)$$

［注］ 点電荷で表わすと

$$\boldsymbol{E}(\boldsymbol{r}) = \sum_i \frac{q_i}{4\pi\varepsilon_0}\frac{\boldsymbol{r}-\boldsymbol{r}_i}{\lvert\boldsymbol{r}-\boldsymbol{r}_i\rvert^3}$$

$$\phi(\boldsymbol{r}) = \sum_i \frac{q_i}{4\pi\varepsilon_0}\frac{1}{\lvert\boldsymbol{r}-\boldsymbol{r}_i\rvert}$$

［注］ 線電流で表わすと

$$\boldsymbol{B}(\boldsymbol{r}) = \frac{\mu_0}{4\pi}\int_{\boldsymbol{r}'}\frac{Id\boldsymbol{r}'\times(\boldsymbol{r}-\boldsymbol{r}')}{\lvert\boldsymbol{r}-\boldsymbol{r}'\rvert^3}$$

$$\boldsymbol{A}(\boldsymbol{r}) = \frac{\mu_0}{4\pi}\int_{\boldsymbol{r}'}\frac{Id\boldsymbol{r}'}{\lvert\boldsymbol{r}-\boldsymbol{r}'\rvert}$$

■解　説

左ページに，今まで説明した法則をまとめた．この本で最初は，クーロンの法則は点電荷(1.2.1)，あるいは(1.5.1)，ビオ・サバールの法則は線電流(3.4.2)，(3.4.4)による表現で説明したが，ここでは連続分布する電荷，電流による表現から出発した．他の公式，特に局所形(微分形)の法則は，連続分布で考えざるをえないからである．

クーロンの法則，ビオ・サバールの法則どちらも，電場や磁場で表現することもできるし，ポテンシャルで表わすこともできる．ポテンシャルの方が一般に計算は容易である．$\boldsymbol{A}$ に $\nabla\phi$ という形の項(ϕ は任意の関数)を加えても，$\boldsymbol{B}=\nabla\times\boldsymbol{A}$ という関係には影響しない(6.4節)．

静電場も静磁場も，空間の各点でベクトルが決まっているという意味で，ベクトル関数(あるいはベクトル場)である．そしてベクトル関数は，その発散と回転を決めることにより，完全に決まる(5.7節)．発散や回転には，有限な領域で表現する方法と，各点での密度で表現する方法がある．その間の数学的な関係を与えるのが，発散ではガウスの定理(5.2.3)，回転ではストークスの定理(5.4.2)，(5.6.3)である．

静電場の場合，回転は至るところゼロであり，重要なのはガウスの法則と呼ばれる発散である．その積分形(非局所形)は(2.2.6)，微分形(局所形)は(5.2.4)である．一方，静磁場の場合，発散は至るところゼロであり，重要なのはアンペールの法則と呼ばれる回転である．その積分形は(4.1.2)，微分形は(5.5.2)，(5.6.4)で与えた．

最後に，スカラーポテンシャル(電位)に対する微分形の法則が，ポワソン方程式(6.1.2)である．これは電場の発散の法則に対応する．電位で表わされた電場の回転は自動的にゼロになる(4.3節および5.7節)．これに対応するベクトルポテンシャルの法則は，まだ説明していなかったが，

$$\nabla\times\boldsymbol{B} = \nabla\times(\nabla\times\boldsymbol{A}) = \mu_0\boldsymbol{j} \qquad (1)$$

の式から求まる．ここで(3.2.6)から導かれる関係式

$$\nabla\times(\nabla\times\boldsymbol{A}) = -\triangle\boldsymbol{A}+\nabla(\nabla\cdot\boldsymbol{A})$$

を使えば，左ページの式になる．これが最も一般的な方程式だが，$\boldsymbol{A}$ の形に制限を加えればもっと単純な形になる．実は，左ページの $\boldsymbol{A}$ の式に $\nabla\phi$ という項を付け加えないと，$\nabla\cdot\boldsymbol{A}=0$ という式が成り立つ．これを使えば(1)は

$$\triangle\boldsymbol{A} = -\mu_0\boldsymbol{j}$$

となり，ϕ に対するポワソン方程式と同じ形となる．($\nabla\cdot\boldsymbol{A}=0$ の証明は，静的な場合には電流に発散はないという意味の式 $\nabla\cdot\boldsymbol{j}=0$ を使う．詳しくは章末問題6.7参照.)

章末問題

［6.2 節］

6.1　半径 a 内に電荷が一様に分布しているときのポワソン方程式を解け．その結果を使って，(6.2.2)の定数 A を定めよ．

6.2　円筒座標 (r, θ, z)（ただし $x=r\sin\theta$，$y=r\cos\theta$）を使うと，ポワソン方程式は

$$\frac{1}{r}\frac{\partial}{\partial r}\left(r\frac{\partial\phi}{\partial r}\right)+\frac{1}{r^2}\frac{\partial^2\phi}{\partial\theta^2}+\frac{\partial^2\phi}{\partial z^2} = -\frac{\rho}{\varepsilon_0}$$

となる．これを使って，半径 a の無限に長い円柱内部全体に，密度 ρ（一定）の電荷が分布しているときの，円柱内外の電位を求めよ．

6.3　電荷密度が原点を除き $\rho=0$ であるとき，電位が $\phi\propto r^{-\alpha}f(\cos\theta)$ という形をしているとすると，f は $\cos\theta$ の $\alpha-1$ 次式であることを示せ．$\alpha=3$ の場合に具体的に f を求めよ．またこのような電位を作るためには，原点にどのように電荷が分布していなければならないか．（$\alpha=2$（双極子の電位）と $\alpha=1$（点電荷の電位）の関係から類推せよ．）

［6.4 節］

6.4　(6.4.4)の ψ をどのように取れば，(6.4.2)から(6.4.3)が求まるか．

6.5　原点にある磁気双極子モーメント $\boldsymbol{m}$ の輪電流が遠方で作るベクトルポテンシャルは

$$\boldsymbol{A} = \frac{\mu_0}{4\pi}\frac{\boldsymbol{m}\times\boldsymbol{r}}{r^3}$$

である．これから磁場を求めると，電気双極子モーメントが作る電場(1.3.7)と同じ形になることを示せ．（ヒント：(3.2.6)を ∇ の位置に気をつけながら使う．）

［6.5 節］

6.6　章末問題 2.2 の結果を使い，ソレノイド内部のベクトルポテンシャルを求めよ．またそれを使って，ソレノイド内部の磁場を求めよ．

［6.6 節］

6.7　ベクトルポテンシャルを(6.3.2)のように定義すれば，$\nabla\cdot\boldsymbol{A}=0$ であることを証明せよ．ただし無限遠では $\boldsymbol{j}=0$，また $\nabla\cdot\boldsymbol{j}=0$ であることを使う．（$\nabla\cdot\boldsymbol{j}=0$ の意味は，8.1 節でわかる．）

7

電磁誘導

ききどころ

この章からは，静的でない，つまり時間の経過とともに変化する電場・磁場を考える．静電場の原因は電荷だったが，静的でない場合は別の原因による電場がある．磁石を動かすと電流が流れだすという現象がその典型的な例で，電磁誘導と呼ばれている．この現象を電磁気学の基本原理に取り入れるために，第I部で述べた静電場・静磁場の法則に変更を加える．言葉で表現すれば，「磁場が変化すると電場に渦が発生する」ということになる．これは静電場・静磁場の法則には含まれていなかった効果だが，今まで述べたこととまったく無関係な新しい原理というわけではない．すでに説明したローレンツ力をよく吟味してみると，このような効果があるのは必然であることがわかる．

7.1 誘導電場

ぽいんと

静電場の原因となるものは電荷だったが，静的でない場合には別の原因による電場がある．コイルの近くで磁石を動かすと，コイルに電流が流れる．この現象を電磁誘導と呼び，ある種の発電機の原理にもなっている．電流が流れるのは，磁石の動きにより磁場が変化し，その結果，コイルの導線中に電場が生じたためだと考えられる．この電場のことを誘導電場と呼ぶ．磁石による磁場の変化と，誘導電場との関係を考えよう．
キーワード：電磁誘導，誘導電場，電圧，誘導起電力，レンツの法則

■時間とともに変化する電場と磁場

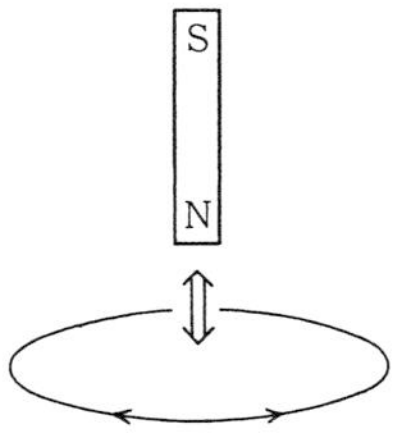

図 1　磁石の運動による電流

▶式(3.3.2)とは，
$\boldsymbol{F} = q(\boldsymbol{E} + \boldsymbol{V} \times \boldsymbol{B})$

導線(自由に動ける電子をもつ物質でできた線)のループに棒磁石を近づけたり遠ざけたりすると，導線内の電子が動き始め電流が流れる(図 1)．ローレンツ力の式(3.3.2)が成り立っているとすれば，これは導線内に電場が生じたためだと考えなければならない．動きだす前の電子($v=0$)に働く力は，電場だけだからである．この電場のことを**誘導電場**と呼び，この現象を**電磁誘導**と呼ぶ．(誘導電場といっても，静電場とは別種の電場というわけではない．発生する理由が異なるという意味である．)

この電磁誘導という現象では，棒磁石による磁場も，導線中の電場も，時間とともに変化する．今までの静電場や静磁場の法則の，適用範囲を越える問題であり，それらに何らかの変更を加えなければ理解できない現象である．

■誘導起電力と電場の回転

静電場の場合，2 点間の電位差のことを**電圧**と呼ぶ．それは 2 点を結ぶ任意の線に沿って電場の平行成分を積分すれば求まる(4.3 節)．

$$\text{静電場の場合}\quad \text{電圧(電位差)} = \phi(B) - \phi(A) = \int_{A\to B} E_{\parallel}\, dl \qquad (1)$$

この線に沿って導線があれば，その中にある電子が電場による力を受けて動き，電流となる．

一方，電磁誘導において導線内の電子は，誘導電場の導線に平行な成分による力で動く．そして導線内を電流が一定方向に流れるならば，それはこの力を一周積分するとゼロにはならないことを意味している．もしゼロだったら，(誘導電場に比例している)ループ中の電子の受ける力は＋－平均してゼロになるので，全体として電流が流れるはずがないからである．この一周積分した値を，ループに発生した**誘導起電力**と呼ぶ．

$$\text{誘導起電力}\quad \varepsilon \equiv \int_{\text{ループ}} E_{\parallel} dl \qquad (2)$$

(1)の電位差と(2)の誘導起電力とは，形は似ているが重要な違いがある．電位差の場合，AとBを接近させれば電位が等しくなるので，(1)はゼロとなる．静電場には回転(渦)がないということに対応している．しかし電磁誘導では，一周積分してもゼロにはならない．つまり誘導電場は，渦を作っているのである．このことからも，電磁誘導が静電場の法則では説明できない新しい現象であることがわかる．この渦の大きさを決定する法則を，電磁気の理論に新たに付け加えなければならない．

■誘導電場の向きとエネルギー保存則

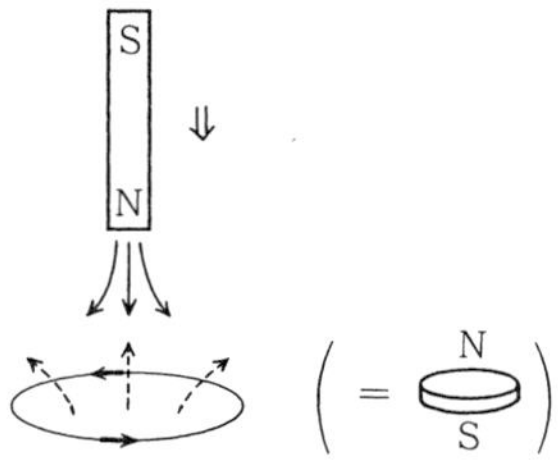

図2 磁石を近づけたときの誘導電流の向き(→)とそれに依る磁場の方向(-->)

導線のループに電流が流れると言ったが，どちら向きに流れるかということも重要な点である．

たとえば棒磁石のN極を近づけた場合を考える(図2)．そのときは，磁場は図2の下向きで，しかもその大きさが増加する．このような状況では，電流は左回りに流れることがわかっている．逆にN極を遠ざけると，電流は右回りに流れる．

ループに電流が流れると磁場ができる．その磁場の向きは図2に示したようになる(右ねじを，電流の方向に回したときにねじが進む方向)．これからわかるように，電流による磁場は，棒磁石の運動による磁場の変化を弱める方向を向いている．下向きの磁場が増加しているときには上向きの磁場が誘導され，また下向きの磁場が減少しているときには下向きの磁場が誘導されるように電流が流れる．(抽象的に表現すれば，外部の環境の変化に対し，その変化の程度を弱めるように系が反応している．このような反応の仕方は，化学反応など自然界でよく見られる現象で，**レンツの法則**と呼ばれている．)

またこのことは，エネルギー保存則からも以下のように理解することができる．電流が流れれば，それに仕事をさせることができるだろう．ではそのエネルギーはどこからきたのだろうか．それは磁石の運動からである．導線のループ自体が図2のような磁場を持ち電磁石になったとすれば，棒磁石が近づいているときは反発力が生じ，遠ざかるときは引力が生じる．つまり棒磁石を等速運動させようとすれば，それに仕事をしなければならない．その仕事のエネルギーが磁場を通して導線に伝達され，電流がする仕事になるのである．

7.2 電磁誘導の法則

ぽいんと

電磁誘導という現象を説明するためには，静電磁場の法則にどのような変更を加えればよいかを考える.

キーワード：磁束，電磁誘導の法則

■磁　　束

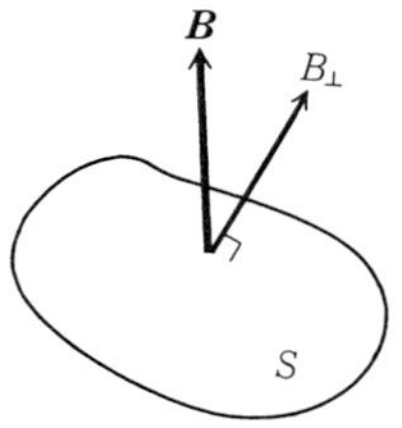

図 1　面を通過する磁場

まず磁束 $\boldsymbol{\Phi}$ という量を定義する．有限な大きさを持つ，面 S を通過する磁場の総量である(図 1).

$$\text{磁束}\quad \boldsymbol{\Phi}(S) \equiv \int_S B_\perp dS \tag{1}$$

静電場のガウスの法則(積分形)を表わすときも，閉曲面を通過する電場の総量を同様の式で定義した(2.2 節)．磁束の定義式も同じ形をしているが，今の場合，積分領域は閉曲面でなく，ループを境界とする面である.

磁束は，境界のループさえ決めておけば，面 S の膨らみ具合，へこみ具合には依らないことに注意しよう．磁場には(静的でなくても)発散がないので，閉曲面全体での積分がゼロになるからである.

ただし，面の表裏は決めておかなければならない．閉曲面の場合は外側を表と定義し，ベクトル $\boldsymbol{a}$ が外を向いているときに $a_\perp > 0$ とした．境界を持つ面の場合は，内外の区別はない．その代わりに，まず境界であるループの回転の向きを決める．そして，その向きに右ねじをまわしたときにねじの進む側を，面の表と定義する．アンペールの法則(4.1 節)のときの面の表裏の定義と同じである.

結局(1)は，面 S の境界の「位置」と「向き」さえ決めておけば，どのような面を考えても値は変わらないことになる.

■電磁誘導の法則

誘導起電力と磁束という量を使い，電磁誘導の法則を式で表わす．導線のループの周囲で磁石を動かすと，このループを貫く磁束(つまりループを境界とする面を貫く磁束)が変化する．そしてその変化率と，ループに生じる誘導起電力の間には，次のような関係があることが(実験事実として)知られている.

$$\text{電磁誘導の法則}\quad \frac{d}{dt}\boldsymbol{\Phi}(S) = -\int_C E_\parallel dl \tag{2}$$

(磁束の変化率 ＝ －誘導起電力)

静電場や静磁場の問題では，磁束は変化しないし電場には回転がない．したがって，この式は両辺ともゼロであり，成り立ってはいる．しかし，磁束が変化し，回転をもつ誘導電場がある一般的な場合にも成り立つ基本法則が，この式なのである．

■誘導電場の方向

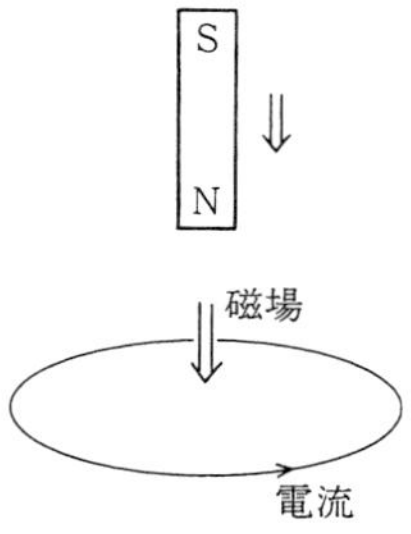

図 2　磁場の向きと誘導電流の向き

▶誘導電流による磁場の変化率は逆向きだが，磁石の磁場の変化率よりは小さい．

(2)でマイナスの符号が必要であることを確かめておこう．まず，図 2 のような導線のループがあったとし，その向きを左回りと定義する．(電流がこの方向に流れるというわけではない．線積分や面積分をするときの符号を決めるために，ループの向きというものを決めておくのである．) このときは，図 2 で面の上側が表となる．

次に棒磁石の N 極を上から近づけたとする．そのとき電流は左回りに流れると前節で説明した．したがって，誘導電場も左回りである．

この場合に，(2)の両辺の符号を確かめてみよう．磁場は面の裏向きで，しかも強くなっているのだから，磁束 $\boldsymbol{\Phi}$ は負の方向に増えている．つまり(2)の左辺はマイナスである．一方，右辺は，誘導電場とループの向きが同じだから，$E_{\parallel}>0$ であり積分はプラスになる．したがって，(2)の右辺ではマイナスの符号が必要であることがわかるだろう．

■法則の局所的な表現

(2)の右辺は，ストークスの定理を使えば面積分で表わすことができる．また左辺も同時に磁場で表わすと，

$$\frac{d}{dt}\int_S B_{\perp}dS = -\int_S (\nabla\times\boldsymbol{E})_{\perp}dS$$

となる．そしてこの式が，任意の場所での任意の方向を向く面 S に対して成り立つのだから，結局ベクトルの等式

電磁誘導の法則(局所形)　$$\frac{\partial\boldsymbol{B}}{\partial t} = -\nabla\times\boldsymbol{E} \qquad (3)$$

が成り立っていなければならない．

もちろん静的な場合は，両辺ともゼロである．しかし磁場が変化している場所では，電場に回転密度が生じることになる．これが静的な場合の電磁場の法則に対する，第一の変更である．

注意　電磁誘導の法則の意味について，説明を加えておこう．磁場が変化すると誘導電場が生じるということは，導線に電流が流れ出すことで確認できる．しかし電場の有無は，そこに導線が存在しているかどうかには無関係な話である．つまり(3)は，空間の任意の点で成り立つ関係式だと考えなければならない．空間内のある点で磁場の大きさが変動しているとすれば，そこには必ず電場の回転密度が発生しているというのが，(3)の意味することである．そしてそのことを実験で確認しようとすれば，導線にしろ何にしろ，荷電粒子を含む物質をそこに置き，その粒子が動き出すことを観測すればよい．

7.3 ガリレイ不変性

ぽいんと

前節では，電磁誘導という現象を出発点として新しい法則を導き出した．しかし，この現象を知らないとしたら，この新しい法則を導くことはできなかっただろうか．この節では「慣性系における法則の不変性」という観点から電磁誘導を見直し，この法則の必然性を説明する．

キーワード：ガリレイ不変性

■慣 性 系

力学における慣性系という概念を復習しておく．ニュートンの運動方程式は

$$力 = 質量 \times 加速度 \tag{1}$$

という関係式であった．しかし，計算の基準となる座標系の取り方によっては加速度が変わってしまい，この関係が成り立たなくなることもある．

たとえば，地面の上に立っている人がある物体の運動を見たときに，上式が成り立っていたとすれば，加速している電車に乗っている人から見た同じ運動に対しては，上式は成り立たない．そのときには

$$力+(電車の加速による)慣性力 = 質量\times(物体の)加速度$$

という式で考えなければならない．エレベーターに乗っていると，体が急に重く感じられたり軽く感じられたりするのも，この慣性力の効果である．

そこで，慣性系という概念が登場する．慣性系とは，慣性力を考えなくても運動方程式が成り立っている座標系のことである．上にあげた例では，地面に固定されている座標系が慣性系であり，加速する電車(あるいはエレベーター)に固定されている座標系は非慣性系である．(地球の運動まで考えれば，厳密には地表に固定された座標系でさえ慣性系ではない．遠心力とかコリオリ力という慣性力を考えなければならない．)

■ガリレイ不変性

ここで重要なのは，慣性系というものも1つではないということである．慣性系が1つあったとすれば，それに対して等速運動をしている座標系もやはり慣性系である．

物体の速度が，ある座標系 $\boldsymbol{\Sigma}$ で $\boldsymbol{v}(t)$ と表わされるとすれば，それに対して一定の速度 $\boldsymbol{v}_0$ で動いている別の座標系 $\boldsymbol{\Sigma}'$ での速度 $\boldsymbol{v}'(t)$ は

$$\boldsymbol{v}'(t) = \boldsymbol{v}(t) - \boldsymbol{v}_0 \tag{2}$$

と表わされる．つまり速度は違って見える．しかし，その微分である加速度は，$\boldsymbol{v}_0$ が一定である限り変わらない．

したがって，力が座標系に依らないものならば，ある座標系で(1)が成

り立っていれば，それに対し等速直線運動をしている別の座標系でも(1)が成り立つことになる．これが**ガリレイ不変性**と呼ばれる原理である．

■電磁気学におけるガリレイ不変性

この原理がローレンツ力に対しても成り立っているとしたら，電磁気学の法則がどのようになっていなければならないかという問題を考えてみよう．

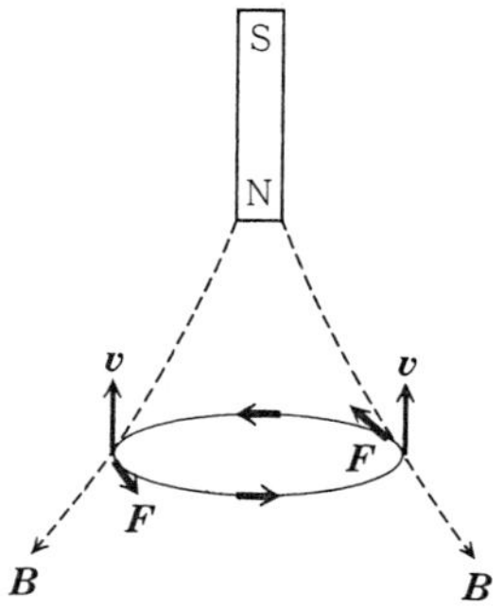

図1　ループが上に動いたときの電流の流れる方向($\boldsymbol{F}$)

図1に示されているような実験を考える．棒磁石が固定されており，それに向けて導線のループを動かす．棒磁石は固定されているので，空間内に磁場の変化はない．つまり電磁誘導はないが，それでも以下で示すように，ループには電流が流れることがわかる．それはローレンツ力のためである．

まずループが上に動くので，その中にある荷電粒子も上に動く．すると

$$\boldsymbol{F} = q(\boldsymbol{E}+\boldsymbol{v}\times\boldsymbol{B})$$

というローレンツ力の第2項の効果で，その荷電粒子に力が働く．電荷がプラスであるとして，その方向を図示してある(実際に動くのは電荷がマイナスの電子だが)．ループの左右で力の向きが逆になっていることに注意しよう．これは，磁場が左右で逆方向に傾いているからである．ループに沿って考えれば，力はどこでも左回りにまわっている．その結果，ループには左回りに電流が流れることになる．

以上の議論では必要なことではなかったが，今からガリレイ不変性を使った議論をするので，ループは等速で真上に動いていると仮定する．そして，こんどは同じ現象を，ループとともに上に動いている観測者(つまり上に等速で動いている座標系)から見たとしよう．この座標系から見ると，ループは止まっていて，その代わりに棒磁石が下に動いている．(これはまさに電磁誘導の状況であるが，電磁誘導の法則をまだ知らないとして話を進めよう．)

観測者が違っても同じ現象を見ているのだから，やはり同じ量の電流が流れるはずである．そしてガリレイ不変性により運動方程式が変わらないとすれば，ループ中の荷電粒子には同じ大きさの力が働かなくてはならない．ではその力の由来は何だろうか．

この座標系ではループは動いていない($\boldsymbol{v}=0$)のだから，ローレンツ力の第2項は効かない．したがって，もしローレンツ力の公式がどの慣性系でも正しいとすれば，その力の源は第1項の電場でなければならないことになる．しかし，このループには，外部からのクーロンの法則で表わされる静電場の影響はない．影響を及ぼしているのは動いている棒磁石だけである．そして棒磁石が動いているので，空間内の磁場は変化している．結局，磁場が時間的に変化するところでは，電荷がなくても電場が生じているという結論になる．これがまさに，電磁誘導という現象に他ならない．

7.4 ガリレイ不変性と電磁誘導の法則

ぽいんと

前節の議論により，電場や磁場の大きさは，それを観測する座標系により異なることがわかった．そしてそのことから，電磁誘導という現象が存在していなければならないこともわかった．この立場から誘導電場を計算し，それが 7.2 節で経験的に導いた電磁誘導の法則に一致していることを示す．また一般に，座標系が変わると電場がどのように変わって見えるかを説明する．

キーワード：電場のガリレイ変換

■誘導電場の計算

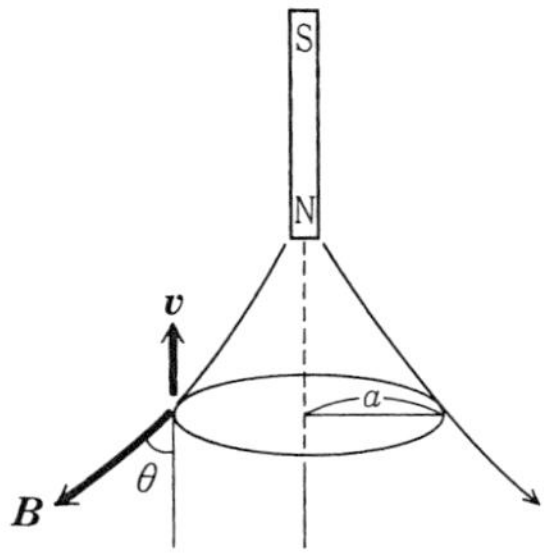

図 1　ループが上に動いて見える座標系

前節で考えた現象を考える．ループ内にどれだけの力が働いているかを，まず棒磁石が止まっていて，磁場だけが存在する座標系（Σ 系とする）で計算する．その結果を使って，ループは止まっているが棒磁石は動いている座標系（ Σ' 系とする）で観測される誘導電場の大きさを求めよう．

ループは半径 a の円だとする．また棒磁石の中心軸はループの中心を通り，ループに垂直だとする．また力を計算する瞬間での磁場の方向は，円の外側に角度 θ 傾いているとする（図 1）．

まず Σ 系で，ループ内の電荷 q に働く力を計算してみよう．力の源は磁場であるから，

$$F = qvB\sin\theta \tag{1}$$

である．力は常にループに沿った方向を向いている．

一方，ループが止まっている Σ' 系での力の源は，棒磁石の運動により発生する誘導電場である．そのループに沿った成分の大きさを $E_{\parallel}$ とする．ガリレイ不変性により，$E_{\parallel}$ による力は(1)に等しくなければならないから

$$E_{\parallel} = vB\sin\theta \tag{2}$$

となる．

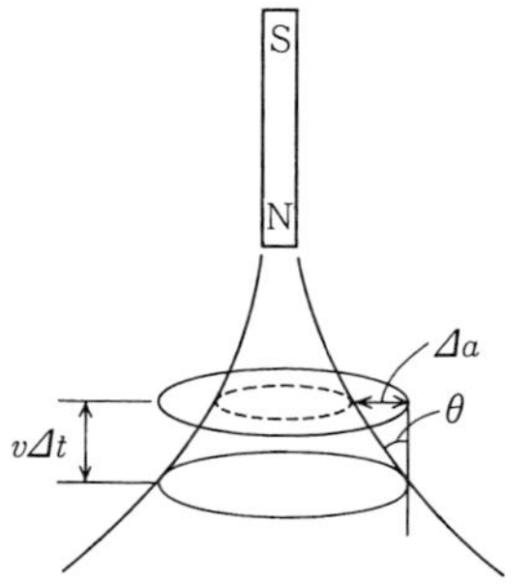

図 2　時間の経過 Δt にともなう磁束の変化の計算

この式が電磁誘導の法則と一致していることを示すために，ループを貫く磁束の変化率を計算してみよう（図 2）．$E_{\parallel}$ を計算した時刻と，その Δt 以前での磁束の変化 $\Delta\Phi$ は

$$\begin{aligned}\Delta\Phi &= 2\pi a\cdot\Delta a\cdot B_{\perp}\\ &= 2\pi a\cdot v\Delta t\tan\theta\cdot(-B\cos\theta)\end{aligned}$$

である．ここで電磁誘導の法則を使うと

$$\frac{\Delta\Phi}{\Delta t} = -2\pi avB\sin\theta = -E_{\parallel}2\pi a$$

$$\Rightarrow\quad E_{\parallel} = vB\sin\theta$$

となる．これはまさしく，ガリレイ不変性から導いた(2)と一致している．

注意　このような議論で，電磁誘導の法則との一致が確かめられるのは，適当な慣

性系でみると磁場が静的になるような場合に限られる．その意味では，一般の場合の電磁誘導の法則は，実験事実により導かれる経験則と見なければならない．しかし以上の議論により，この種の法則の存在が必然的であることは理解できるだろう．

■座標系に依存する量

物理に出てくる量には，それを観測する座標系により変わるものと変わらないものがある．相対的に動いている2つの座標系を比較して，物理量がどのように変換されるかを考えてみよう．

たとえば質量や電荷といった量は，座標系が変わっても不変である．2点間の距離というものも変わらない．しかし位置ベクトルとか速度ベクトルというものは座標系に依存する量である．相対的に動いている座標系では速度ベクトルがどう変わるか，その変換法則はすでに(7.3.2)で示した．

電場も座標系による量であることは，前の例で見た通りである．座標系 $\boldsymbol{\Sigma}$ での電場と磁場を $\boldsymbol{E}, \boldsymbol{B}$ とする．その中で速度 $\boldsymbol{v}$ で動いている電荷 q には

$$\boldsymbol{F} = q(\boldsymbol{E}+\boldsymbol{v}\times\boldsymbol{B}) \tag{3}$$

というローレンツ力が働く．この現象を，電荷と同じ速度 $\boldsymbol{v}_0=\boldsymbol{v}$ で動いている座標系 $\boldsymbol{\Sigma}'$ で見てみよう．この系では電荷は動いていないので，電場の影響しかない．$\boldsymbol{\Sigma}'$ 系での電場を $\boldsymbol{E}'$ とすれば，力は

$$\boldsymbol{F} = q\boldsymbol{E}' \tag{4}$$

となる．そして力は系に依らないというガリレイ不変性を使えば，(3)と(4)より

$$\boldsymbol{E}' = \boldsymbol{E}+\boldsymbol{v}\times\boldsymbol{B} \tag{5}$$

という変換法則が求まる．

▶座標系により磁場が電場に見えるならば，電場と磁場はセットにして1つの実体を持つものと言わなければならない．しかし，このことの正確な意味を理解するには，相対論が必要である．

今の議論ではローレンツ力の式を基本にしたが，電磁誘導の法則を出発点としても電場は変換されなければならないことがわかる．電磁誘導の法則(7.2.3)の左辺 $\partial\boldsymbol{B}/\partial t$ は，空間座標を一定にしたときの時刻 t による微分(時間微分)である．しかし，空間座標一定という条件の意味は座標系が相対的に動いていれば変わってしまうから，時間微分の値も座標系により異なる．したがって誘導電場も座標系により変わらざるをえない．

(5)を**電場のガリレイ変換**と呼んでいる．ガリレイ変換というときは，磁場の方は変わらない($\boldsymbol{B}'=\boldsymbol{B}$)と仮定する．

実は，電磁気学の基本法則を完全にしたもの(次章のマクスウェル方程式)を見なおすと，このガリレイ変換では不十分であることがわかる．正しい関係式は相対論の枠組みでのみ理解でき，(電磁場の)ローレンツ変換と呼ばれている．しかし座標系の相対速度 v が光速に比べて小さい場合には，上記の関係が近似的に正しいことがわかっている．(5)の関係は，実際の計算でも便利なことがある．具体例は章末問題7.5参照．

7.5 磁場による起電力と電磁誘導類似の法則

ぽいんと

7.3節の例でもわかるように，電磁誘導でも磁場の力でも，導線のループに電流を流すことができる．電磁誘導の場合，その力を表わすものが誘導起電力であり，それはループを貫く磁束の変化率に比例している．磁場の力の場合も，起電力という量が定義でき，これもやはり磁束の変化率に比例していることを示そう．

キーワード：電磁誘導類似の法則

■磁場による起電力

磁石を動かしたときに，ループ C に生じる誘導起電力 ε の定義と，それを与える電磁誘導の法則は

$$\varepsilon \equiv \int_C E_{\parallel} dl = -\frac{d\boldsymbol{\Phi}}{dt} \tag{1}$$

であった((7.2.2))．$E_{\parallel}$ はループ上に生じる電場の，ループ方向の成分であり，$\boldsymbol{\Phi}$ はループを貫く磁束である．

一方，磁石の方を固定し導線でできたループを動かすと，導線内の電荷 q には，$q\boldsymbol{v}\times\boldsymbol{B}$ という力が働く．ただし $\boldsymbol{v}$ はループの速度である．そこで，この場合の起電力 $\tilde{\varepsilon}$ というものを

$$\tilde{\varepsilon} \equiv \int_C (\boldsymbol{v}\times\boldsymbol{B})_{\parallel} dl \tag{2}$$

という式で定義する．これはループを電子が1周したとき受ける仕事(＝力×距離)が $q\tilde{\varepsilon}$ になるという意味で，(2)は(1)と同等の量である．そして，この $\tilde{\varepsilon}$ も，実はループを貫く磁束 $\boldsymbol{\Phi}$ の変化率に比例し

$$\tilde{\varepsilon} = -\frac{d\boldsymbol{\Phi}}{dt} \tag{3}$$

という関係(**電磁誘導類似の法則**)が成り立つのである(証明は後でする)．

▶これは新しい法則ではなく，ローレンツ力の式から導ける式である．

7.3節で考えたような，ある慣性系では磁場が一定でループが運動しているが，別の慣性系で見るとループは静止していて磁場の方が変化しているという現象に対しては，(1)と(3)は，同じ現象を別の座標系で見ているだけである．つまり(1)が成り立てば(3)も必ず成り立つ．しかし(3)は，たとえばループの形が変化することにより磁束が変化しているときとか，ループの運動が等速ではないような場合でも成り立つのである．まず簡単な例で，(3)を確かめてみよう．

［例］ 磁場の中で回転するループ

コイルの回りで磁石を回転させると，磁場が変化することによりコイルに電流が流れる．これは電磁誘導であり，発電機の原理の1つである．しか

し逆に，磁石のあるところでコイルを回転させても，ローレンツ力により電流が流れる．これも発電機の原理の1つである．このような場合に生じる起電力が，(3)で表わされることを確かめてみよう．

例題　z 軸方向に一様な磁場 $\boldsymbol{B}$ があったとする．そして1辺の長さが $2a$ の正方形の導線のループを，図1のように x 軸に平行な回転軸の回りに，角速度 ω で回転させる．そのとき生じるローレンツ力の，ループに沿っての平行成分の積分を計算し，(3)が成立していることを確かめよ．

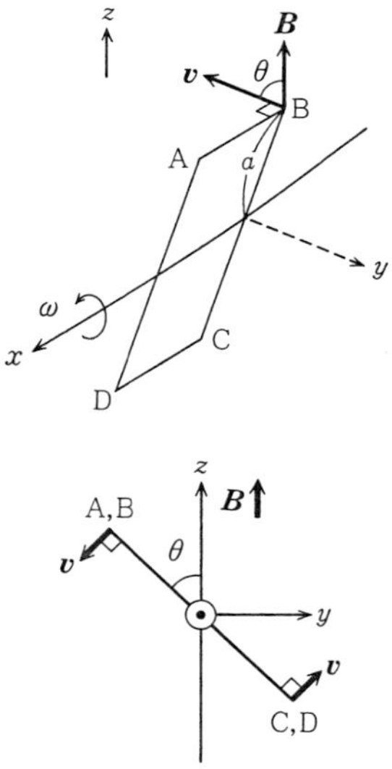

図1　磁場の中で回転する正方形のループ

［解法］　正方形が，z 軸に対して角度 θ で傾いている時点で計算する．そのときのローレンツ力の方向は，辺ABあるいはCDでは辺の方向であり，BCあるいはDAでは辺に垂直である．つまり平行成分の積分のためには，前者だけを計算すればよい．そしてその大きさは

$$|\boldsymbol{v}\times\boldsymbol{B}| = a\omega B\sin\theta$$

である．したがって，ループに沿っての積分は

$$\tilde{\varepsilon} = 2\cdot(2a)\cdot a\omega B\sin\theta \qquad (4)$$

となる．一方，この正方形を貫く磁束 $\boldsymbol{\Phi}$ は

$$\boldsymbol{\Phi} = B\cdot(2a)^2\cos\theta$$

である．ところで「$\theta=\boldsymbol{\omega t}+$定数」であるから

$$\frac{d\boldsymbol{\Phi}}{dt} = -B\cdot(2a)^2\cdot\omega\sin\theta$$

(4)と比較すれば(3)が成り立っていることがわかる．

■電磁誘導類似の法則(3)の証明

定理　静磁場のなかで，導線のループが動いたり，変形したりしたとき，導線に生じるローレンツ力の線積分と，ループを貫く磁束の間には，(3)の関係が成り立つ．

［証明］　図2のように，ループの $\Delta\boldsymbol{l}$ の部分が，速度 $\boldsymbol{v}$ で $\boldsymbol{v}\Delta t$ だけ動いたとする．$\boldsymbol{v}$ はループの場所によって変わっていてもよい．つまり，ループが回転したり変形したりする場合も含んだ議論である．

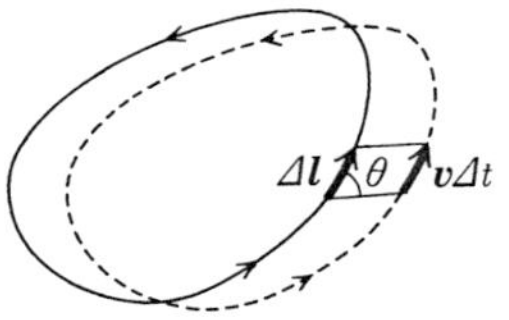

図2　ループの変形(移動)にともなう微小部分 $\Delta\boldsymbol{l}$ の運動

この部分の移動による，ループの面積の変化は

$$|\boldsymbol{v}|\Delta t\cdot|\Delta\boldsymbol{l}|\sin\theta = |\boldsymbol{v}\times\Delta\boldsymbol{l}|\cdot\Delta t$$

である．したがって，磁束の変化のループ全体での合計は

$$\Delta\boldsymbol{\Phi} = \sum B_\perp|\boldsymbol{v}\times\Delta\boldsymbol{l}|\Delta t$$

ただし，右辺はループすべての部分の和をとっている．これを変形すれば

$$\frac{\Delta\boldsymbol{\Phi}}{\Delta t} = \sum\boldsymbol{B}\cdot(\boldsymbol{v}\times\Delta\boldsymbol{l}) = \sum(\boldsymbol{B}\times\boldsymbol{v})\cdot\Delta\boldsymbol{l}$$

となり，(3)が求まる(最後に(3.2.5)を使った)．(証明終)

章末問題

[7.2節]

7.1 一様な磁場 $\boldsymbol{B}$ の向きが，yz 平面の中で角速度 ω で回転している．そのとき，xy 平面内にある半径 a のループに発生する起電力 ε を求めよ．

7.2 導体でできた水平で平行な2本のレールの上に，やはり導体でできた丸い棒が2本おいてある．磁場を最初から上向きにかけておき，その強さを増したときに，棒はどのように転がるか．

7.3 z 方向を向く一様な磁場の中で電荷 q が円運動をしている(3.3節参照)．磁場が強くなり，電荷の円軌道に沿って誘導電場ができたとすると，電荷は加速されるか減速されるか．また磁場の変化がゆっくりとしていて，電荷は円運動をしながら半径を少しずつ変えるとしたとき，半径は増加するか減少するか．

7.4 半径が a，単位長さ当たりの巻き数が n のソレノイドに流れる電流 I が変化しているとき，ソレノイド内外にどのような電場が誘導されるか．(ヒント：$\nabla\times\boldsymbol{B}=\mu\boldsymbol{j}$ が，直線電流の回りに磁場の渦ができるということを意味していたのと同様，$\nabla\times\boldsymbol{E}=-\partial\boldsymbol{B}/\partial t$ は，ソレノイド内の磁場が変化すれば，その回りに誘導電場の渦ができることを意味する.)

[7.4節]

7.5 大きさが x 座標に比例する，z 方向を向く磁場がある($B_z=B_0x$)．これを x 方向に等速度 v で動いている座標系で見ると，(7.4.5)で表わされる電場 $\boldsymbol{E}'$ が現われる(この座標系の座標および電場には $'$ を付けて表わす)．またこの座標系では，空間の各点での磁場は時間とともに変化しているが，(7.2.3)が満たされているはずである．そのことを確かめよ．

7.6 章末問題3.3(ホール効果)を，$-y$ 方向に等速度 E/B で動いている座標系で考えよ．

[7.5節]

7.7 導体でできた水平で平行な2本のレールの上に，やはり導体でできた丸い棒が2本おいてある．上向きの磁場があるとすると，棒を近づけるように転がしたとき，棒はどのような力を受けるか．

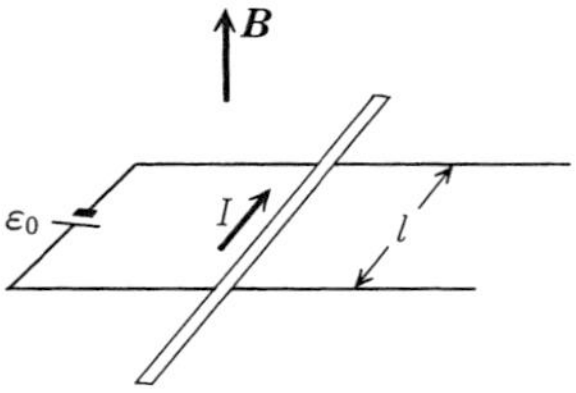

図1

7.8 図1のように，抵抗 R，質量 M の棒が，幅 l のレールの上を摩擦なしで滑るようになっている．上向きに一様な磁場 $\boldsymbol{B}$ があり，レールには起電力 ε_0 の電池が付いているとき，棒はどのように動くか．(レールの抵抗はゼロとする．流れる電流を I，全起電力を V とすれば，$IR=V$ (オームの法則)である.)

8

マクスウェルの理論と電磁波

ききどころ

電場や磁場の基本法則は，それぞれの発散と回転を決める合計4つの式から成り立っているということを，第5章で説明した．そして静電場，静磁場の場合の，それらの具体的な形を示した．しかし時間の経過とともに変化する場合は，これらの法則は変更を受ける．その1つは前章で説明した，「電場の回転」に対する修正であった．この章では最初に，もう1つの修正点である「磁場の回転」について説明する．この修正を言葉で表現すれば，「電場が変化すると磁場に渦が発生する」ということになる．そして，静電場・静磁場の法則にこの2つの修正を加えた4つの式が，マクスウェル方程式と呼ばれる電磁気学の基本法則である．この方程式をよく調べると，電荷も電流も，さらに磁石さえ無くても，電場と磁場が存在しうることがわかる．これがマクスウェルにより最初に予言され，現代社会には欠かせないものとなった電磁波である．

8.1 電荷の保存則と連続方程式

ぽいんと

この節では次節の議論の準備として，電荷の連続方程式というものを説明する．これは，電荷というものは自然発生も自然消滅もしないということから導かれる式である．ある位置で電流が湧き出していれば，そこにおける電荷密度は減少する，また逆に電流が吸い込まれていれば，そこの電荷密度は上昇するという当然のことを，数式で表現している．

キーワード：電荷の保存則，連続方程式

■電荷の保存則

ある領域から電子を1つ取り除けば，その領域に含まれている電荷の総量は電子の分だけ変化するのは当然である．電子の電荷はマイナスと定義されているので，電荷はその分だけ増すことになる．しかし，電荷を持った粒子が出入りしなければ，その領域の全電荷は変わらない．電荷は決して，自然発生も自然消滅もしないからである．このことを，電荷は保存している，あるいは**電荷の保存則**が成り立っているという．

電子や陽子などの素粒子のレベルの反応では，それらの粒子が消滅して他の粒子が発生することがある．しかし消滅した粒子の電荷の和と，発生した粒子の電荷の和は常に等しい．だから，電子が自然に消滅し何も出てこないことはありえないし，電子が自然に変化し，電荷の異なる他の粒子になってしまうなどということもありえない．つまり電荷の保存則は，どのような状況でも厳密に成り立つのである．

■保存則の表現

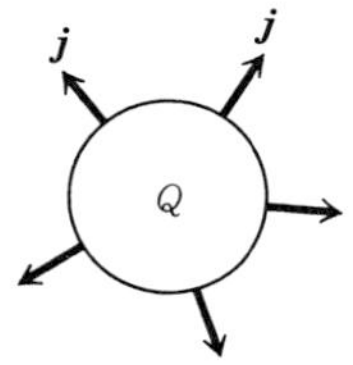

図1　ある領域内の電荷とそこからの電荷の流れ

このような条件を数式で表わしたらどうなるかを考えてみよう．まず，ある有限な領域 V を考え，その境界の閉曲面を S とする．そしてある時刻 t におけるその領域内部の電荷の総量を $Q(t)$ と表わす．

上に述べたように Q は，境界から流れ出た電荷の分だけ減る．つまり

$$\varDelta Q = -(\text{単位時間当たり境界から出る電荷の量})\cdot \varDelta t \qquad (1)$$

である．一方，出ていく(あるいは入ってくる)電荷の量は，電流密度分布 $\boldsymbol{j}$ で表わすことができる(図1)．境界 S の微小部分 $\varDelta S$ を単位時間に通過する電荷の量は，電流密度の流れ出る方向(境界面に垂直な方向)の成分 $j_\perp$ と面積 $\varDelta S$ の積

$$j_\perp \cdot \varDelta S$$

である．これの和が流れ出る総量だから，(1)に代入すると

$$\frac{\varDelta Q}{\varDelta t} = -\int_S j_\perp dS \qquad (2)$$

という関係が求まる．

■局所的な表式

(2)が電荷の保存則の数式による表現であるが，これを局所的に表現したものが連続方程式と呼ばれるものである．まず(2)の両辺を，閉曲面 S で囲まれる領域 V の体積積分で書き換える．まず電荷の総量 Q とは，電荷密度分布関数 ρ の積分である．また右辺は，ガウスの定理(5.2節)を使えば，発散密度 $\nabla\cdot\boldsymbol{j}$ の積分となる．つまり

$$\int_V \frac{\partial\rho}{\partial t}dV = -\int_V \nabla\cdot\boldsymbol{j}dV$$

である．そしてこの関係があらゆる領域 V について成り立つのだから，積分される関数(被積分関数)自体が等しくなければならない．つまり

$$\frac{\partial\rho}{\partial t}+\nabla\cdot\boldsymbol{j}=0 \tag{3}$$

または，

$$\frac{\partial\rho}{\partial t}+\frac{\partial j_x}{\partial x}+\frac{\partial j_y}{\partial y}+\frac{\partial j_z}{\partial z}=0$$

となる．これが**電荷の連続方程式**である．ある場所からの電荷の発散量($\nabla\cdot\boldsymbol{j}$)は，そこでの電荷の減少量($-\partial\rho/\partial t$)に等しいということを表わした公式である．

■いろいろな連続方程式

以上の議論から想像がつくと思うが，電荷に限らず何か保存しているものがあると，それを表わす連続方程式というものが必ず書ける．

典型的な例が，粒子数の保存に関係した連続方程式である．物質は，反応を起こすと粒子の数が変わることがある．たとえば化学反応では，分子の数が変わることがあるし，原子核反応や，高エネルギーでの素粒子の反応では，(電荷が変わらない範囲で)電子や陽子の数さえ変わることがある．しかし，気体や液体の通常の流れを考えているときには，それを構成している分子の総数は，不変であると考えてよい．これを，粒子数の保存と呼ぼう．

すると，ある特定の領域内の粒子数の増減は，そこに出入りする粒子数に等しくなければならない．このことを式で表わせば，やはり(2)，あるいは(3)の形になる．ただし，この場合 ρ は，各点での粒子密度を表わす関数で，$\boldsymbol{j}$ は粒子の流れの密度を表わす関数となる．

また別の例として，エネルギー保存に関係した連続方程式というものもある．この場合，ρ は各点でのエネルギー密度を表わす関数で，$\boldsymbol{j}$ はエネルギーの流れを表わす関数となる．

8.2 変位電流

ぽいんと

磁場が変化すれば，その変化率を源として電場が発生するということを，前章で説明した(電磁誘導)．では逆に，電場の方が変化したときは，それにより磁場が発生するだろうか．その答がイエスであることを，マクスウェルは主張した．そうでなければ，電磁場の基本方程式と，前節の電荷の連続方程式が矛盾してしまう．変位電流と呼ばれる，この新しい磁場の発生機構を説明しよう．

キーワード：変位電流，修正されたアンペールの法則

■アンペールの法則の限界

▶電荷分布が変化すれば電場が静的でなくなるので，これは第Ⅰ部の範囲を越えた問題である．

ある閉曲線に沿った磁場の回転は，そこを貫く電流の大きさで決まるというのが，アンペールの法則であった(4.1節)．しかし，ループの途中で電流の大きさが変わり，そこに電荷が溜まっていくような場合には，この法則は成り立たない．アンペールの法則(4.1.2)の右辺，「閉曲線 C を貫く全電流」というのは，「C を境界とする任意の面 S を貫く全電流」という意味だが，どのような面をとっても全電流の値が変わらないためには，どこにも電荷が溜まってはならない．実際，このような面を2つ(S_1, S_2 とする)考えてみよう(図1)．S_1 と S_2 を同じ方向に貫く全電流が等しいということは，S_1 と S_2 でできる閉曲面から外に出ていく全電流がゼロということでもある．電流の発散がないのだから，前節(3)より

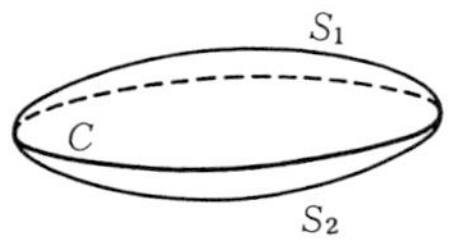

図1　ループ C を境界にもつ2つの面 S_1, S_2

$$\nabla\cdot\boldsymbol{j} = -\frac{\partial\rho}{\partial t} = 0$$

でなければならない．つまり電荷分布 ρ が不変でなければならない．

■アンペールの法則の修正

では一般に $\nabla\cdot\boldsymbol{j}\neq 0$ だったらどうなるだろうか．そのときには，アンペールの法則の局所的表現である

$$\nabla\times\boldsymbol{B} = \mu_0\boldsymbol{j} \tag{1}$$

という式が矛盾を含むことはすぐわかる．なぜなら，6.3節でも示したが，どんなベクトル関数 $\boldsymbol{a}$ に対しても，その「回転の発散」つまり $\nabla\cdot(\nabla\times\boldsymbol{a})$ は自動的にゼロになる．つまり

▶成分を使って具体的に表わしてみれば，ゼロになることはすぐわかる．

$$\nabla\cdot(\nabla\times\boldsymbol{B}) = 0 \tag{2}$$

である．だから $\nabla\cdot\boldsymbol{j}\neq 0$ だったら，(1)は矛盾してしまう．

そこで，(1)を変更し

$$\nabla\times\boldsymbol{B} = \mu_0(\boldsymbol{j}+\boldsymbol{X})$$

として，$\boldsymbol{X}$ が何であればよいかを考えてみよう．まず(2)より

$$\nabla\cdot\boldsymbol{j}+\nabla\cdot\boldsymbol{X} = 0$$

でなければならない．これと前節の連続方程式を比べれば

$$\nabla\cdot\boldsymbol{X} = \frac{\partial\rho}{\partial t}$$

であればよいことがわかる．次に静電場の法則 $\nabla\cdot\boldsymbol{E}=\rho/\varepsilon_0$ が一般的にも成り立つと仮定すれば，

$$\nabla\cdot\boldsymbol{X} = \varepsilon_0\frac{\partial}{\partial t}(\nabla\cdot\boldsymbol{E}) = \nabla\cdot\left(\varepsilon_0\frac{\partial\boldsymbol{E}}{\partial t}\right)$$

が，$\boldsymbol{X}$ に対する条件となる．そしてこれは

$$\boldsymbol{X} = \varepsilon_0\frac{\partial\boldsymbol{E}}{\partial t}$$

であれば満たされている．結局，

$$\nabla\times\boldsymbol{B} = \mu_0\left(\boldsymbol{j}+\varepsilon_0\frac{\partial\boldsymbol{E}}{\partial t}\right) \tag{3}$$

となるべしというのが，マクスウェルの主張であった．つまり，磁場は電流により発生するばかりでなく，電場の時間変化 $\boldsymbol{X}$ によっても誘導されることになる．この $\boldsymbol{X}$ のことを，**変位電流**と呼んでいる．

▶磁場の時間変化により電場が発生するという電磁誘導の逆の現象である．

■変位電流の応用

(3)を，(ストークスの定理を使って)積分形に直すと，

$$\int_C B_\parallel dl = \mu_0\times(C\text{ を貫く全電流}+C\text{ を貫く全変位電流}) \tag{4}$$

となる．アンペールの法則の修正版である．この式の簡単な例として，図2の問題を考えよう．直線上に一定の電流が流れているが，線は1ヶ所で途切れているので，そこに電荷がどんどんたまる．その結果，そこでの電場 $\boldsymbol{E}$ が変化し，変位電流の効果が生じる．

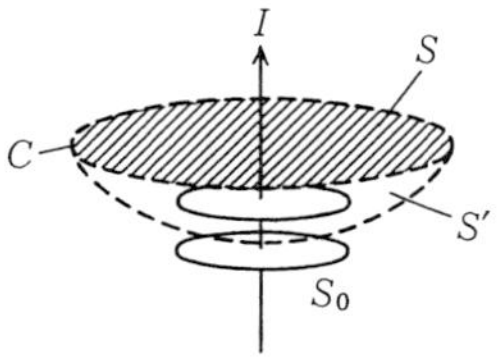

図2　電流を横切る面 S と板の間を通る面 S'

直線電流の場合と同様，磁場はこの直線の回りに渦を巻くと仮定し，図2の C という円上の磁場を，上式より計算することを考える．問題は，この式の右辺である．C を貫くのは，平らな面 S で考えれば本当の電流だが，へこんだ面 S' で考えると変位電流ということになる．どちらで計算しても答は同じはずだが，実際そうであることを確かめてみよう．

まず変位電流を計算する．図2に示す2枚の板の面積を S_0 とする．電場 $\boldsymbol{E}$ は，板にたまる電荷面密度 σ により $E=\sigma/\varepsilon_0$ と書けるから，

$$(\text{全変位電流}) = \varepsilon_0\frac{d}{dt}\int_S E_\perp dS = \varepsilon_0\frac{d}{dt}\left(\frac{\sigma}{\varepsilon_0}S_0\right) = \frac{d}{dt}(\sigma\cdot S_0)$$

となる．ところが $\sigma\cdot S_0$ は板にたまる全電荷だから，その変化率は電流に等しい．つまり変位電流は，本当の電流に等しい．線が切れていても変位電流があるので，修正されたアンペールの法則(4)は矛盾を含まない．

8.3 マクスウェル方程式と電磁波

ぽいんと

前節までの議論で，マクスウェル方程式と呼ばれる4つの方程式がでそろった．これが現在，電磁気学の基本法則とみなされているものである．

このマクスウェルの理論が，第I部で議論をしてきた静電場・静磁場の法則と異なる点は，もちろん，時間変化による効果が取り入れられたことにある．磁場が変化することにより電場が発生し(誘導電場)，また電場が変化することにより磁場が発生する(変位電流)．これらのことから，電場と磁場にはきわめて密接な関係があり，統一的に理解されなければならないことがわかる．電気と磁気が別個の問題ではなく，電磁気学と呼ばれる1つの学問となっていることも納得できるだろう．

さらに，このマクスウェルの理論は，電磁気学におけるもう1つの大きな進展に結びつくことにもなった．それは電磁波の発見であり，電場・磁場と，光との関係の発見である．

キーワード：マクスウェル方程式，電磁波，横波，平面波

■マクスウェル方程式

電場・磁場のそれぞれに対する，発散・回転を合わせて4つの方程式を，**マクスウェル方程式**と呼ぶ．それぞれの通称を付けてまとめて書くと

	発　散	回　転
電　場	$\nabla\cdot\boldsymbol{E}=\dfrac{\rho}{\varepsilon_0}$ (1) (ガウスの法則)	$\nabla\times\boldsymbol{E}=-\dfrac{\partial\boldsymbol{B}}{\partial t}$ (2) (電磁誘導の法則)
磁　場	$\nabla\cdot\boldsymbol{B}=0$ (3)	$\nabla\times\boldsymbol{B}=\mu_0\left(\boldsymbol{j}+\varepsilon_0\dfrac{\partial\boldsymbol{E}}{\partial t}\right)$ (4) (アンペールの法則＋変位電流)

となる．これらは局所的な表現(微分形)を使って書かれているが，もちろんガウスの定理(5.2節)，ストークスの定理(5.4節)を使えば，積分の形でも書くことができる．しかし，これからの議論では，ここに記した微分形を使ったほうが便利なことが多い．

■電磁波の存在

時間依存性を考えたときの電磁気学の基本法則の特徴は，電場と磁場が互いに相手を誘導し合うという点にある．静的な場合は，電場は電荷により生成され，磁場は電流により生成されていた．しかし，この誘導という効果があれば，電荷も電流もなくても，空間に電場と磁場が存在することができる．つまり，時間とともに変化する電場と磁場は，互いに相手を作り合うことによって，真空中にも存在できるのである．

このことを証明するために，マクスウェル方程式で電荷や電流をゼロと

し，しかも $\boldsymbol{E}$ や $\boldsymbol{B}$ はゼロでない解があることを示そう．このような解は一般に**電磁波**と呼ばれているが，ここで示すのはその特殊な場合である．

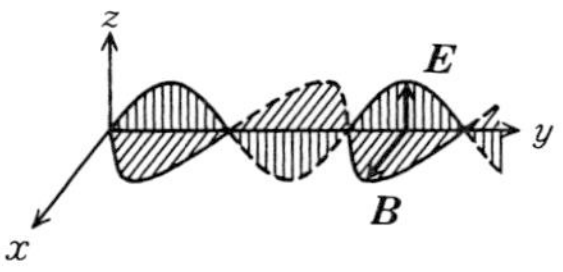

図1　y 方向に進む電磁波

例題(y 方向に進む電磁波)　図1のような形をした電場・磁場が，電荷も電流もゼロであるマクスウェル方程式を満たすことを確かめよ(他の成分はゼロ)．

$$E_z = E_0 \sin 2\pi\left(\frac{y}{\lambda}-\nu t\right)$$
$$B_x = B_0 \sin 2\pi\left(\frac{y}{\lambda}-\nu t\right) \qquad (E_0, B_0\text{ は定数}) \tag{5}$$

これは波長が λ，振動数が ν の波である(図1)．電場は z 方向，磁場は x 方向を向いているが，波はそれらと直角な y 方向に進む．このように，振動の方向と進む方向が垂直な波を**横波**という．(y＝一定 という平面内では，各時刻で場の値が等しいので，これを**平面波**と呼ぶ．)

波の進む速度 c は $c=\lambda\nu$ であるが，これは勝手な値はとれず，マクスウェル方程式から値が決まってしまう．その値も求めよ．

[解法]　E_z と B_x の，時間 t と座標 y による微分だけがゼロではない．それ以外はすべてゼロなので，0=0 とならないマクスウェル方程式は次の2つだけとなる．

$$\frac{\partial E_z}{\partial y} = -\frac{\partial B_x}{\partial t} \tag{6}$$

$$-\frac{\partial B_x}{\partial y} = \mu_0\varepsilon_0\frac{\partial E_z}{\partial t} \tag{7}$$

まず(6)に(5)を代入すると

$$\frac{1}{\lambda}E_0 \cos 2\pi\left(\frac{y}{\lambda}-\nu t\right) = \nu B_0 \cos 2\pi\left(\frac{y}{\lambda}-\nu t\right)$$

となる．これは

$$\lambda\nu = E_0/B_0 \tag{8}$$

であれば成り立つ．同様にして，(7)からは，$\lambda\nu\mu_0\varepsilon_0=B_0/E_0$ という条件が求まる．以上より速度が

$$c = \lambda\nu = 1/\sqrt{\mu_0\varepsilon_0}$$

であり，かつ(8)が満たされていればマクスウェル方程式の解であることがわかる．

補足　実際に μ_0 と ε_0 の値を入れてみると，この速度は光の速度に等しいことがわかった．そこでマクスウェルは，光とはある波長の電磁波であると予言した．現在では，ラジオ波，赤外線，光(可視光線)，紫外線，X線等々すべて，波長の異なる電磁波であることがわかっている．電磁波に関するより詳しい話は，本シリーズの第5巻で行なう．

8.4 ポテンシャルで表わしたマクスウェル方程式

ぽいんと

静電場と静磁場の基本法則は，それぞれ電位 ϕ（スカラーポテンシャル）とベクトルポテンシャル $\boldsymbol{A}$ を使うと，形の類似したすっきりとした式で表わすことができた．マクスウェル方程式も，この2つのポテンシャルを使い，より簡潔な形で表わすことができる．静的な場合の基本方程式はポワソン方程式であったが，時間に依存する電磁場の場合には，波動方程式と呼ばれるものになる．

キーワード：波動方程式

■ベクトルポテンシャル $\boldsymbol{A}$

静的な場合，ϕ や $\boldsymbol{A}$ は，電荷や電流を使った具体的な表現で定義した((6.3.1),(6.3.2))．そして，電場や磁場が以下のように導かれることを示した．

$$\text{静電場} \quad \boldsymbol{E} = -\nabla\phi \tag{1}$$

$$\text{静磁場} \quad \boldsymbol{B} = \nabla\times\boldsymbol{A} \tag{2}$$

ここではむしろ，このような電場や磁場との関係によってポテンシャルを定義する．ただし，上の関係式は，少し修正する必要がある．

まずベクトルポテンシャル $\boldsymbol{A}$ の定義から始めよう．これは，静磁場の場合と変わらない．つまり，その回転密度が磁場 $\boldsymbol{B}$ になるようなベクトル関数 $\boldsymbol{A}$ を，ベクトルポテンシャルと定義する．

$$\boldsymbol{A}\ \text{の定義：}\ \boldsymbol{B} = \nabla\times\boldsymbol{A} \tag{3}$$

静磁場の場合もそうであったが，このような $\boldsymbol{A}$ が存在するならば必ず

$$\nabla\cdot\boldsymbol{B} = 0$$

である(6.3.6)．この式はマクスウェルの理論でもそのまま成り立っているので，$\boldsymbol{B}$ と $\boldsymbol{A}$ の関係は修正する必要はない．

▶逆に，$\boldsymbol{B}$ が(3)のように表わせるのなら，マクスウェル方程式の1つ(8.3.3)は自動的に成り立つ．

6.4節でも注意したが，(3)を満たす $\boldsymbol{A}$ には任意性がある．あるスカラー関数 ψ の勾配を

$$\boldsymbol{A} \to \boldsymbol{A} + \nabla\psi$$

というように $\boldsymbol{A}$ に付け加えても，その $\nabla\times\boldsymbol{A}$ は変わらない．ψ が何であっても，$\nabla\times\nabla\psi=0$ だからである．静磁場の場合には ψ を適当に選び

$$\nabla\cdot\boldsymbol{A} = 0 \tag{4}$$

という条件を満たすようにすると便利になることを示した(6.6節)．静的でない場合は，これを少し変形した条件を後で付けることにする．

■スカラーポテンシャル ϕ

スカラーポテンシャルに対しては，(1)を変更しなければならない．なぜなら，もし(1)が成り立つなら，(5.7.2)より必ず，

$$\nabla\times\boldsymbol{E}=0$$

となるが，マクスウェルの理論ではこの式の右辺はゼロではないからである．しかし，これに似た式が成り立つ．(8.3.2)に(3)を代入し移項すれば

$$\nabla\times\left(\boldsymbol{E}+\frac{\partial\boldsymbol{A}}{\partial t}\right)=0 \tag{5}$$

となるから，ϕ を次のような関係式が成り立つ関数であるとして定義すればよい．

$$\phi\text{の定義}：\boldsymbol{E}+\frac{\partial\boldsymbol{A}}{\partial t}=-\nabla\phi \tag{6}$$

静的な場合に(1)と一致するように，右辺にマイナスを付けた．

またこのように表わされたとすれば，静電場の場合と同様に(5)が自動的に導かれる．つまり電磁誘導の法則(8.3.2)の数学的な意味は，(6)が成り立つような ϕ が存在するということに他ならない．

■波動方程式

電場と磁場を，2つのポテンシャルにより(3)と(6)のように表わせば，マクスウェルの4つの方程式のうちの2つが自動的に満たされる．残りの2つ，つまり「ガウスの法則」と，「アンペールの法則＋変位電流」が，ϕ と $\boldsymbol{A}$ の形を指定する電磁気学の基本方程式ということになる．

まず，この2つの式(8.3.1)，(8.3.4)に(3)と(6)を代入すると，次のようになる．

$$\text{ガウスの法則}\quad \nabla\cdot\left(-\frac{\partial\boldsymbol{A}}{\partial t}-\nabla\phi\right)=\frac{\rho}{\varepsilon_0} \tag{7}$$

$$\text{アンペールの法則}\quad -\triangle\boldsymbol{A}+\nabla(\nabla\cdot\boldsymbol{A})=\mu_0\left\{\boldsymbol{j}+\varepsilon_0\frac{\partial}{\partial t}\left(-\frac{\partial\boldsymbol{A}}{\partial t}-\nabla\phi\right)\right\} \tag{8}$$

ただし(8)の左辺は，(3.2.6)を使って $\nabla\times(\nabla\times\boldsymbol{A})$ を変形したものである．次に $\boldsymbol{A}$ の任意性を利用し，(4)に代わる条件

▶ $c^2\equiv(\varepsilon_0\mu_0)^{-1}$

$$\frac{1}{c^2}\frac{\partial\phi}{\partial t}+\nabla\cdot\boldsymbol{A}=0 \tag{9}$$

を課すことにする．これを使い(7)からは $\nabla\cdot\boldsymbol{A}$ を，(8)からは $\partial\phi/\partial t$ を消去すると，それぞれ

▶ $\triangle\equiv\nabla\cdot\nabla=\dfrac{\partial^2}{\partial x^2}+\dfrac{\partial^2}{\partial y^2}+\dfrac{\partial^2}{\partial z^2}$

$$\left(\frac{1}{c^2}\frac{\partial^2}{\partial t^2}-\triangle\right)\phi=\frac{\rho}{\varepsilon_0}$$
$$\left(\frac{1}{c^2}\frac{\partial^2}{\partial t^2}-\triangle\right)\boldsymbol{A}=\mu_0\boldsymbol{j} \tag{10}$$

となる．右辺に出てくる量は違うが，同じ型の式になっている．このような方程式を，**波動方程式**と呼ぶ．この2つの式と(9)の条件式が，ポテンシャルで表わしたマクスウェルの理論である．

▶波動方程式の詳しい性質については，本シリーズ第5巻を参照．

章末問題

[8.1節]

8.1 原点から $\boldsymbol{j}=\dfrac{\boldsymbol{r}}{r^3}$ という電流が放射状に流れ出しているとき，各点での電荷の変化を求めよ．

[8.2節]

8.2 微小な距離 d だけ離れた2点間に，一定の電流 I が流れている．このときの電流から十分遠方での磁場を，以下の2通りの方法で計算し，一致することを確かめよ．

(1) この電流に対するビオ・サバールの法則(3.4.1)

(2) 片方からもう一方へ電荷が移動しているので，強度が増している電気双極子があると考えられる．その電場(1.3.7)より変位電流の分布を計算し，(8.2.4)より磁場を求める．

8.3 上の結果は，ビオ・サバールの法則には(クーロン電場による)変位電流の効果が含まれていることを示唆している．そのことを(5.7.5)と(3.2.6)を使って $\nabla\times\boldsymbol{B}$ を計算することにより確かめよ．(ただし誘導電場による変位電流の効果は含まれていない．)

[8.3節]

8.4 8.3節の例題の電磁波が存在している所に，半径 a のループを置く．ループをどの方向に向けたとき，このループに最大の起電力が生じるか．その大きさも求めよ．ただし，ループの半径は波長 λ に比べて十分小さいとする．(電場から直接計算することもできるし，磁場から電磁誘導の法則を使って計算してもよい．)

8.5 一般的な平面波を求める．

$$\boldsymbol{E}=\boldsymbol{E}_0\sin(\boldsymbol{k}\cdot\boldsymbol{r}-\omega t),\qquad \boldsymbol{B}=\boldsymbol{B}_0\sin(\boldsymbol{k}\cdot\boldsymbol{r}-\omega t)$$

という形を仮定し，これが真空($\rho=\boldsymbol{j}=0$)中のマクスウェル方程式を満たす条件は，$\boldsymbol{E},\boldsymbol{B},\boldsymbol{k}$ がすべて垂直，そして

▶ $|\boldsymbol{k}|=\dfrac{2\pi}{\lambda}$

$\omega=2\pi\nu$

$$\varepsilon_0\mu_0=|\boldsymbol{k}|^2/\omega^2,\qquad \sqrt{\varepsilon_0\mu_0}=|\boldsymbol{B}_0|/|\boldsymbol{E}_0|$$

であることを確かめよ．($\boldsymbol{k}$ が波の進む方向を表わしており**波数ベクトル**と呼ばれる．$\boldsymbol{k}$ の絶対値が長さ 2π に含まれる波の数を表わしている．)

[8.4節]

8.6 次に示すベクトルポテンシャルは，真空中で(8.4.10)の第2式を満たす．そのことを確かめた上で(8.4.9)より ϕ を決め，(8.4.3)と(8.4.6)を使って電場と磁場を計算せよ．

(1) $A_z=\cos\{2\pi(y-ct)/\lambda\}$　　(他の $\boldsymbol{A}$ の成分はゼロ，以下同様)

(2) $A_x=\cos\{2\pi(y-ct)/\lambda\}$

(3) $A_y=\cos\{2\pi(y-ct)/\lambda\}$

9

電場・磁場のエネルギー

ききどころ

　プラスの電荷をもつ2つの粒子を近づけるには，電気的な反発力にうちかつための仕事をしなければならない．つまり，電荷をもった粒子が空間に分布している状態は，その状態をつくるのに必要な仕事分のエネルギーをもつことになる．このエネルギーには2通りの表式が考えられる．1つは，粒子のポテンシャルエネルギーとする見方，もう1つは，空間に広がっている電場がもつエネルギーとする見方である．

　まったく異なった見方だが，電場の基本方程式を使うと，この2つは等しいことがわかる．磁場の問題でも同じである．電流は磁場を通じて力を及ぼし合うから，電流が存在している状態はエネルギーをもつ．これは電流がもつポテンシャルエネルギーともみなせるし，空間に広がる磁場がもつエネルギーともみなせ，やはりこの2つが等しいことが証明できる．また後者の見方は，電荷や電流が無くても存在できる電磁波のエネルギーに拡張できることも示す．

9.1 荷電粒子の系のエネルギー

ぽいんと

空間内に荷電粒子が分布しているときの，ポテンシャルエネルギーを考える．

キーワード：ポテンシャルエネルギー，仕事

■静電場中の荷電粒子のエネルギー

粒子の持つポテンシャルエネルギー U とは，その傾き（勾配）が，その粒子に働く力 $\boldsymbol{F}$ になる関数である．つまり

$$\boldsymbol{F} = -\nabla U \qquad (1)$$

▶具体的には

$$F_x = -\frac{\partial U}{\partial x}$$

となる．y, z 方向も同様．

電場 $\boldsymbol{E}$（電位 ϕ）が存在している空間に，点電荷（荷電粒子）q が置かれていたとしよう．この粒子が受ける力は

$$\boldsymbol{F} = q\boldsymbol{E} = -q\nabla\phi$$

だから，(1)と比較すれば，この点電荷のポテンシャルエネルギーは

$$U = q\phi \qquad (2)$$

であることがわかる（静電エネルギーともいう．1.5節）．

次に，電位 ϕ の起源が，別の点電荷 q' だったとしよう．q の位置を $\boldsymbol{r}$，q' の位置を $\boldsymbol{r}'$ とする．するとクーロンの法則より

$$\phi(\boldsymbol{r}) = \frac{1}{4\pi\varepsilon_0}\frac{q'}{|\boldsymbol{r}-\boldsymbol{r}'|}$$

であるから，(2)は

$$U = \frac{1}{4\pi\varepsilon_0}\frac{qq'}{|\boldsymbol{r}-\boldsymbol{r}'|} \qquad (3)$$

■仕　事

電位というものを知らなくても，ポテンシャルエネルギーを求めることはできる．それには，電荷 q を $\boldsymbol{r}$ という位置まで，（無限小の速度で）運んでくるために必要な仕事を計算すればよい．粒子の受けた仕事が，この粒子のエネルギーの変化を表わしている．通常は無限遠を出発点とし，そこでのエネルギーをゼロとして計算する（つまり，電荷どうしが無限に離れている状態を，エネルギーがゼロであるとする）．「無限小の速度」で運ぶのは，この粒子の運動エネルギーを一定（たとえばゼロ）に保つためである．

仕事とは，粒子の受ける力とその移動距離の積（正確に言えば内積）である．移動する経路を C とし，運ぶのに必要な力の経路に平行な成分を $F_{\parallel}$ とすれば，

$$(\text{仕事}) = \int_C F_{\parallel}\, dl \qquad (4)$$

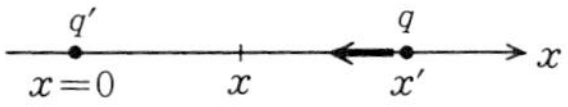

図1 電荷 q を $x'=\infty$ から $x'=x$ まで運ぶ

具体的なケースとして，原点に電荷 q' の粒子があり，電荷 q の粒子を x 軸の ∞ の方向から $(x,0,0)$ の位置まで運んでくる場合を考えよう(図1). q が $(x',0,0)$ の位置にあるときは，q' からクーロン力

$$F=\frac{1}{4\pi\varepsilon_0}\frac{qq'}{x'^2}$$

を受けているので，(無限小の速度で)運ぶのに必要な力 $\boldsymbol{F}$ は，この電気力と大きさが等しく向きが逆の力である．したがって，

$$(\text{仕事})=\int_\infty^x\left(-\frac{1}{4\pi\varepsilon_0}\frac{qq'}{x'^2}\right)dx'=\int_x^\infty\frac{1}{4\pi\varepsilon_0}\frac{qq'}{x'^2}dx'=\frac{1}{4\pi\varepsilon_0}\frac{qq'}{x} \qquad (5)$$

となる．これは(3)に等しい．

このように仕事とエネルギーの関係が成り立つのは，力が保存力の場合である．力が保存力であるとは，(1)が成り立つような U が存在することであると言ってもいいし，あるいは(4)で表わされる仕事が，途中の経路に依らないことであると言ってもよい．そしてこのことが成り立つためには，力の回転がゼロであることが，必要十分条件である(4.3, 5.7 節参照).

静電場の回転はゼロであるから，クーロン力は保存力であり，ポテンシャルエネルギーというものが存在する．しかし静的でない電場は回転を持つ．そのようなときにエネルギーはどうなるのかは，次節で説明する．

■荷電粒子系のエネルギー

こんどは，全部で n 個の点電荷があったとする．それらを q_i $(i=1,\cdots,n)$ とし，またそれらの位置を $\boldsymbol{r}_i$ とする．すると全体のエネルギーは

$$U=\sum_{(i,j)}\frac{1}{4\pi\varepsilon_0}\frac{q_iq_j}{|\boldsymbol{r}_i-\boldsymbol{r}_j|} \qquad (6)$$

と表わされる．右辺は，すべての i と j の組合せの和である．これは(3)の単純な拡張である．(1)のように，エネルギーと力の関係からも導けるし，(5)のように，無限遠から点電荷を1つずつ運んでくるときの仕事を計算してもよい．

点電荷 i のある位置 $\boldsymbol{r}_i$ での，他の点電荷が作る電位 $\phi_i(\boldsymbol{r}_i)$ は

▶ $\sum_{j\neq i}$ とは，j が i に等しくない項をすべて加えるという意味である．

$$\phi_i(\boldsymbol{r}_i)=\sum_{j\neq i}\frac{1}{4\pi\varepsilon_0}\frac{q_j}{|\boldsymbol{r}_j-\boldsymbol{r}_i|}$$

である．これを(6)に代入すると

$$U=\frac{1}{2}\sum_i q_i\phi_i \qquad (7)$$

となる．右辺に1/2があることに注意しよう．右辺ですべての i についての和を取ると，1つの組合せ (i,j) が，i の項と j の項で2度出てきてしまう．それを調節するために，2で割っておかなければならない．

9.2 電場で表わした静電エネルギー

ぽいんと

前節では点電荷を考えた．この節ではそれを拡張し，電荷が連続的に分布している場合のエネルギーの表式を求める．この表式は電場の積分という形に変形することができ，エネルギーに対する新しい見方を提供する．

■連続分布

連続的に分布している電荷を，電荷密度 $\rho(\boldsymbol{r})$ で表わす．また，この電荷分布により生じている電位を $\phi(\boldsymbol{r})$ とする．するとエネルギーは(9.1.7)との類推で

$$U = \frac{1}{2}\int \rho(\boldsymbol{r})\phi(\boldsymbol{r})dV \tag{1}$$

と書けることは想像がつくだろう．

しかし厳密には，上式と(9.1.7)は同じものではない．(9.1.7)では，$\boldsymbol{r}$ での電位を計算するには，その位置にある点電荷の影響は取り除いていた．取り除かなかったら，電位は無限になってしまう．しかし上式では，そのような処置はとっていない．電荷が1点に集中していず，連続的に分布していれば，特別なことをしなくても電位が無限になる心配をする必要はない．上式をそのまま使えば，有限な答が求まる．

エネルギーとは，値ではなくその増減が重要な量である．どちらか一方，便利な方を使っていれば問題はない．しかしたとえば，点電荷の場合と連続分布の場合のエネルギー差を求めようとすると，困難が生じてしまう．その困難，および2つの式の違いの物理的な意味については，次節で説明しよう．この節では以下，上式を使って議論を進める．

■電場で表わした静電エネルギー

(1)は電場で書き換えることができる．まずガウスの法則 $\nabla\cdot\boldsymbol{E}=\rho/\varepsilon_0$ を代入すると

$$U = \int \frac{\varepsilon_0}{2}\left(\frac{\partial E_x}{\partial x}+\frac{\partial E_y}{\partial y}+\frac{\partial E_z}{\partial z}\right)\phi(\boldsymbol{r})dV$$

まず右辺の第1項を考える．右辺は全空間での体積積分であるから，x 方向，y 方向，z 方向の3回，積分をしなければならない．x 方向の積分だけを考えると，部分積分をして

$$\int_{-\infty}^{\infty}\frac{\partial E_x}{\partial x}\phi dx = [E_x\phi]_{x=-\infty}^{x=\infty} - \int E_x\frac{\partial \phi}{\partial x}dx = \int E_x{}^2 dx$$

となる．ただし，電荷は有限の領域に分布しているとし，$x\to\pm\infty$ では $E_x\to 0$ となると仮定した．また最後に，$E_x=-\partial\phi/\partial x$ という関係も使った．

y 積分も z 積分もすれば，結局

$$\int\frac{\partial E_x}{\partial x}\phi dV=\int E_x{}^2 dV$$

となる．これを3つ付け加えれば，

$$U=\int\frac{\varepsilon_0}{2}\boldsymbol{E}^2 dV \tag{2}$$

である（$\boldsymbol{E}^2\equiv\boldsymbol{E}\cdot\boldsymbol{E}=E_x{}^2+E_y{}^2+E_z{}^2$ と書く）．

［例］ 平行で符号の異なる2つの平面電荷

具体例で，上に求めた2つのエネルギーの公式が等しいことを確かめよう．

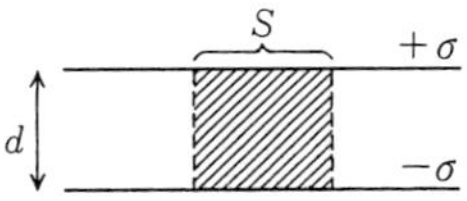

図1 2枚の平面電荷がもつエネルギー

例題 無限に続く2枚の板が，距離 d 離れて向かい合っている．片方には面密度 $+\sigma$ の電荷，もう一方には面密度 $-\sigma$ の電荷が，一様に分布している．そのとき，底面積 S の筒状の部分に含まれるエネルギーを求めよ（図1）．

［解法1（(1)で考える)］ 2枚の板にはさまれる部分の電場は一定で，

$$|\boldsymbol{E}|=\frac{\sigma}{\varepsilon_0}$$

である．下側の板での電位を $\phi=0$ とすれば，上では

$$\phi=|\boldsymbol{E}|d=\frac{\sigma}{\varepsilon_0}d$$

である．また，面積 S の部分に含まれる電荷は $Q=\sigma S$ だから，エネルギーは

$$U=\frac{1}{2}Q\phi=\frac{\sigma^2}{2\varepsilon_0}dS \tag{3}$$

となる．

［解法2（(2)で考える)］ 図1の斜線部では電場は一定だから，電場によるエネルギー密度に体積を掛ければよい．つまり

$$U=\frac{\varepsilon_0}{2}\boldsymbol{E}^2 dS=\frac{\sigma^2}{2\varepsilon_0}dS$$

となり，(3)と一致する．

9.3 静電場のエネルギーの意味

ぽいんと

前節で求めた公式の解釈について考える．また，粒子の自己エネルギーという問題を説明する．
キーワード：自己エネルギー

■エネルギーの解釈

(9.2.1)と(9.2.2)は等しい．しかし，その直観的な意味は，かなり異なっている．まず(9.2.1)を言葉で述べれば，次のようになるだろう．つまり，「ある位置に電荷 ρ があれば，そこには $\rho\phi/2$ のエネルギー密度がある．したがって，それを全空間で積分すれば，全エネルギー U が求まる．」

次に，(9.2.2)を同様な言い方で説明すれば，「ある位置に電場があれば，そこには $\varepsilon_0 \boldsymbol{E}^2/2$ のエネルギー密度がある．したがって，それを全空間で積分すれば，全エネルギー U が求まる」となるだろう．

前者の見方にしたがえば，エネルギーは電荷に付随している．しかし後者では，電荷など無い場所にも，電場さえあればエネルギーがある．エネルギーは空間に付随していることになる．

このように，この2つの考え方ではエネルギー密度の意味は異なる．しかし，それを積分した全エネルギー U は等しい．

ただし，これは静電場に限った話である．電磁誘導による電場は，電荷によって生じるものではないので，(9.2.1)に対応する解釈は不可能であり，(9.2.2)を使わざるをえない．そして電磁誘導に限らず電磁波一般の(電場部分の)エネルギーが(9.2.2)で表わせることがマクスウェル方程式を使って示せる．詳しくは，9.6節参照．

［例］ **球面上の電荷のエネルギー**

自己エネルギーという問題を理解するために，まず次の問題を解こう．

例題 半径 a の球面上に，全電荷 Q が一様に分布している．そのときのエネルギーを求めよ．また，電荷は互いから遠ざかろうとするので，球面には外向きの力が働いている．その大きさを求めよ．(ヒント：エネルギー U を a の関数として求める．U の a による微分が，球面全体に働く力の合計である．)

▶ポテンシャルエネルギーの微分は，微分した方向への力だと考えられる．

［解法］ 電位による計算をする．電位は球面の位置 $r=a$ では

$$\phi = \frac{1}{4\pi\varepsilon_0}\frac{Q}{a}$$

であるから，(9.1.7)あるいは(9.2.1)より

$$U = \frac{1}{2}Q\phi = \frac{1}{8\pi\varepsilon_0}\frac{Q^2}{a} \tag{1}$$

となる．また電場による計算では，球内部では電場はゼロだから

▶半径 r，厚さ Δr の球殻の体積は $4\pi r^2 \Delta r$.

$$U = \int_a^\infty \frac{\varepsilon_0}{2}\left(\frac{1}{4\pi\varepsilon_0}\frac{Q}{r^2}\right)^2 4\pi r^2 dr = \frac{1}{8\pi\varepsilon_0}\frac{Q^2}{a}$$

となり一致する．これより力は

$$F = -\frac{dU}{da} = \frac{1}{8\pi\varepsilon_0}\frac{Q^2}{a^2} \tag{2}$$

となる．単位面積当たりに働く力は，これを球の面積で割ればよい．(2)は，球面すぐ外側の電場と，球面すぐ内側の電場(＝0)の平均値に電荷を掛けたものになっている．

■自己エネルギー

点電荷とは，電荷をまず半径 a の球面上に一様に分布させ，その a をゼロにした極限だと考えられる．したがって，単独の点電荷が持つエネルギーは，(1)で $a\to 0$ の極限を取ればよいが，すぐわかるようにこの極限は発散している．

この発散は予想されたことである．点電荷が，自分がいる場所に作る電位は無限大だから，そのエネルギー $q\phi$ も発散する．9.1節で点電荷を考えたときは，異なる点電荷間の影響のみを考え，1つの点電荷自体のエネルギー(**自己エネルギー**)は除いていた．しかし，9.2節の連続電荷に対する公式では，自己エネルギーを除いていないので，それを用いて点電荷のエネルギーを計算すると，答は無限大になってしまう．

ところで，点電荷の自己エネルギーが無限になるということは，何を意味しているだろうか．相対論によれば，静止状態の粒子のエネルギーは，その粒子の質量に比例している($E=mc^2$ という式でよく知られている関係)．自己エネルギーが無限ということは，質量(この場合，起源が電磁気力なので電磁質量と呼ぶ)が無限ということである．しかし現実には，たとえば電子の質量は有限である．では，電子は点電荷でなく，有限の大きさを持っているのだろうか．

しかし，現在までの実験によれば，電子は大きさのない点電荷らしい．また自己エネルギーの計算は，量子力学を使って計算すると前記の結果とは違ってくるが，やはり無限大となる．そこで現在は計算上必要な場合には，電子は，電磁気とは無関係な「マイナス無限大の質量」をもち，それに電磁気による「プラス無限大の効果」が加わって有限な質量となっているとみなしている．

9.4 静磁場のエネルギー

ぽいんと

この節からは静磁場のエネルギーを考える．静磁場を作り出すのは，定常的に流れている電流である．したがって，静磁場のエネルギーを求めるには，電流のない状態から，必要な電流分布を作り出すための仕事を計算すればよい．まずこの節では，どのような仕事が必要なのか，一般的な議論をする．静磁場のエネルギーの計算では，電磁誘導における誘導電場が本質的な役割をすることを示す．また，ループ電流が1つだけあるときのエネルギーの形を導く．

キーワード：自己インダクタンス

■ループ電流のエネルギー

電流が有限な領域内を，定常的に流れているとする．領域が有限ならば，電流は回っていなければならない．つまりループ電流の集合とみなせる．そしてこれから示すように，ループ電流を作るためには仕事が必要である．これが，ループ電流の作る静磁場のエネルギーである．

しかし，静磁場のエネルギーと他のエネルギーの区別について，少し詳しく考えておく必要がある．電流とは，電荷を持つ粒子(通常は電子)が動いている状態である．そして粒子を動かすには，仕事をして運動エネルギーを与えてやらなければならない．しかし静磁場のエネルギーと言った場合は，この運動エネルギーは含めない．

また電子が導線の中を動くと，その導線を構成している原子と衝突し減速する．これが導線の電気抵抗である．そしてエネルギーの減った分は，導線内の原子の振動エネルギーになる．熱が発生し，導線の温度が上昇するということである．静磁場のエネルギーの計算では，この熱のエネルギーも除外しなければならない．そこで，原子との衝突によるエネルギーの移動は起こらないと仮定する．実際このような状態は，ある種の物質中では低温で実現され，超伝導(超電導)と呼ばれている．しかし，ここでは単に抵抗ゼロの導線があったとして，そこを電流が流れると考えればよい．

▶この熱はジュール熱と呼ばれる．11.1節で説明する．

■誘導電場と静磁場のエネルギー

以上のことを頭に入れた上で，静磁場のエネルギーとは何かを考えよう．

ループ電流を流そうとすると，それにより磁場と電場(誘導電場)が生じ，それにより電流に力が働く．後で示すが，この力は，増えた電流を減らそうとする．そこで電流を増すにはこの力に対抗して外力をかけなければならない．このために必要な仕事が，静磁場のエネルギーである．

ところで電流に働く電磁気の力は，ローレンツ力

$$\boldsymbol{F} = q\boldsymbol{E} + q\boldsymbol{v} \times \boldsymbol{B}$$

である．これの逆向きの力が必要な外力だが，実は，磁場の項は仕事には効かない．外力 $\boldsymbol{F}$ が働いているときに電荷が $\Delta\boldsymbol{r}$ 移動したとすれば，外力のした仕事は $\boldsymbol{F}\cdot\Delta\boldsymbol{r}$ であるが，$\Delta\boldsymbol{r}$ と $\boldsymbol{v}$ は同じ方向を向いているから

$$\Delta\boldsymbol{r}\cdot(\boldsymbol{v}\times\boldsymbol{B}) = 0$$

である．つまり磁場のエネルギーを生み出すのは，磁場の力ではなく誘導電場の力に対抗する外力なのである．

まず電流ゼロの状態から，ループに電流を少しずつ流していったとしよう．電流が増すと磁場も増す．この磁場の変化により，誘導電場が生じる．7.1節でも説明したように，誘導電場は，この磁場の変化を妨げるように，つまり電流の増加を妨げるような向きに働く．したがって電流を増していくには，この誘導電場に対抗する力を加え続けなければならない．このための仕事が，静磁場のエネルギーになるのである．

■ 1 つのループ電流のエネルギー

この考え方に沿って，大きさ I のループ電流が1つだけある場合のエネルギーを計算してみよう．電流を0から I まで増すための仕事の計算である．各時刻での電流を $\tilde{I}(t)$，ループを貫く磁束を $\tilde{\boldsymbol{\Phi}}(t)$ とする．$\tilde{I}(0)=0$，$\tilde{I}(\infty)=I$ である．また磁束は電流に比例しているので，

▶ L の具体例は章末問題9.5参照．この L のことを**自己インダクタンス**という．

$$\tilde{\boldsymbol{\Phi}}(t) = L\tilde{I}(t) \tag{1}$$

と書ける．ただし L は比例定数で，ループの形により変わる．

Δt の時間に，電流は $\Delta\tilde{I}$，磁束は $\Delta\tilde{\boldsymbol{\Phi}}$ 増すとする．またループの各点での誘導電場を $\boldsymbol{E}$ と書く．これによる力に対抗する外力を加えながら電流を流さなければならない．外力が電流中の各電荷にする仕事の和 ΔW を計算すると

$$\Delta W = -\sum_{電荷} q\boldsymbol{E}\cdot\Delta\boldsymbol{r} = -\sum q\boldsymbol{E}\cdot\boldsymbol{v}\Delta t$$
$$= -\left\{\int \tilde{I}E_{\parallel}dl\right\}\Delta t = \tilde{I}\frac{\Delta\tilde{\boldsymbol{\Phi}}}{\Delta t}\Delta t$$

$q\boldsymbol{v}$ を電流 I で，また電荷の和をループに沿っての積分で書き換えた．また最後に，誘導電場と磁束の変化率との関係(7.2.2)を使った．この式の両辺を Δt で割り，電流が0の時刻から，最終的な大きさ I になる時刻まで積分をする．

$$W = \int \frac{\Delta W}{\Delta t}dt = \int \tilde{I}\frac{\Delta\tilde{\boldsymbol{\Phi}}}{\Delta t}dt = \int \tilde{I}d\tilde{\boldsymbol{\Phi}} = L\int \tilde{I}d\tilde{I}$$

そして，$I=\tilde{I}(\infty)$，$\boldsymbol{\Phi}\equiv\tilde{\boldsymbol{\Phi}}(\infty)$ であるから

$$W = \frac{1}{2}LI^2 = \frac{1}{2}\frac{\boldsymbol{\Phi}^2}{L} = \frac{1}{2}I\boldsymbol{\Phi} \tag{2}$$

と表現できる．

9.5 磁場のエネルギーの一般形

ぽいんと

前節では，ループ電流が1つあるときのエネルギーを求めた．この形はループ電流が多数ある場合にも拡張でき，特に電気回路を考える場合に有用であるが，ここでは別の意味での一般化を考えよう．

静電場のエネルギーには2通りの表式があった．1つは，エネルギーは電荷がある場所に付随しているという見方で，電荷と電位(スカラーポテンシャル)の積でエネルギーが表わされた．もう1つは，エネルギーは電場がある空間に付随しているという見方で，エネルギーは電場の2乗に比例していた．

静磁場の場合も同様に，2つの表式が存在する．エネルギーは電流とベクトルポテンシャルの積でも表わされるし，磁場の2乗でも表わされる．

■磁場によるエネルギーの表式

まず磁場の2乗で表わされる，磁場のエネルギーの求め方を導こう．電流分布は一般的に，密度 $\boldsymbol{j}$ で表わすことにする．

考え方は前節で説明したとおりである．電流をゼロという状態から $\boldsymbol{j}$ という状態まで少しずつ増していく．電流を増すには，発生する誘導電場に対抗する外力を加えなければならない．そのとき外力がした仕事が，磁場のエネルギーである．

各時刻の電流を $\tilde{\boldsymbol{j}}(t)$，誘導電場を $\boldsymbol{E}$ とする．すると微小時間 Δt での仕事 ΔW は，前節最後の計算と同様に考えて

$$\frac{\Delta W}{\Delta t} = -\int \tilde{\boldsymbol{j}}\cdot\boldsymbol{E}dV \tag{1}$$

右辺の積分は，電流が流れている領域全体で行なう．

次にマクスウェル方程式(8.3.4)を代入する．

$$\frac{\Delta W}{\Delta t} = -\int\left\{\frac{1}{\mu_0}(\nabla\times\boldsymbol{B})\cdot\boldsymbol{E} - \frac{1}{\mu_0\varepsilon_0}\frac{\partial\boldsymbol{E}}{\partial t}\cdot\boldsymbol{E}\right\}dV \tag{2}$$

これを時間で積分すれば仕事が求まる．が，実は右辺の第2項は効かない．

$$\int_0^\infty \frac{\partial\boldsymbol{E}}{\partial t}\cdot\boldsymbol{E}dt = \frac{1}{2}\int_0^\infty\frac{\partial}{\partial t}(\boldsymbol{E}^2)dt = \boldsymbol{E}^2(t=\infty) - \boldsymbol{E}^2(t=0) = 0$$

誘導電場は，電流を流し始める前，あるいは最終状態 $\boldsymbol{j}$ に達した後ではゼロになるからである．そこで，(2)の第1項だけを考える．外積の公式を利用すると

$$\int(\overrightarrow{\nabla\times\boldsymbol{B}})\cdot\boldsymbol{E}dV = \int(\boldsymbol{E}\times\overrightarrow{\nabla)\cdot\boldsymbol{B}}dV = \int(\overrightarrow{\nabla\times\boldsymbol{E}})\cdot\boldsymbol{B}dV$$
$$= -\int\frac{\partial\boldsymbol{B}}{\partial t}\cdot\boldsymbol{B}dV = -\frac{1}{2}\int\frac{\partial}{\partial t}(\boldsymbol{B}^2)dV$$

これを時間で積分すれば，

▶ $\rightharpoonup$ は，どの関数を微分しているのかを示している．また3番目の等式を導くには，部分積分により，微分を $\boldsymbol{B}$ から $\boldsymbol{E}$ へ移している．無限遠では場はゼロになるので，部分積分の公式の第1項は効かない．また $\overleftarrow{\boldsymbol{E}\times\nabla} = -\overleftarrow{\nabla\times\boldsymbol{E}}$ を使っている．

$$W = \int \frac{\Delta W}{\Delta t} dt = \frac{1}{2\mu_0} \int \left\{ \int \frac{\partial}{\partial t} (\boldsymbol{B}^2) dt \right\} dV$$

である．したがって，

$$\text{磁場のエネルギー} \quad W = \int \frac{1}{2\mu_0} \boldsymbol{B}^2 dV \tag{3}$$

これが，電場のエネルギーの表式(9.2.2)に対応するものである．

■電流とポテンシャルによるエネルギーの表式

静電場のエネルギーが，電荷と電位(スカラーポテンシャル)で表わすこともできたように，静磁場のエネルギーも，電流とベクトルポテンシャルで表わすこともできる．まず(3)より

▶左ページ下の注を参照.

$$(3) = \int \frac{1}{2\mu_0} \boldsymbol{B} \cdot (\overrightarrow{\nabla \times \boldsymbol{A}}) dV = \int \frac{1}{2\mu_0} (\overrightarrow{\boldsymbol{B} \times \nabla) \cdot \boldsymbol{A}} dV$$

$$= \int \frac{1}{2\mu_0} (\overrightarrow{\nabla \times \boldsymbol{B}}) \cdot \boldsymbol{A} dV = \int \frac{1}{2} \boldsymbol{j} \cdot \boldsymbol{A} dV \tag{4}$$

外積の公式(3.2.5)を使い，それから部分積分により微分を $\boldsymbol{B}$ に移し，最後にマクスウェル方程式を使った(静的だから $\partial \boldsymbol{E}/\partial t = 0$ としている)．最後の表現が，静電場での(9.2.1)に対応するものである．ただし，この式で，ベクトルポテンシャル $\boldsymbol{A}$ が外部から与えられている所に電流 $\boldsymbol{j}$ を置いた場合は，上式の 1/2 は必要ない．(9.1.2)に 1/2 がないのと理由は同じである．

■平行な平面電流によるエネルギー

例題 距離 d だけ離れている，無限に広がる平行な 2 枚の平面に，電流密度 i の面電流が逆平行に流れている．面にはさまれている底面積 S，高さ d の部分の磁場のエネルギーを，(3)および(4)から求めよ．

[解法] 4.2 節の計算より，磁場は平面にはさまれている部分に生じ，向きは平面に平行，電流に垂直で，大きさは $|\boldsymbol{B}| = \mu_0 i$ となる．したがって問題に指定されている部分のエネルギーは

$$(3) = \frac{1}{2\mu_0} (\mu_0 i)^2 (d \cdot S) \tag{5}$$

またベクトルポテンシャルは 6.4 節より，平面に垂直の方向を z 方向，そして平面の位置をそれぞれ $z=0$，$z=d$ とすれば，その間では

$$|\boldsymbol{A}| = \mu i z$$

ただし方向は，電流の方向．したがってエネルギーは

$$(4) = \frac{1}{2} (iS)(\mu_0 i d)$$

となり，(5)と一致する．

9.6 マクスウェル方程式と電磁場のエネルギー

ぽいんと

前節までは，静電場と静磁場のエネルギーの表式を求めた．どちらも2通りの表わし方があったが，特に電場 $\boldsymbol{E}$ と磁場 $\boldsymbol{B}$ を使った表式は，電荷や電流がなくても存在する電磁波も含めて使える可能性がある．この節では，この電場と磁場を使った表式が，静的な場合に限らない一般的なエネルギーとして解釈できることを，マクスウェル方程式を使って示す．

キーワード：電磁場のエネルギー保存則，ポインティングベクトル

■電磁場のエネルギーとエネルギー保存則

静電場と静磁場のエネルギーの和は

$$\int\left(\frac{\varepsilon_0}{2}\boldsymbol{E}^2+\frac{1}{2\mu_0}\boldsymbol{B}^2\right)dV \tag{1}$$

と表わされる．これは全空間での積分であるが，静的な場合はこの積分は収束して結果は有限である．なぜなら距離 r に関する積分は

$$(1)\propto\int_0^\infty(\boldsymbol{E}^2\text{ or }\boldsymbol{B}^2)r^2dr \tag{2}$$

と書けるが，遠方では（…）の中が r の4乗に反比例するからである．（静電場も静磁場も，電荷や電流からの距離 r の2乗に反比例する．）

ところが，電磁波を含む静的でない場合には，(2)はもはや収束しない．平面波の場合は，$\boldsymbol{E}$ も $\boldsymbol{B}$ も無限遠まで一定である．もっとも全空間に広がる平面波というのは現実離れしているが，たとえばアンテナから四方八方へ広がる電磁波の $\boldsymbol{E}$ や $\boldsymbol{B}$ は遠方で r に反比例することがわかっており，(2)の括弧の中は r^2 に反比例するから，積分はやはり発散してしまう．

▶もっとも，無限遠にまで電磁波が到達していなければ，エネルギーが無限になることはないが．

そこで電磁波を含む一般の電磁場のエネルギーは，最初から有限な領域に対して定義することにしよう．つまり領域 V 内の電磁場のエネルギーを

$$\int_V\left(\frac{\varepsilon_0}{2}\boldsymbol{E}^2+\frac{1}{2\mu_0}\boldsymbol{B}^2\right)dV \tag{3}$$

として定義する．

この定義が意味を持つには，エネルギー保存則が満たされていなければならない．つまり，この定義によるエネルギーの変化分が，他のエネルギーの増減と一致している必要がある．この関係は次のように表わされる．

（領域 V 内の電磁場のエネルギーの変化）
＝（電場がその領域内の電荷にする仕事
＋その領域から出入りする電磁場のエネルギー）　(4)

まず電流の分布を $\boldsymbol{j}$ とすると，電場がする単位時間当たりの仕事は

$$\int_V \boldsymbol{j}\cdot\boldsymbol{E}dV$$

であった．磁場は直接仕事をせず，その変化によって生じる誘導電場によってのみ仕事をすることも，9.4節で説明した．

次に V から出入りするエネルギーは，V の境界(つまり V の表面) S 上の各部分から出入りするエネルギーの積分として表わされるだろう．ここで，エネルギーの流れ $\boldsymbol{J}$ というベクトルが定義できたとしよう．すると微小な面 ΔS を通過するエネルギーは，

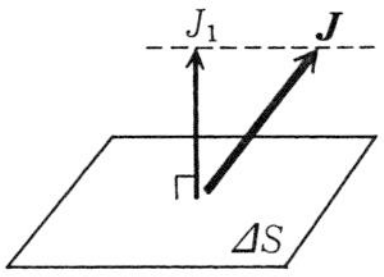

図1 エネルギーの流れ $\boldsymbol{J}$

$$J_\perp \Delta S$$

と書ける(図1)．この積分が出入りする全エネルギーである．結局(4)は

$$\frac{d}{dt}\int_V\left(\frac{\varepsilon_0}{2}\boldsymbol{E}^2+\frac{1}{2\mu_0}\boldsymbol{B}^2\right)dV = -\int_V \boldsymbol{j}\cdot\boldsymbol{E}dV-\int_S J_\perp dS \qquad (5)$$

という形に書けるはずである．

■ポインティングベクトル

(3)が電磁場のエネルギーとしての解釈が可能なためには，(5)が成り立つこと，つまり(5)を満たすエネルギーの流れを表わすベクトル $\boldsymbol{J}$ を見つけることが必要となる．実際それは，マクスウェル方程式から次のようにして求められる．まず

$$\frac{\partial}{\partial t}\left(\frac{\varepsilon_0}{2}\boldsymbol{E}^2\right) = \varepsilon_0\boldsymbol{E}\cdot\frac{\partial \boldsymbol{E}}{\partial t} = \frac{1}{\mu_0}\boldsymbol{E}\cdot(\nabla\times\boldsymbol{B})-\boldsymbol{j}\cdot\boldsymbol{E}$$

$$\frac{\partial}{\partial t}\left(\frac{1}{2\mu_0}\boldsymbol{B}^2\right) = \frac{1}{\mu_0}\boldsymbol{B}\cdot\frac{\partial \boldsymbol{B}}{\partial t} = -\frac{1}{\mu_0}\boldsymbol{B}\cdot(\nabla\times\boldsymbol{E})$$

である．そして

$$\nabla\cdot(\boldsymbol{E}\times\boldsymbol{B}) = \boldsymbol{B}\cdot(\nabla\times\boldsymbol{E})-\boldsymbol{E}\cdot(\nabla\times\boldsymbol{B})$$

であること(微分を $\boldsymbol{E}$ と $\boldsymbol{B}$ に分け，(3.2.5)を使う)に注意すると，

$$\begin{aligned}\frac{d}{dt}\int_V\left(\frac{\varepsilon_0}{2}\boldsymbol{E}^2+\frac{1}{2\mu_0}\boldsymbol{B}^2\right)dV &= -\int_V \boldsymbol{j}\cdot\boldsymbol{E}dV-\frac{1}{\mu_0}\int_V \nabla\cdot(\boldsymbol{E}\times\boldsymbol{B})dV \\ &= -\int_V \boldsymbol{j}\cdot\boldsymbol{E}dV-\int_S \frac{1}{\mu_0}(\boldsymbol{E}\times\boldsymbol{B})dS\end{aligned}$$

という式が求まる．最後にガウスの定理により，$\nabla\cdot(\boldsymbol{E}\times\boldsymbol{B})$ の体積積分を表面での積分に書き直した．結局，電磁場のエネルギーの流れを

$$\boldsymbol{J} = \frac{1}{\mu_0}(\boldsymbol{E}\times\boldsymbol{B})$$

▶具体例は章末問題9.10参照．

と定義すれば，(5)のエネルギー保存則が成り立っていることがわかった．このベクトルは**ポインティングベクトル**と呼ばれている．

章末問題

[9.1節]

9.1 電場$\boldsymbol{E}$がある中に，双極子モーメント$\boldsymbol{p}$の電気双極子を置いたときのエネルギーが$U=-\boldsymbol{p}\cdot\boldsymbol{E}$であることを示せ．(双極子自身のエネルギーは含まないとする)

[9.2節]

9.2 電場(水平方向とする)に垂直に，面密度σの電荷が分布した板を置く．板の左右の電場の関係を求めよ．板を右に$\varDelta x$だけずらしたときの，板の単位面積当たりのエネルギーの変化を求めよ．そのことから，板の単位面積に働く力を求めよ．

[9.3節]

9.3 問題9.2の結果を使って，(9.3.2)を求めよ．

9.4 問題9.2の結果を使って，一様な面密度σの電荷が分布している半径aの円筒の，単位面積当たりに働く力を求めよ．

[9.4節]

9.5 単位長さ当たりの巻き数がnの，半径a，長さbのソレノイドの自己インダクタンスLを求めよ．ただし$a\ll b$とし，磁場は長さが無限のソレノイドと同じと考える．それを使って，電流Iが流れているときの磁場のエネルギーを求めよ．

[9.5節]

9.6 問題9.5のソレノイドのエネルギーを，(9.5.3)および(9.5.4)を使って求めよ．(ソレノイドのベクトルポテンシャルは6.5節参照.)

9.7 磁場(水平方向とする)に平行に，面密度iの電流が分布した板を垂直に置く．ただし，磁場と電流の方向は直交しているとする．板の左右の磁場の関係を求めよ．板を右に$\varDelta x$だけずらしたときの，板の単位面積当たりのエネルギーの変化を求めよ．そのことから，板の単位面積に働く力を求めよ．

9.8 問題9.5のソレノイドの単位面積に働く力を，エネルギーから，および問題9.7の結果を使って求めよ．

9.9 磁場$\boldsymbol{B}$がある中に，双極子モーメント$\boldsymbol{m}$の磁気双極子(微小な正方形とする)を置いたときのエネルギーが$U=-\boldsymbol{m}\cdot\boldsymbol{B}$であることを，(9.5.4)を使い示せ．(双極子自身のエネルギーは含まないとする.)

[9.6節]

9.10 8.3節で求めた電磁波の，電場のエネルギーと磁場のエネルギーが等しいことを示せ．またポインティングベクトルの大きさは，エネルギー密度の和に光速度cを掛けたものに等しいことを示せ．

10

導体があるときの静電場

ききどころ

導体とは，1つ1つの原子に束縛されていない電子(自由電子と呼ぶ)が多数存在していて，電場や磁場があると，それらが力を受けて動き回れるようになっている物質のことである．日常的な言葉で言えば，電気を通す物質である．

この章では，導体がある場合の静電場の問題を考える．このような問題の特徴は，電荷の分布が最初からはわからないので，直接クーロンの法則が使えないという点である．導体に電荷を近づけると，その電荷が作る電場のため導体中の自由電子が動いてしまう．その量が最初からはわからない．しかし，自由電子は，導体中の電場を帳消しにするように移動するという原則がある．電場が残っていれば，それにより力を受けて自由電子がさらに動いてしまうからである．この性質をうまく使って問題を解くことができる．

10.1 導体と静電場

ぽいんと

クーロンの法則とは，電荷の分布がわかっているときに電場や電位を計算する法則である．しかし，荷電粒子の他に導体があると，荷電粒子の電場により導体中の電子が移動する．そして，移動前より電子が多い領域，少ない領域ができる．つまり導体中に，マイナスに荷電している領域，プラスに荷電している領域が発生する．どのように電荷が移動し，その結果としてどのような電場が発生するだろうか．まず，この節では，このような問題を考える上での基本方針を説明しよう．

キーワード：静電誘導，誘導電荷

■導体内の電位と静電誘導

外部から電場がかかると導体内の電子が動く．その動きは導体内に電場が存在している限り続く．その結果，導体内には電子が偏って分布することになる．この現象を**静電誘導**，これにより生じた電荷を**誘導電荷**と呼ぶ．誘導電荷は，電子がたまった部分ではマイナス，電子が減った部分ではプラスである．

導体中の静電誘導で重要な点は，その結果，導体内の電場がゼロにならなければならないということである．つまり，導体外部の電荷による電場と，導体内の誘導電荷による電場が，導体内部では完全に打ち消し合っている(そうでなければ，電子の移動はさらに続くはずである)．電場がゼロであれば，その積分である電位は一定となる．つまり，導体があるときの電場を求める条件の1つが，「導体内では電位が一定」ということになる．

条件はもう1つ必要である．それは状況によって異なり，主に次の2つのケースが考えられる．

(i)　導体が孤立している場合

導体が他の物体から孤立していれば，電子はそこから逃げ出すことも入ってくることもできない(図1)．たとえば，導体の電荷が最初ゼロだったとしたら，静電誘導が起こった後でも，誘導電荷の合計はゼロである．

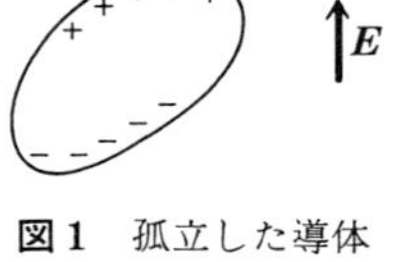

図1　孤立した導体

(ii)　導体が他の電位一定の物体につながれている場合

たとえば，導体が大地につながっているとしよう(つまりアースされた状態(図2))．大地との間で電子の出入りが可能なので，電荷の総量は不変ではない．その代わり，導体の電位は大地の電位と等しく保たれる．大地は通常，電位の基準点($\phi=0$)とされているので，導体の電位もゼロとなる．あるいは，大地と電圧(＝電位差)Vの電池を通してつながっているとすれば，導体の電位はVでなければならない．

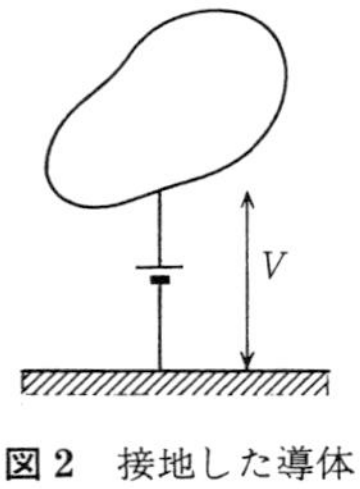

図2　接地した導体

また似たような例として，導体が無限遠にまで伸びているという状況設定もよくある．そのときは，電子は無限遠まで逃げていけるので，有限な領域の電荷は一定ではない．しかし，そのときの導体の電位は，無限遠の電位(通常，ゼロと定義される)と等しく保たれる．

これらの条件を課した上で，導体およびその周囲の電位，そして導体上に発生する誘導電荷の分布を求めることが課題である．

■電位と電荷分布

導体の問題では，まず上記の条件を使って電位が求まり，それから誘導電荷を計算するという手順になることが多い．全空間での電位がわかれば，それを微分して電場を計算できる．そして電場がわかれば，ガウスの法則により電荷分布が計算できるという手順である．

▶ ラプラス方程式とは，電場で書けば $\nabla\cdot\boldsymbol{E}=0$ に相当する．

まず電位を求めるには，ラプラス方程式(ポワソン方程式(6.1.2)で $\rho=0$ としたもの)を使うのが一般的である．導体外部では，荷電粒子がある位置を除き電荷が無いので，ラプラス方程式が成り立つ．そこで，この方程式の解のうち，上記の条件を満たすものを見つけるのである．実際に式を解く必要がない場合もあるが，この式を満たしているという認識は重要である．

次に，誘導電荷を計算するにあたって，導体に関する一般的な性質を2つ注意しておこう．

(1)　電荷は，導体の表面だけに分布する．

(2)　導体表面上では，電場は表面に垂直である．

導体内部では電場はゼロであることを考えれば，(1)はすぐわかる．仮に電荷が内部にあったとしたら，そこから電場が湧き出さなければならず，電場がゼロになりえない．外から荷電粒子を，導体内部に埋め込んだ場合も同じである．たとえば，それがプラスだったら，すぐに周囲から電子が寄ってきて，その位置の全電荷はゼロになってしまう．

上の(2)も，導体の性質から明らかである．もし表面での電場に，表面に平行な成分があったら，表面の電子はそれにより移動し始める．最終的にすべてが落ち着いた状態では，電場は必ず表面から垂直に出ていく(あるいは入ってくる)はずである．

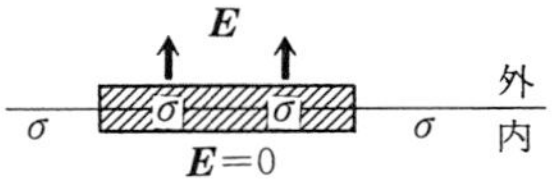

図3　ガウスの法則を適用する領域

以上の性質を使った，電荷分布の求め方を説明しよう．表面に分布する電荷密度を σ，表面上の電場を $\boldsymbol{E}$ とする．そして図3に示したような，表面の微小部分を囲む薄い筒を考える．微小だから，表面は平面であり，そこでの電荷分布 σ は一定であると仮定してよい．筒の底面積を ΔS とすると，ガウスの法則より

$$|\boldsymbol{E}|\cdot\Delta S=\frac{1}{\varepsilon_0}\sigma\Delta S \quad\Rightarrow\quad \sigma=\varepsilon_0|\boldsymbol{E}| \tag{1}$$

この式から，表面のすぐ外側での電場がわかれば誘導電荷の分布もわかる．

10.2 鏡像法

ぽいんと

導体がある場合の静電気の問題を解くには，前節にあげた条件を満たす電位を何らかの方法で求めなければならない．ここでは鏡像法という，1つの方法を説明する．特殊な問題にしか使えないが有用な方法である．

キーワード：鏡像法

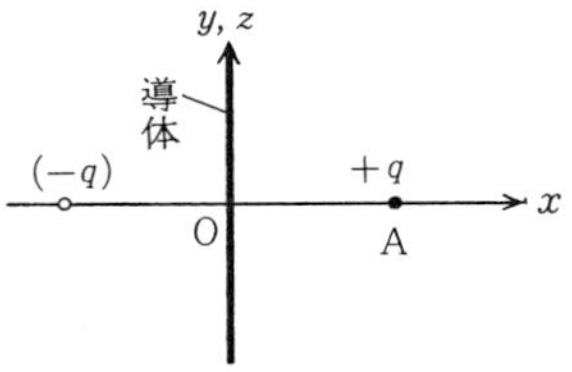

図 1　電荷 q の鏡像 $-q$

［例］ **点電荷と導体板が作る電位**

例題　点電荷 q が，$\boldsymbol{r}=(a,0,0)$ に置かれている．また yz 平面上に，無限に広がる導体平面が置かれているとする(図 1)．そのときの電位を求めよ．

［解法］ 導体上に誘導される電荷による電位を $\tilde{\phi}$ とすると，電位は

$$\phi(\boldsymbol{r}) = \frac{1}{4\pi\varepsilon_0}\frac{q}{|\boldsymbol{r}-\boldsymbol{r}_{\mathrm{A}}|}+\tilde{\phi}(\boldsymbol{r})$$

と書ける．導体面は無限に広がっているので，導体上では電位は 0 である．また，$x=0$ という面上に誘導電荷があるので，そこでは電場は不連続である．つまり $\tilde{\phi}$ の微分は $x=0$ で不連続になる．したがって，$x>0$ のときと $x<0$ のときとで，$\tilde{\phi}$ に対して別の関数形を考えなければならない．

(1)　$x>0$ のとき

ϕ (あるいは $\tilde{\phi}$)に対する条件は，以下の 2 つである．

(i) $\tilde{\phi}$ は，導体面上 ($x=0$) の誘導電荷の効果なので，$x>0$ ではラプラス方程式を満たしていなければならない．つまり $\tilde{\phi}$ から導かれる電場 $\boldsymbol{E}$ は，$x>0$ で $\nabla\cdot\boldsymbol{E}=0$ となっていなければならない．

(ii) $x=0$ で $\phi=0$.

実は何も計算しなくても，この 2 つの条件を満たすには，

$$\tilde{\phi}(\boldsymbol{r}) = -\frac{1}{4\pi\varepsilon_0}\frac{q}{|\boldsymbol{r}+\boldsymbol{r}_{\mathrm{A}}|}$$

とすればいいことが，以下で説明するように「直観的に」わかる．

まずこれは，$\boldsymbol{r}=-\boldsymbol{r}_{\mathrm{A}}$ に，つまり導体面に対し点 A と対称な位置に，符号が反対の電荷 $-q$ を置いたときに生じる電位である(これが**鏡像法**という言葉の由来である)．このことから，$x=0$ で $\phi=0$ になるのは明らかだろう．また，$x=-a$ のところにある電荷の電位なのだから，今，問題にしている $x>0$ の領域では，$\nabla\cdot\boldsymbol{E}=0$ であることも明らかである．

(2)　$x<0$ のとき

$\tilde{\phi}$ に対する条件は，(1)の場合と変わりない($x>0$ という式を $x<0$ にし

なければならないことを除けば)．そして，やはり直観的に

$$\tilde{\phi} = -\frac{1}{4\pi\varepsilon_0}\frac{1}{|\boldsymbol{r}-\boldsymbol{r}_{\mathrm{A}}|}$$

とすればいいことがわかる(つまり $\phi=0$)．この $\tilde{\phi}$ は，点 A に電荷 $-q$ を置いたときの電位に相当する．したがって，今，問題にしている $x<0$ の領域では，$\nabla\cdot\boldsymbol{E}=0$ であることは明らかである．また $\phi=0$ ということは，面の反対側では，点 A の電荷の効果が導体上の誘導電荷により完全に打ち消されていることを意味する．(次節で示すように，導体により電荷から完全に分離させられている領域は電位が必ず一定となる．これを**静電遮蔽**と呼ぶ.)

注意 上の解法では，導体上で ϕ を 0 とし，そして導体外では $\nabla\cdot\boldsymbol{E}=0$ という条件を満たす ϕ を求めた．しかし，これがこの問題の正しい解だというためには，この条件を満たす ϕ はこれ以外にはないことを示さなければならない．これを「一意性の問題」という．一般の導体の問題の解の一意性について，次節で議論する．

［例］ **誘導電荷の計算**

例題 前問で，導体上に生じる誘導電荷の分布，およびその総量を求めよ．

［解法］ 前節の(1)を使えばよい．導体上では電場は板に垂直だから，電場の x 成分だけを計算すればよい(図 2)．

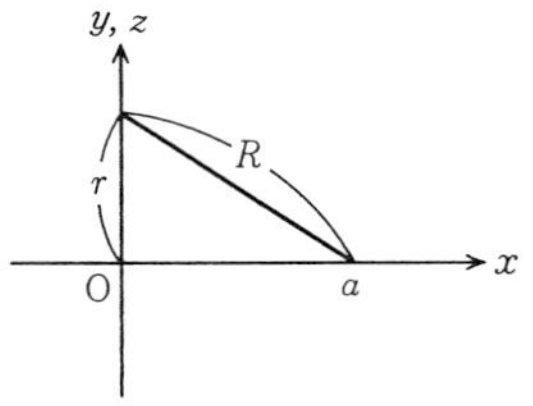

図 2 r と R の定義

$$|\boldsymbol{r}-\boldsymbol{r}_{\mathrm{A}}| = \sqrt{(x-a)^2+y^2+z^2}$$

より

$$\frac{\partial}{\partial x}\frac{1}{|\boldsymbol{r}-\boldsymbol{r}_{\mathrm{A}}|}\bigg|_{x=0} = \frac{a}{R^3} \qquad (R\equiv\sqrt{a^2+y^2+z^2})$$

であることなどを使えば，原点からの距離 r での誘導電荷密度 σ は

$$\sigma(r) = \varepsilon_0 E_x(r) = -\frac{qa}{2\pi R^3}$$

となる．また全誘導電荷 Q は

▶ $2\pi r$ の意味は 1.4 節平面電荷参照.

$$Q = \int_0^\infty \sigma(r)2\pi r dr = -qa\int_0^\infty \frac{r dr}{(a^2+r^2)^{3/2}} = -q$$

つまり，誘導される全電荷は，点 A にある点電荷に大きさが等しい．

10.3 一意性の定理

ぽいんと

前節の解法では，条件に合う電位を 1 つ見つけ，それがその問題の答であると主張した．この論法は，条件を満たす電位が 2 つ以上はありえないという前提のもとに成り立っている．これを一意性の定理という．この節ではそれを証明する．

キーワード：一意性の定理

■一意性の定理の証明

定理(一意性の定理)　領域 V において次の 2 条件が与えられれば，その領域内の電位 ϕ は一意的に決まる．

(i)　V 内の電荷分布 ρ がわかっている．数式で言えば，V 内で $\Delta\phi$ が決まっている．

$$\Delta\phi = \frac{\rho}{\varepsilon_0} \tag{1}$$

ということである(V は限りなく続いていてもよいが，その場合でも電荷分布は有限な領域に限られているとする)．

(ii)　V の境界面 S 上での電位の大きさがわかっている(領域が無限遠に続いているときは，無限遠ではゼロとする)．

注意　前節の問題での，領域 $x>0$，あるいは領域 $x<0$ のように，一般に領域 V には境界がある．そしてこの定理が意味するのは，境界外の電荷分布がわかっていなくても，境界内の電荷分布と境界での電位さえわかっていれば，境界内の電位が決まるということである．

[証明]　もし，与えられた条件を満たす電位が 2 つあったとしよう．それを ϕ_1, ϕ_2 とし，その差を $\tilde{\phi}\,(\equiv\phi_1-\phi_2)$ とする．すると以下に示すように

$$\int(\nabla\tilde{\phi})^2 dV = 0 \tag{2}$$

という式が成り立つ．この式は，V 内では $\nabla\tilde{\phi}$ というベクトルがいたるところでゼロ，つまり

$$\tilde{\phi} = 一定$$

ということを意味する．ところが境界では電位の値が決まっていて，$\tilde{\phi}=\phi_1-\phi_2=0$ だから，この定数はゼロでなければならない．つまり ϕ_1 と ϕ_2 は同じものでなければならない．

ところで，(2)は次のように証明される．この式の被積分関数(積分される関数)はベクトル $\nabla\phi$ の内積で，3 つの項からなる．また積分は，体積積分つまり 3 重積分である．そこでまず，x 微分からなる項の x 積分を取り出し，部分積分をすると

$$\int\left(\frac{\partial\tilde{\phi}}{\partial x}\right)^2 dx = \left[\tilde{\phi}\frac{\partial\tilde{\phi}}{\partial x}\right]_{境界} - \int\tilde{\phi}\frac{\partial^2\tilde{\phi}}{\partial x^2}dx = -\int\tilde{\phi}\frac{\partial^2\tilde{\phi}}{\partial x^2}dx$$

ここで「境界」とは，x 積分の上限と下限，つまり(y 座標と z 座標が指定したときの)境界 S の x 座標である．そして，そこでは $\tilde{\phi}=0$ であるから，境界の項はゼロとなる．これに y 微分の項，z 微分の項も合わせると

$$(2) = -\int\tilde{\phi}\left(\frac{\partial^2\tilde{\phi}}{\partial x^2}+\frac{\partial^2\tilde{\phi}}{\partial y^2}+\frac{\partial^2\tilde{\phi}}{\partial z^2}\right)dV = -\int\tilde{\phi}\triangle\tilde{\phi}dV$$

となる．ところが ϕ_1 も ϕ_2 も(1)を満たすのだから，$\triangle\tilde{\phi}=0$ であり，結局(2)が証明される．(証明終)

■一意性の定理の応用

前節の問題では，$x>0$ という領域を V と考えればよい．その境界上での電位はゼロである．また導体外での電荷分布も決まっている．したがって，この定理に必要な条件が与えられているから，答も1つしかない．そこで鏡像法で答が1つ求まれば，それ以外に答はありえないのである．

他にも，一意性の定理を考えれば，簡単に答が求まる問題がある．

定理(静電遮蔽)　領域 V が導体に囲まれており，しかも，そこには電荷が分布していないとする．すると V 内は電位が一定，つまり電場は存在しない．

［証明］　導体上では電位は一定である．その値を a としよう．すると

$$\phi = a$$

という電位は，一意性の定理の条件を満たしている．したがって，これが唯一の答である．ϕ が一定だから電場はない．(証明終)

■一般の導体の問題

実際の導体の問題では，一意性の定理の条件にあてはまらない場合も多い．そのときも少し工夫をすれば，この定理を適用することができる．(具体例は次節や章末問題で述べる.)

この定理では，境界では電位の大きさがわかっていることを前提とした．たとえば前節の問題では，導体板の上では電位がゼロであることはわかっていた．しかし，有限の大きさの導体が孤立している場合には，そこでの電位は初めからはわからない．その代わり，その導体上に誘導される全電荷がゼロという条件が与えられている(10.1節参照)．したがって，まず導体上の電位として「適当な値」を取り，導体外の電位を求める．それは1通りしかありえないが，その代わりに適当に取った値の任意性は残る．そしてその任意性は，全電荷に対する条件より決まることになる．

▶導体上で電位が定数であることはわかっている．

10.4 ラプラス方程式と具体例

ぽいんと

導体がある場合の静電場を求めることは結局，導体表面上で適当な条件を満たす，ポワソン方程式 $\Delta\phi=\rho/\varepsilon_0$ の解を見つけるという問題になる．そして普通は，電荷は限られた部分にしか分布していないので，そこ以外での $\Delta\phi=0$（ラプラス方程式）の解を求めることが問題となる．この節では，ラプラス方程式が直接的あるいは間接的にどのように役に立つか，簡単な例で示してみよう．

［例］ **電位の決まった同心球面**

例題 半径 a と b（$a>b$）の同心球面 A と B がある．内側の球面の電位が V_2，外側の球面の電位が V_1 に固定されているときの，全空間の電位と球面上の誘導電荷 Q_1, Q_2 を求めよ．ただし電位は，無限遠でゼロになるように決められているとする．

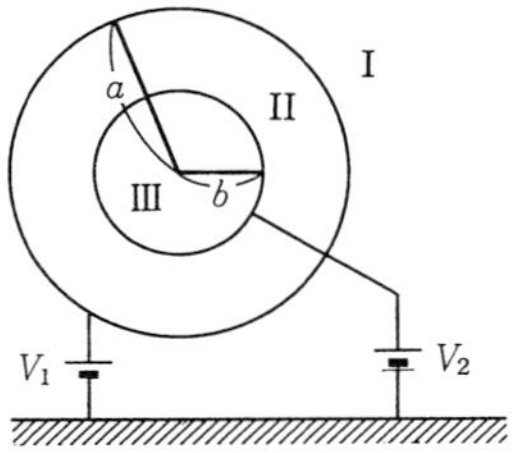

図 1 電位が決まった同心球面

［解法］ 電位は球対称になるだろう．そして，ラプラス方程式の球対称の解が

$$\phi = \frac{A}{r}+B$$

という形になることは，すでに 6.2 節で示した．ただし定数 A, B は，領域 I, II, III（図 1 参照）でそれぞれ異なってかまわない．

また，各点より内側（その点より r が小さい領域）での全電荷が Q だとすると，

$$Q = 4\pi\varepsilon_0 A$$

でなければならないことも，ガウスの法則からわかっている．そして無限遠での電位がゼロであることも使うと

領域 I $\quad \phi = \dfrac{A_1}{r} \qquad$ （$\phi(r\to\infty)=0$ だから $B_1=0$）

領域 II $\quad \phi = \dfrac{A_2}{r}+B_2$

領域 III $\quad \phi = B_3 \qquad$ （内部で $Q=0$ だから $A_3=0$）

という形にならなければならないことがわかる．

ここで，4 つの定数 A_1, A_2, B_2, B_3 を決めなければならない．そのためには，球面上では，どちら側から近づいてもそこに指定された電位にならなければならないということを使う．すると

$$V_2 = B_3 = \frac{A_2}{b}+B_2, \qquad V_1 = \frac{A_1}{a} = \frac{A_2}{a}+B_2$$

となり，4 つの定数はすべて決まる．特に A_i の値より，誘導電荷は

$$Q_1+Q_2 = 4\pi\varepsilon_0 A_1 = 4\pi\varepsilon_0 a V_1$$

$$Q_2 = 4\pi\varepsilon_0 A_2 = 4\pi\varepsilon_0 \frac{ab}{a-b}(V_2-V_1)$$

と求まる．

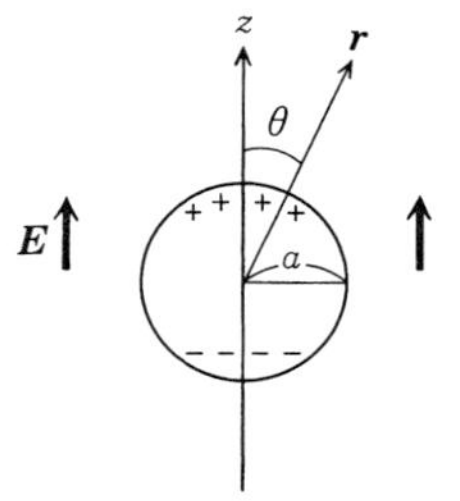

図2　一様電場中の導体球

［例］ **一様電場中の導体球**

例題　z 方向の一様な電場 $\boldsymbol{E}$ の中に，半径 a の導体球を置く（図2）．全空間の電位を求めよ．

注意　導体の中心を座標の原点とする．一様な電場 $\boldsymbol{E}$ の作る電位は，$-Ez$ と表わせる．これは無限遠でゼロにならないので，全電位に対する前節の一意性の定理は，直接には適用できない．しかし導体球上の誘導電荷による電位 $\tilde{\phi}$ は無限遠でゼロになるように取れるので，これに対しては定理は使える．つまり条件に合う $\tilde{\phi}$ を1つ見つければ，それが正しい答になる．

［解法］ 極座標で考える．与えられた状況は，z 軸の回りに軸対称だから，電位は r と θ のみの関数となる．したがって全電位 ϕ を極座標で書くと

$$\phi = -Er\cos\theta+\tilde{\phi}(r,\theta)$$

となる．また球面上（$r=a$）では電位が一定だから

$$-Ea\cos\theta+\tilde{\phi}(r=a,\theta) = 一定 \quad (\theta に依らない) \tag{1}$$

でなければならない．そこでもし $\tilde{\phi}$ が

$$\tilde{\phi} = f(r)\cos\theta+定数$$

という形をしており，しかも

$$f(r=a) = Ea$$

であれば，(1)という条件を満たすことになる．

ところで，$\cos\theta$ に比例したラプラス方程式の解は，一般的に

$$\tilde{\phi} = \left(\frac{A}{r^2}+Br\right)\cos\theta$$

という形であることを，6.2節で示してある．そして球の外では

$$\lim_{r\to\infty}\tilde{\phi}(r) = 0$$

という条件があるから，$r=a$ での条件も使って

$$\tilde{\phi} = \frac{Ea^3}{r^2}\cos\theta$$

と求まる．これより，球面上では $\phi=0$ であることがわかる．また静電遮蔽の定理（前節）より，球の内部では $\phi=0$ である．

章末問題

［10.2 節］

10.1 10.2 節の例題で，電荷 q に働く力を求めよ．また，電荷を無限遠から点 A に持ってくる仕事を計算することにより，系全体のエネルギーを求めよ．それを，導体平面はなく，その代わりに鏡像の位置に電荷 $-q$ の本当の荷電粒子がある系と比較せよ．違いの理由を考えよ．

10.2 直交している，無限に広がる導体平面 2 枚からそれぞれ a, b 離れた位置に，電荷 q がある．どのような電位ができるか．

10.3 無限に広がる導体平面と平行で a 離れた位置に，電荷密度 λ の直線電荷が置かれている．電位と誘導電荷を求めよ．

10.4 半径 a の導体球内部の，球の中心 O からの距離が b $(a>b)$ の位置 P に，電荷 q がある．球内外の電位を求めよ．（ヒント：中心 O から P の方向で，距離 c（ただし $b/a=a/c\equiv k<1$）の位置を Q とする．すると，球面上の任意の点 R に対して，RP/RQ$=k$ になる（三角形 OPR と ORQ が相似になるから．図 1 参照）．P の球面に対する鏡像が Q であるとして考えよ．）

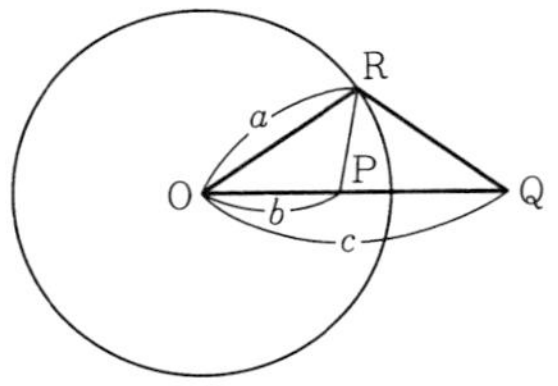

図 1

［10.4 節］

10.5 (1) 半径 a と b $(a<b)$ の同心球面 A と B がある．内側の球面の電位が V，外側の球面の全電荷が Q のとき，外側の球面の電位と内側の球面の全電荷を求めよ．

(2) 内側の球面の電荷が Q，外側の球面の電位が V と決まっている場合はどうなるか．

10.6 10.4 節の，一様電場中の導体球の表面の誘導電場の分布を求めよ．

10.7 半径 a の導体球の中心に電気双極子を置く．球の内外の電位と電場を求めよ．

11

回　　路

ききどころ

電気回路の基本的要素(素子)である，抵抗，コンデンサ，そしてコイルについての話をする．特に，交流電流に対して，このような素子がどのように反応するかを理解することが重要である．そのときの計算手段としてきわめて有用な複素インピーダンスという概念を説明する．

11.1 抵抗とジュール熱

ぽいんと

この節ではまず，抵抗およびそこで発生する熱についての説明をする．

キーワード：オームの法則，電気伝導度，抵抗，ジュール熱，渦電流

■オームの法則

導体内に電場がかかっていると，そこに存在している自由電子は加速される．しかし，動き出した電子は周囲の原子と衝突し減速する．そして減速の力は，速度が大きいときほど強くなる(衝突回数が増える)から電子の速度には限界がある．したがって電子の平均速度，つまり電流密度は，電場の大きさに依存する一定の値に落ち着くことになる．

電場が小さいときは，電流密度の大きさは電場に比例することが，経験則として知られている．これを**オームの法則**と呼び，

$$\text{オームの法則}\quad \boldsymbol{j} = \sigma \boldsymbol{E} \tag{1}$$

と表わす．比例係数 σ は**電気伝導度**と呼ばれ，各物質に特有な量である．σ が大きいほど電流は流れやすい．

■ジュール熱

電場 $\boldsymbol{E}$ がかかっているところで，電子が速度 $\boldsymbol{v}$ で動いているとしよう．電子は単位時間に v だけ移動するのだから，電場は電子に対し，単位時間当たり $q\boldsymbol{vE}$ の仕事をしていることになる．多数の電子の流れを電流密度 $\boldsymbol{j}$ で表わせば，単位体積当たり，そして単位時間当たりに電場がする仕事は，$\boldsymbol{j}\cdot\boldsymbol{E}$ となる．

オームの法則で表わされるように，電子の平均速度が一定になり，電流は変化しないとしよう．電子のエネルギーは増加していない．電場が電子にした仕事は，電子が周囲の原子と衝突することにより，原子の運動(つまり振動)のエネルギーに移行する．そしてこれは，導体の温度の上昇として観測されることになる．これを**ジュール熱**と呼ぶ．これをオームの法則で書き換えれば，

$$(\text{単位時間，単位体積当たりジュール熱}) = \boldsymbol{j}\cdot\boldsymbol{E} = \frac{1}{\sigma}\boldsymbol{j}^2 = \sigma \boldsymbol{E}^2 \tag{2}$$

と表わすことができる．

■導線の抵抗

断面積 S，長さ l，電気伝導度 σ の導線を考える．この導線全体に，一定

の電場 $\boldsymbol{E}$ がかかっているとき流れる電流 I は

$$I = S\cdot\sigma E = S\sigma V/l$$

ただし $V \equiv El$ は，導線の両端の電位差で，通常，**電圧**と呼ばれる量である．

$$\text{抵抗}\quad R = V/I \tag{3}$$

という式で，**抵抗**という量を定義すれば，$R=l/S\sigma$ である．

この導線に発生するジュール熱は，

$$\int \sigma \boldsymbol{E}^2 dV = \sigma\cdot\left(\frac{V}{l}\right)^2\cdot(Sl) = \frac{\sigma S}{l}V^2$$

これは，単位時間に導線に発生する熱エネルギーであり，また電場がする仕事でもある．これを W と書けば，(3)より

$$W = \frac{V^2}{R} = RI^2 = IV$$

などと書ける．

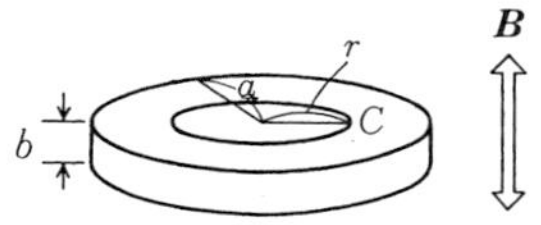

図 1　円板と振動する磁場

［例］ **渦電流から発生するジュール熱**

例題　半径 a，厚さ b，電気伝導度 σ の円板に，垂直に変化する磁場

$$B(t) = B_0 \sin \omega t$$

をかける(図 1)．誘導電場により円板上に渦巻く電流(**渦電流**)ができる．それが単位時間に発生するジュール熱を求めよ．

［解法］　半径 r のループ C を考える．そのループを貫く磁束は $\pi r^2 B$．したがって，誘導電場を $\boldsymbol{E}(r)$ とすれば(軸対称とし $E_{\parallel}=|\boldsymbol{E}(r)|$ として)

$$\int_C E_{\parallel} dl = \frac{d}{dt}(\pi r^2 B)$$
$$\Rightarrow\quad 2\pi r|\boldsymbol{E}(r)| = \pi r^2 \omega B_0 \cos \omega t$$
$$\Rightarrow\quad |\boldsymbol{E}(r)| = \frac{r}{2}B_0\omega \cos \omega t$$

したがって，

$$(\text{ジュール熱}) = \int_0^a \sigma \boldsymbol{E}^2 2\pi r b dr$$
$$= \frac{\pi}{8}a^4 b\sigma {B_0}^2 \omega^2 \cos^2 \omega t$$
$$\Rightarrow\quad \frac{\pi}{16}a^4 b\sigma {B_0}^2 \omega^2$$

最後に，時間平均をとり $\cos^2 \omega t \simeq 1/2$ とした．

11.2 コンデンサとコイル

ぽいんと

回路は途切れているが，そこに電荷が溜まっていくことで回路全体に電流が流れるようになっているものを**コンデンサ**と呼ぶ．また，導線が渦巻いていて，そこに磁場のエネルギーが貯えられるようになっているものを，**コイル**と呼ぶ．これらの電磁気的な性質を特徴づけるものが，電気容量(キャパシタンス)およびインダクタンスである．

キーワード：電気容量(キャパシタンス)，自己インダクタンス，相互インダクタンス

■コンデンサと電気容量

導体が2つあったとする．そして，それぞれに電荷 Q と $-Q$ を帯電させる．そのときに生じる電場は，当然，Q に比例する．そして電場の積分である導体間の電圧(電位差) V も，Q に比例する．その比例係数を C と書き，この系の**電気容量**(**キャパシタンス**)と呼ぶ．

$$Q = CV$$

これは，導体の形，大きさ，位置関係に依存する量である．電気容量が大きければ，電圧が同じでも多くの電荷をためることができる．

この系のエネルギーも，C を使って書き表わせる．この2つの導体の電位を ϕ_1, ϕ_2 とすれば，エネルギー U は(9.1.7)より

$$U = \frac{1}{2}Q\phi_1 + \frac{1}{2}(-Q)\phi_2 = \frac{1}{2}QV = \frac{Q^2}{2C} = \frac{C}{2}V^2 \tag{1}$$

となる．

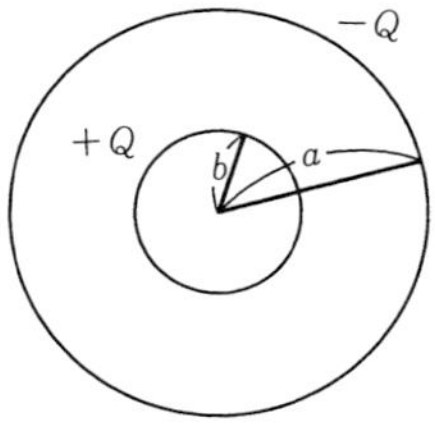

図1 同心球面によるコンデンサ

［例］ **同心球面の電気容量**

例題 半径 a および $b(a>b)$ の2つの球面を，中心が一致するように置く(図1)．この系の電気容量を求めよ．

［解法］ 内側の球面に Q，外側の球面に $-Q$ の電荷を与える．ガウスの法則を考えれば，電場は2つの球面に挟まれた部分にのみ存在し，電位差 V は

$$V = \frac{Q}{4\pi\varepsilon_0}\left(\frac{1}{b} - \frac{1}{a}\right)$$

である．したがって，電気容量は $C=Q/V$ より

$$C = 4\pi\varepsilon_0 \frac{ab}{a-b}$$

■コイルとインダクタンス

導線のループがあったとする．これに電流 I を流すとループ内に磁束 $\boldsymbol{\Phi}$ が生じる．I と $\boldsymbol{\Phi}$ は比例する．その比例係数を L ($\boldsymbol{\Phi}=L\cdot I$) と書き，このループの自己インダクタンスと呼ぶ．L は，ループの形や大きさによって決まる量である．このときの磁場のエネルギー U は，(9.4.2)より

$$U=\frac{1}{2}\Phi I=\frac{\Phi^2}{2L}=\frac{L}{2}I^2 \tag{2}$$

▶コイルの抵抗は無視できるほど小さいとする．

コイルとは，複数のループがつながっていて，すべてに同じ大きさの電流が流れるようになっているものをいう．コイルに電流が流れているときのエネルギーとは磁場のエネルギーである．そして磁場のエネルギーは磁場の2乗に比例しているから，コイルのエネルギーは，それを作り出す電流 I の2乗に比例していることになる．そこで(2)にならって，

$$U=\frac{L}{2}I^2$$

と書く．比例定数 L を，この**コイルの自己インダクタンス**と呼ぶ．

同様に考えれば，コイルが2個あるときのエネルギーも，電流の2次式になるはずである．そこで，1番目のコイルに流れる電流を I_1，2番目を I_2 とする．するとエネルギーは，

$$U=\frac{1}{2}L_{11}I_1{}^2+\frac{1}{2}L_{22}I_2{}^2+L_{12}I_1I_2$$

という形に書けるだろう．L_{11},L_{22} は，それぞれのコイルの自己インダクタンスである．また L_{12} を，**相互インダクタンス**と呼ぶ．

［例］　ソレノイドのインダクタンス

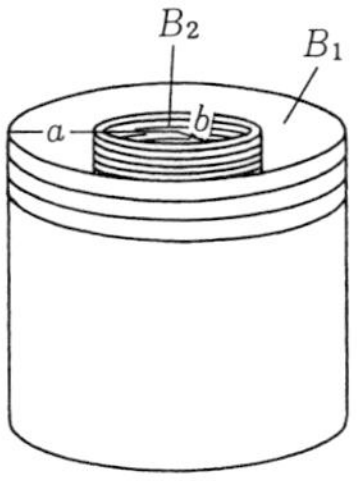

図2　同軸の2つのソレノイド

例題　半径 a で単位長さ当たりの巻き数の密度が n_a の，無限長のソレノイドの単位長さ当たりの自己インダクタンスを求めよ．また，それと軸を共有する，半径 b で巻き数の密度が n_b のソレノイドを置いたときの，単位長さ当たりの相互インダクタンスを求めよ($a>b$ とする)．

［解法］　それぞれに，I_a, I_b の電流を流したとする．そのときの磁場を図2のように定義すると，単位長さ当たりのエネルギー U は

▶たとえば式(9.5.3)より
$$U=\int\frac{1}{2\mu_0}\boldsymbol{B}^2dV$$

$$U=\frac{1}{2\mu_0}\{B_1{}^2(\pi a^2-\pi b^2)+B_2{}^2\pi b^2\}$$
$$=\frac{\pi\mu_0}{2}\{n_a{}^2a^2I_a{}^2+n_b{}^2b^2I_b{}^2+2n_an_bb^2I_aI_b\}$$

($B_1=\mu_0n_aI_a$，$B_2=\mu_0(n_aI_a+n_bI_b)$ を使った.) したがって，インダクタンスは

$$L_{aa}=\pi\mu_0n_a{}^2a^2,\quad L_{bb}=\pi\mu_0n_b{}^2b^2,\quad L_{ab}=\pi\mu_0n_an_bb^2$$

11.3 電気回路

ぽいんと

抵抗，コンデンサ，コイルをつなげたときに流れる電流を計算するための方程式を，エネルギーの保存則から求める．

キーワード：電圧，LC 回路

■直列回路

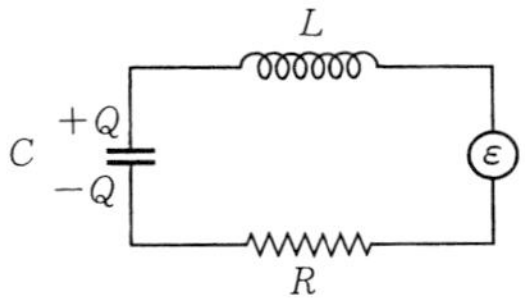

図 1　各回路素子の記号

抵抗 R，コンデンサ C，コイル L を 1 列につなげ，起電力 ε をもつものに接続する（図 1）．起電力は，発電機の類でも，電池などの化学的なものでもよい．

電流 I が流れているときの，エネルギーの出入りを考えてみよう．コンデンサにたまっている電荷を Q とする．I も Q も時間の関数である．そのとき，コンデンサとコイルにたまっているエネルギーの和 U は

$$U=\frac{1}{2C}Q^2+\frac{L}{2}I^2$$

である．電流 I は，単位時間当たりに出入りする電荷の量に等しいから

$$\frac{dQ}{dt}=I \tag{1}$$

このエネルギーは起電力により増す（電荷 q が通過すると $q\varepsilon$ の仕事を受けるというのが，起電力の定義であった）．単位時間当たりのエネルギーの増加は εI である．ただし，起電力の向きと電流の流れる方向が逆のときは，仕事が負だからエネルギーは減少する．しかし ε と I の正負の定義を同じ向きに取っておけば，εI という表現で仕事の正負も正しく表わすことができる．

▶起電力が電池の場合，エネルギーの減少は充電という状況に対応する．

電流が流れれば，抵抗のところでジュール熱が発生するので，そこではエネルギー U は減少する．以上のことより，エネルギーの出入りは

$$\frac{d}{dt}\left(\frac{1}{2C}Q^2+\frac{L}{2}I^2\right)=\varepsilon I-RI^2 \tag{2}$$

となる．左辺の微分を計算し，(1)を使った上で両辺を I で割ると

$$\frac{Q}{C}+L\frac{dI}{dt}=\varepsilon-RI \tag{3}$$

となる．Q を消去するために，両辺をもう一度時間で微分し，(1)を再び用いると

▶(3)に(1)を代入すれば，Q を直接求める式になる．

$$L\frac{d^2I}{dt^2}+R\frac{dI}{dt}+\frac{1}{C}I=\frac{d\varepsilon}{dt} \tag{4}$$

という式が求まる．これが，電流を求めるための基本方程式である．

■電　圧

上では，エネルギーの収支を表わす(2)から出発したが，(3)自体も直観的にわかりやすい意味をもっている．(3)を書き換えると

$$\frac{Q}{C}+L\frac{dI}{dt}+RI = \varepsilon \tag{3'}$$

となる．左辺は，コンデンサの電荷が導線の内部に作る電位差，コイルに生じる誘導起電力，そして単位電荷が抵抗を通過するとき受ける仕事の和である．それが，外部からかけた起電力(右辺)に等しいという，力のバランスを表わすのが(3′)である．電位差，起電力，そして抵抗内部での仕事をすべて**電圧**と呼ぶことにすれば，電圧の和は1周するとゼロになるということでもある．この力のバランスということを使えば，ループがいくつもあるような複雑な回路に対しても，回路の方程式をたてることができる(章末問題11.2参照)．

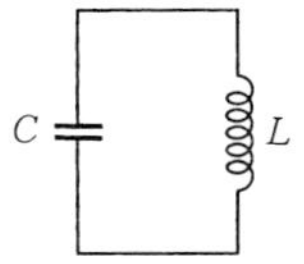

図2　LC回路

[例]　**振動する電流**

例題　コンデンサとコイルだけがつながっている回路(図2)の電流 $I(t)$ を求めよ．ただし $t=0$ では，電流はゼロ，コンデンサの電荷は Q_0 であるとする．(このような回路を **LC 回路**と呼ぶ.)

[解法]　問題に与えられた条件から，(3)と(4)を少し変形して

$$Q+LC\frac{dI}{dt} = 0 \tag{5}$$

$$\frac{d^2I}{dt^2} = -\frac{1}{LC}I \tag{6}$$

と書ける．(6)は，力学で単振動と呼ばれる運動(バネの運動)の式と同じ形で，解は一般的に

$$I = A\sin\frac{t}{\sqrt{LC}}+B\cos\frac{t}{\sqrt{LC}} \qquad (A, B \text{ は定数})$$

と書ける．$1/\sqrt{LC}$ をこの回路の固有振動数という．そして，$t=0$ で電流がゼロならば $B=0$ である．また電荷は(5)より

$$Q = -A\sqrt{LC}\cos\frac{t}{\sqrt{LC}}$$

となるが，$t=0$ で $Q=Q_0$ であることを使えば

$$Q = Q_0\cos\frac{t}{\sqrt{LC}}, \qquad I = -\frac{Q_0}{\sqrt{LC}}\sin\frac{t}{\sqrt{LC}}$$

となる．これは電荷が，コンデンサの2つの極板の間を行ったり来たりする，振動を表わしている．エネルギーも，コイルとコンデンサの間を往復する．

11.4 交流と複素インピーダンス

ぽいんと

この節では交流，つまり回路の起電力が単振動する場合を考える．電流や電圧が単振動するため，回路の方程式は電流を複素数に置き換えることにより簡単に解くことができる．抵抗を複素数にした，複素インピーダンスという概念を説明する．

キーワード：交流，複素インピーダンス，共振

■交流回路の方程式

前節の直列回路の方程式で，起電力が角振動数 ω で振動しているとする．これによって生じる電流を**交流**という．振幅を V とし，

$$\varepsilon(t) = V_0 \cos \omega t$$

と表わす．これを(11.3.4)に代入すると，

$$L\frac{d^2I}{dt^2}+R\frac{dI}{dt}+\frac{1}{C}I = \frac{d}{dt}(V_0 \cos \omega t) \tag{1}$$

これと，次の方程式

$$L\frac{d^2\tilde{I}}{dt^2}+R\frac{d\tilde{I}}{dt}+\frac{1}{C}\tilde{I} = \frac{d}{dt}(V_0 e^{i\omega t}) \tag{2}$$

を比較してみよう．ただし，ここで $\tilde{I}$ は複素数の値をとる時刻 t の関数である．この式は複素数の等式だから，両辺の実数部分，虚数部分それぞれが等しくなければならない．また

$$e^{i\omega t} = \cos \omega t + i \sin \omega t$$

であるから，(2)の実数部分を考え $\mathrm{Re}\,\tilde{I}$ を I とすれば，(1)に等しくなる．つまり(2)を解いて $\tilde{I}$ を求め，その実数部分を取れば，(1)の答が求まる．

▶複素数 z の実数部分を $\mathrm{Re}\,z$，虚数部分を $\mathrm{Im}\,z$ と表わす．

ところで，わざわざ複素数の式を考えたのは，それがもとの式より解きやすいからである．

$$\tilde{I}(t) = \tilde{I}_0 e^{i\omega t}$$

としてみよう．ただし $\tilde{I}_0$ は複素数の定数である．すると(2)は

$$\left\{L(i\omega)^2+R(i\omega)+\frac{1}{C}\right\}\tilde{I}_0 e^{i\omega t} = V_0 i\omega e^{i\omega t} \tag{3}$$

となる．つまり，

$$\tilde{I}_0 = \frac{V_0}{Z} \tag{4}$$

ただし

$$Z = R+i\left(\omega L-\frac{1}{\omega C}\right) \tag{5}$$

(3)で，両辺が $e^{i\omega t}$ で割れたことが重要である．実数の式だったら，

$\cos\omega t$ と $\sin\omega t$ が両方出てくるので，計算が面倒になる．

コイルもコンデンサもなければ $Z=R$ となり，(4)は抵抗における関係式 $I=V/R$ に他ならない．つまり Z は抵抗 R の一般化とみなされ，**複素インピーダンス**（あるいは単に**インピーダンス**）と呼ばれる．$Z=|Z|e^{i\theta}$ とすれば

$$|Z| = \sqrt{R^2+\left(\omega L-\frac{1}{\omega C}\right)^2}, \qquad \tan\theta = \frac{1}{R}\left(\omega L-\frac{1}{\omega C}\right)$$

である．実際の電流を求めるには，$\tilde{I}$ の実数部分を取らなければならない．

$$I = \mathrm{Re}\,\tilde{I} = \mathrm{Re}\left(\frac{V_0}{|Z|}e^{-i\theta}e^{i\omega t}\right) = \frac{V_0}{|Z|}\cos(\omega t-\theta)$$

となる．電流は起電力と同じ振動数で振動するが，位相は θ だけ遅れる．

(5)の各項がそれぞれ，抵抗，コンデンサ，コイルの複素インピーダンスである．複素インピーダンスに対しても普通の抵抗の合成則と同じ法則が成り立つ（章末問題 11.7 参照）．

■共　振

交流の特徴は，コンデンサがあって回路が途切れていても，そこに電荷がたまるようになっていれば，回路全体には電流が流れるということである．電流の方向が絶えず変わるので，無限にたまり続ける必要がないからである．このことを考えれば，(5)で，角振動数 ω が大きいほどコンデンサの Z への寄与が減っている理由が理解できる．

しかし，電流の変化が激しすぎると，コイルに発生する逆向きの誘導電場が増えて，電流が流れにくくなる．そのため振動数が増すと，コイルの Z への寄与は大きくなる．そして

$$\omega L = \frac{1}{\omega C} \quad\Rightarrow\quad \omega = 1/\sqrt{LC}$$

という値のときに，Z は最小となり，電流は最大になる．この状態を**共振**と呼ぶ．この共振角振動数は，前節の例題で求めた，LC 回路の固有角振動数に等しい．固有角振動数と外力（起電力）の角振動数が一致しているときに，この回路には最大の電流が流れるのである．

電流の大きさ，つまり Z の逆数は固有振動数のところで最大になり，両側で減衰する．ピークの高さは抵抗 R の値で決まる．

アンテナが受けた信号から，特定の振動数の成分を選びだすのにも，共振という原理が使われている．外から送られてきた電磁波が，アンテナに電場を引き起こす．これが回路の起電力となる．そして，回路の固有振動数に近い振動数をもつ信号が主に回路を流れる．回路の抵抗が小さいほど，選択の精度がよくなることもわかるだろう．

章末問題

[11.1節]

11.1 抵抗を直列と並列に並べたときの合成則，$R=R_1+R_2$，$1/R=1/R_1+1/R_2$を示せ．

11.2 抵抗と起電力(電池など)を組み合わせた回路に対しては，次の2つの法則が成り立つ(**キルヒホッフの法則**)．(1) 電荷の保存則：回路の任意の接続点に流れこむ電流の和は等しい(流れ出ているときはマイナスとして計算する)．(2) エネルギー保存則：回路の中の任意のループに対して，その中の起電力の和と，抵抗での電圧の和が等しい．(起電力が電流にする仕事と，抵抗で発生するジュール熱が等しいということの結果である．11.3節も参照．) これを使って図1の回路の，AB間の合成抵抗を求めよ．ただし抵抗Rはすべて等しいとする．

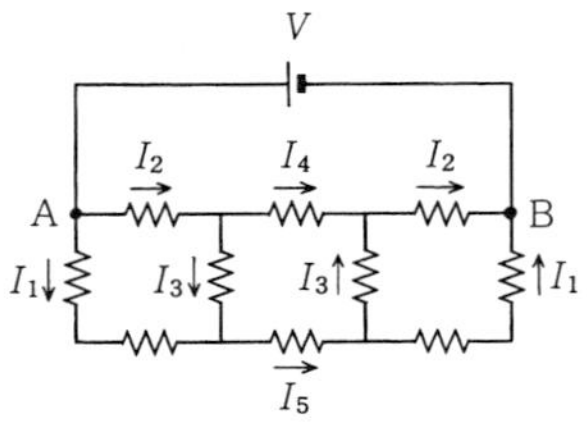

図1

11.3 z方向を向く一様な磁場$\boldsymbol{B}$の中で，1辺aの正方形の導線のループ(抵抗R)を，角速度ωで回転させる．($t=0$のときにループ面と磁場が垂直だとする．) そのときに流れる電流，単位時間に発生するジュール熱，回転させるのに必要な仕事を計算し，エネルギー保存則が成り立っていることを確かめよ．

[11.2節]

11.4 半径aとb $(a>b)$の同軸の円筒の，単位長さ当たりの電気容量を求めよ．

11.5 半径aとb $(a>b)$の同軸の円筒の，軸の方向に逆向きに電流を流したときのインダクタンスを求めよ．

[11.3節]

11.6 (1) 定電圧の直流電源，抵抗，コンデンサが直列につながった回路の電流を，$t=0$で$Q=0$という初期条件で求めよ．解の振る舞いを，直観的に説明せよ．(2) コンデンサの代わりにコイルがつながっている場合はどうなるか．$t=0$で$I=0$とせよ．

[11.4節]

11.7 (1) コンデンサを直列と並列に並べたときの合成則，$1/C=1/C_1+1/C_2$，$C=C_1+C_2$を示せ．(2) コイルを直列と並列に並べたときの合成則$L=L_1+L_2$，$1/L=1/L_1+1/L_2$を示せ．(3) コイルとコンデンサを1つずつ直列あるいは並列に並べ，複素数の電流(11.4.2)が流れているとき，インピーダンスの合成則が$Z=Z_1+Z_2$，$1/Z=1/Z_1+1/Z_2$であることを示せ．

11.8 11.4節で計算した共振回路において，起電力のする仕事率とジュール熱(時間平均した値)が等しいことを示せ．

12

誘電体と磁性体

きききどころ

多くの物質は，自由に動ける電子(自由電子)をもっていないので，電流を流すことはできない(絶縁体)．しかし，電場をかけると，その物質を構成している分子１つ１つが反応し，物質全体にも変化が現われる．このような性質に着目するとき，絶縁体を誘電体と呼ぶ．また磁場に対する反応に着目するときは，磁性体と呼ぶ．このような導体でない物質の電場・磁場に対する反応のしかたを議論する．

12.1 誘電体と分極

ぽいんと

誘電体([ききどころ]参照)には自由電子はないが，それでも電場をかけると物質の表面に電荷が発生する．誘電体の振る舞いの基本である，この分極と呼ばれる現象を説明する．

キーワード：分極，分極ベクトル，分極電荷

■誘電体中の原子・分子の振る舞い

電場をかけたときの原子・分子の振る舞いには，変形と回転という 2 通りのものがある．それらを簡単に説明しておこう．

（i） **変形**

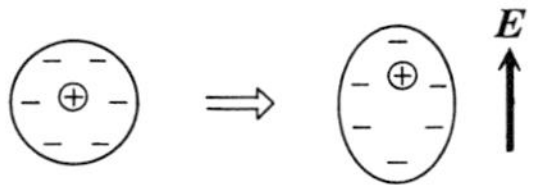

図 1　電場による原子の変形

原子は，中心にある電荷がプラスの原子核と，その周囲にある電荷がマイナスの電子から構成されている．そして電場をかけていないときは，電子の分布の中心と原子核の位置は一致している．しかし電場をかけると，原子核は電場の方向に，電子はその逆の方向にずれる(図 1)．その結果として原子は，プラスとマイナスの電荷が並んでいる，双極子のような電場を生じることになる．これを原子の**分極**と呼ぶ．

（ii） **回転**

電子を引き付けておく力は，原子によって異なる．したがって，異種の原子が結合して分子となっているものは，分子のある部分には電子が多く，ある部分には少なく分布する．そのため，外から電場をかけなくても，分子全体が分極した状態となっていることがある．しかし物質の中で，それらが勝手な方向を向いていれば，全体としては電場を生じない．しかし，外から電場をかけると，それにより分子が回転して方向に統一性が現われ，物質全体が電場を持つようになる(図 2)．

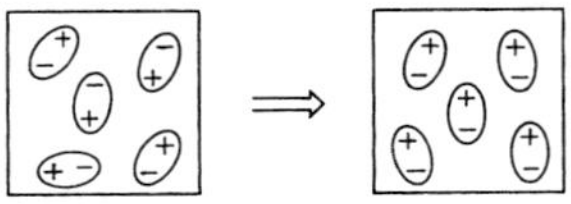

図 2　電場による分子の整列

■分極ベクトル

誘電体内では，電子は分子から離れて移動することはない．しかし各分子が，上に述べたような統一的な振る舞いをすれば，物質全体としても大きな電気的な性質を示すことになる．この性質を表わすのが，これから説明する分極ベクトル $\boldsymbol{P}$ という量である．

各分子(あるいは原子)が分極して，周囲に電場を作っているとしよう．各分子をプラスとマイナス一対の電荷(双極子)で表わし，その双極子ベクトルを $\boldsymbol{p}$ とする．

次に，物質中の体積の，微小な領域 $\varDelta V$ を考える．ただし微小といっても，その中の分子数は大きいとする．そして，この領域内に存在する分子の双極子ベクトルの(ベクトル的な)和を取り，それを体積で割ったものを，その位置での**分極ベクトル**と定義する．

▶P＝polarization（分極）

$$\text{分極ベクトル}\quad \boldsymbol{P} \equiv \sum_{\Delta V\ \text{内の分子}} \boldsymbol{p}/\Delta V \tag{1}$$

$\boldsymbol{P}$は，分子の持つ双極子ベクトルの密度であるから，双極子ベクトル密度と呼ぶこともできる．この定義からわかるように，もし原子や分子が分極していなければ$\boldsymbol{P}=0$であるし，分極していたとしても勝手な方向を向いていれば，ベクトル和を取ったときに消し合ってしまうので，やはり$\boldsymbol{P}=0$である．

ところで，各点での$\boldsymbol{P}$を考えるには，厳密には(1)で体積ΔVをゼロにした極限を考えなければならない．しかしここでは，分子レベルまでさかのぼったミクロな計算はしない．物質が分子の集合であることを頭に入れておくことは重要だが，実際の計算では，物質は連続体として取り扱う．分子レベルの電磁気学を考えるには，量子力学を使う必要がある．この事情は，後で議論する磁性体でも同じことである．

■分極電荷

図3　プラスの電荷とマイナスの電荷をずらすと表面に電荷が生じる．

一様な物質の各部分で，プラスの電荷とマイナスの電荷を逆方向に，一定の微小な距離だけずらしたとしよう．どこでも等距離ずらすのだから，分極ベクトルは全領域で一定となる．また電荷がずれた結果，物質の表面には電荷が生じる（図3参照）．この電荷のことを，**分極電荷**と呼ぶ．

分極電荷と分極ベクトルの関係を調べておこう．話を簡単にするために，物質は1辺lの立方体だとし，しかも，立方体の側面に平行に電荷をずらすこととする．そのときの両底面に生じた分極電荷の面密度をσとしよう．分極ベクトルの大きさは，双極子モーメントを体積で割ることにより求まる．そして双極子モーメントの大きさとは，電荷×距離 だから

$$|\boldsymbol{P}| = \frac{\text{電荷}\times\text{距離}}{\text{体積}} = \frac{\sigma l^2 \times l}{l^3} = \sigma \tag{2}$$

となる．また側面では当然，分極電荷はゼロである．

この関係は，分極ベクトルの方向が側面に垂直でも平行でもない場合に一般化でき，

$$P_\perp = \sigma \tag{3}$$

となる．$P_\perp$とは分極ベクトルの方向に垂直な成分である．$\boldsymbol{P}$が外向きのときに$P_\perp$をプラスと定義しておけば，この式により分極電荷の符号までわかる．

12.2 誘電体と静電場の問題

ぽいんと

誘電体があるときに静電場を求める問題は，導体の場合と同様の難しさがある．分極電荷の分布が最初からはわかっていないので，直接クーロンの法則(あるいはガウスの法則)を適用することができない．その代わりとなるのが，分極ベクトルを決める条件である．

キーワード：電気感受率，誘電率

■誘電体があるときの電場の求め方

誘電体の分極の大きさを決めるのは，分子に働いている力，つまりその位置での電場である．しかし電場自体が，分極電荷の分布や大きさによって変わってしまう．そこで問題を解くには，電場，分極ベクトル，分極電荷の間の関係式をたて，互いに辻つまがあった解を見つけなければならない．一般的には，次の3つの関係を考える必要がある．

（i） 分極ベクトル $\boldsymbol{P}$ と電場 $\boldsymbol{E}$ との関係．ただし電場とは，外からかける電場(外場)と，分極電荷による電場との和である．

（ii） 分極ベクトル $\boldsymbol{P}$ と分極電荷との関係．前節の終わりに述べたように，分極ベクトルがある領域で一定の場合は，分極電荷はその領域の境界にのみ生じる．その大きさを決めるのが前節の(3)である．$\boldsymbol{P}$ が一定でない，より一般的な場合は，次頁の定理により分極電荷が求まる．

（iii） 分極電荷と電場 $\boldsymbol{E}$ との関係．これは，クーロンの法則，あるいはガウスの法則を考えればよい．

■分極ベクトルと電場との関係(誘電率)

まず，上の(i)から議論しよう．電場がかかったときに生じる分極ベクトルの大きさは，もちろん物質により異なる．したがって，一般的に成り立つ関係式は書けないが，この2つが比例していると考えるのが，一番単純な考え方だろう．つまり，

▶12.8節で定義する磁気感受率 χ_m と区別するために添字 e を付ける．

$$\boldsymbol{P} = \chi_e \boldsymbol{E} \tag{1}$$

である．比例定数 χ_e は物質による量で，**電気感受率**と呼ぶ．また後でよく使うので，

$$\textbf{誘電率}\quad \varepsilon \equiv \varepsilon_0 + \chi_e \tag{2}$$

という量も定義しておこう．ε_0 は，今までの電場の法則に出てきた定数である．物質がないときは $\chi_e=0$ だから，ε_0 は**真空の誘電率**ということもできる．

ところで，(1)は必ず成り立つわけではない．電場が大きすぎれば比例

関係は成り立たなくなるだろう．また電場の変化が早く，分子の分極がその変化に追いつかなくなれば，やはり比例関係は成り立たない．しかし，大きすぎない静電場に対しては，(1)はほぼ成り立っていると考えられる．

ただその場合でも，物質によっては，かけた電場と少しずれた方向に分極することもある．非対称な結晶構造をもっている物質である．そのときでも(1)は成り立つが，比例定数 χ_e を1つの定数ではなく，定数を成分にもつ3行3列の行列と考える必要がある．行列をベクトル $\boldsymbol{E}$ に掛ければ，それとは向きの違うベクトル $\boldsymbol{P}$ を得ることができるからである．

■分極電荷の分布

次に(ii)の問題を考えよう．一般に分極ベクトルが位置の関数として与えられたとき，次の定理を使えば分極電荷の分布を求めることができる．

定理　閉曲面 S から出ていく分極ベクトル $\boldsymbol{P}$ の積分は，その内部の全分極電荷の符号を変えたものに等しい．式で書くと

$$\int_S P_\perp dS = -(S\text{ の内部の全分極電荷}) \tag{3}$$

となる．$P_\perp$ とは，$\boldsymbol{P}$ の S に垂直な成分である．

また，ガウスの定理を使ってこの式を微分形にすれば，

$$\nabla\cdot\boldsymbol{P} = -\rho_{\mathrm{P}} \tag{4}$$

となる(ρ_{P} は分極電荷体積密度)．

注意　前節の終わりに考えた分極ベクトルが一定の場合も，(3)に一致する(章末問題12.2参照)．

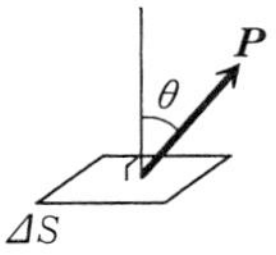

図1　$\varDelta S$ を通しての θ 方向への電荷の移動

［証明］　閉曲面 S の微小部分 $\varDelta S$ を考え，そこでの分極ベクトルを $\boldsymbol{P}$ とする．このことは，その面を通して $\boldsymbol{P}$ の方向に，体積密度 ρ の電荷が距離 $\varDelta l$ だけ移動したことを意味する(ただし $|\boldsymbol{P}|=\rho\varDelta l$)．したがって，この部分を通して，$S$ の内部から抜け出た電荷は

$$\rho\varDelta l\times\varDelta S\cos\theta = P_\perp\varDelta S$$

である(図1)．これと同量で逆符号の電荷が S の内部に残されるのだから，内部に残される全分極電荷は

$$-\sum P_\perp\varDelta S$$

である．これを積分に直せば(3)となる．

また(4)は，ガウスの法則から $\nabla\cdot\boldsymbol{E}=\rho/\varepsilon_0$ という式を導いたのと同じ手順で求まる(5.2節)．(証明終)

12.3 真電荷と電束密度

ぽいんと

誘電率が一定の物質中での，分極電荷の分布の特徴を議論する．また，電束密度という量を考えると便利なことを説明する．

キーワード：全電荷，真電荷，電束密度

■全電荷・真電荷・分極電荷

以下の議論のために，次の言葉を定義しておこう．誘電体が分極したときに現われる電荷を分極電荷ということは前にも説明したが，それと区別する意味で，もともと存在している電荷を**真電荷**と呼び，双方の和を**全電荷**と呼ぶ．そして，全電荷体積密度，真電荷体積密度，分極電荷体積密度をそれぞれ $\rho, \rho_{\mathrm{t}}, \rho_{\mathrm{P}}$ と表わす．このとき，

▶ t=true

$$\rho = \rho_{\mathrm{t}} + \rho_{\mathrm{P}} \tag{1}$$

という関係がある．前章までの電磁場の法則に出てくる電荷密度は，もちろん全電荷密度 ρ のことである．

■誘電率が一定のときの分極電荷

分極ベクトルが電場に比例しているとき，つまり(12.2.1)が成り立っているとき，そして χ_e（あるいは ε）がある領域で一定のときは，分極電荷は特別の場所にしか現われない．それを示すのが次の定理である．

定理　ある領域で(12.2.1)が成り立ち，しかも χ_e が一定だとする．するとその領域内部では $\rho, \rho_{\mathrm{t}}, \rho_{\mathrm{P}}$ はすべて比例し，

$$\rho_{\mathrm{P}} = -\frac{\chi_e}{\varepsilon_0}\rho, \qquad \rho_{\mathrm{t}} = \frac{\varepsilon}{\varepsilon_0}\rho \tag{2}$$

となる．

［証明］　次の3つの式

$$\nabla\cdot\boldsymbol{E} = \frac{\rho}{\varepsilon_0}, \qquad \nabla\cdot\boldsymbol{P} = -\rho_{\mathrm{P}}, \qquad \boldsymbol{P} = \chi_e\boldsymbol{E}$$

と(1)を組み合わせれば，(2)はすぐに求まる．（証明終）

注意　この定理によれば，もしその領域に真電荷が存在していなければ，分極電荷もないことになる．したがって外から電場をかけたときは，分極電荷はその領域の境界にのみ現われる．その面密度 σ は，分極ベクトル $\boldsymbol{P}$ が一定だと仮定した12.1節の議論がそのまま使えて，

$$P_{\perp} = \sigma \tag{3}$$

という関係から求められる．領域内に電荷が存在していなければ，分極ベクトルは一定でないにしてもその変化は滑らかなので，十分小さな表面を考えれば $\boldsymbol{P}$ は一

定だと考えてよいからである.

■誘電体内部の点電荷

(2)の意味を考えてみよう. 全空間が一定の誘電率の物質で満たされている中に, 大きさ q の点電荷(真電荷)を置いたとする. すると(2)より, その位置には

$$\frac{\varepsilon_0}{\varepsilon}q$$

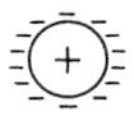

図 1　誘電体中に真電荷(+)があるとその周囲に分極電荷(−)が発生する.

の全電荷が分布していることになる. $\varepsilon>\varepsilon_0$ であるから, これは q より小さい. 真電荷の影響で, その位置に逆符号の分極電荷が誘導され, 電荷が減ってしまうのである(図 1). したがって, クーロンの法則により電場は

$$\boldsymbol{E} = \frac{1}{4\pi\varepsilon_0}\cdot\frac{\varepsilon_0 q}{\varepsilon}\cdot\frac{\boldsymbol{r}}{r^3} = \frac{1}{4\pi\varepsilon}q\frac{\boldsymbol{r}}{r^3} \qquad (4)$$

となる. これからもわかるように, 一定の誘電率を持つ誘電体内の静電場は, 真空中の静電場の式で ε_0 と ε を入れ換えれば求まる.

▶以下の議論では, ε が一定である必要はない.

■電束密度

まず電束密度という量を, 次のように定義しよう.

$$\text{電束密度}\quad \boldsymbol{D} = \varepsilon_0\boldsymbol{E}+\boldsymbol{P} \qquad (5)$$

これの発散密度を考えると,

$$\nabla\cdot\boldsymbol{D} = \varepsilon_0\nabla\cdot\boldsymbol{E}+\nabla\cdot\boldsymbol{P} = \rho-\rho_{\mathrm{P}} = \rho_{\mathrm{t}} \qquad (6)$$

となる. 最初から分布のわかっている真電荷だけで発散が決まっているのが利点である. つまり $\boldsymbol{D}$ の計算は, 誘電体がないときの電場 $\boldsymbol{E}$ の計算と同じになる. さらにもし, $\boldsymbol{P}$ と $\boldsymbol{E}$ との比例関係が成り立っていれば

$$\boldsymbol{D} = \varepsilon_0\boldsymbol{E}+\chi_e\boldsymbol{E} = \varepsilon\boldsymbol{E} \qquad (7)$$

なので, $\boldsymbol{D}$ がわかれば $\boldsymbol{E}$ もわかることになる.

以上の関係を使って(4)を求めてみよう. 原点に点電荷 q を置く. 分極電荷の効果を考えても, 電場は球対称な放射状になるだろう. したがって(7)より, 電束密度 $\boldsymbol{D}$ も球対称になる. ところで(6)の右辺は真電荷だけだから, これは誘電体がないときの $\varepsilon_0\boldsymbol{E}$ の発散密度の式と同じである. したがって, その球対称の解も同じになるはずで,

$$\boldsymbol{D} = \varepsilon_0\cdot\frac{q}{4\pi\varepsilon_0}\cdot\frac{\boldsymbol{r}}{r^3} = \frac{q}{4\pi}\frac{\boldsymbol{r}}{r^3}$$

であることがわかる. これに(7)を使えば(4)が求まる. 誘電体の効果は比例係数にのみ現われ, ε_0 が ε に入れ換わることがわかる.

12.4 誘電体の境界での電場

ぽいんと

誘電率の異なる物質が接触しているとき，あるいは誘電体と真空の領域が共存しているときの静電場の問題を考える．境界を越えるときの電場の変化を定めることが重要である．

キーワード：接続条件(電場)，電場の屈折

■境界での電場の変化

誘電率が ε_1 と ε_2（電気感受率は χ_{e1} と χ_{e2}）の誘電体が接触している境界を考える．ただし境界近辺には真電荷はないとする．片方は真空でもよい．

電場をかけ，この誘電体を分極させる．境界面では誘電率が変化しているので，分極電荷が生じる．そのため，境界面の両側の電場は，不連続な変化を起こす．しかし真電荷は存在していないので，前節で定義した電束密度 $\boldsymbol{D}$ は連続的な変化しかしない．

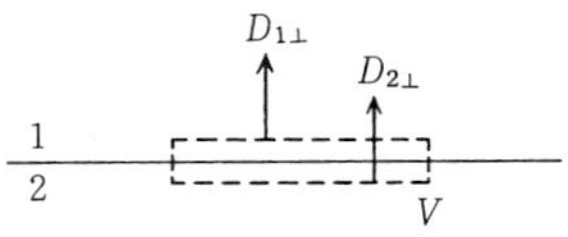

図 1　接触面での電束密度

図 1 に示したような，薄い微小な領域 V を考える．真電荷がなく電束密度の発散がゼロなので，この領域に対して

$$\int D_\perp \, dS = 0 \tag{1}$$

という式が成り立つ((12.3.6)の積分形)．

この式の左辺は，領域 V の表面全体での積分だが，厚さが無限小だとすれば側面の寄与は無視できる．また底面積も，各底面で $D_\perp$ がほぼ一定だとみなしていいほど十分小さいとすれば，(1)は

$$D_{1\perp} - D_{2\perp} = 0$$

となる．ただし $D_{1\perp}, D_{2\perp}$ の方向は，図 1 のように定義した．つまり真電荷がないので，$D_\perp$ は境界で連続なのである．

しかし，誘電率が異なるので電場は連続でない．前節の(7)より

$$\textbf{接続条件 I}\quad \varepsilon_1 E_{1\perp} = \varepsilon_2 E_{2\perp} \tag{2}$$

であることがわかる．また境界での分極電荷は面電荷なので，それが作る電場は，面の近傍では垂直成分しかもたない．つまり電場の水平成分 $E_\parallel$ は境界でも連続的にしか変化しない．つまり境界面上では

$$\textbf{接続条件 II}\quad E_{1\parallel} = E_{2\parallel} \tag{3}$$

である．(2)と(3)が，境界での電場の「接続条件」となっている．

面上に発生する分極電荷の大きさは，(2)より求まる．その面密度を σ とすれば，それは面の両側の電場の垂直成分に，σ/ε_0 の違いをもたらす．つまり

$$\frac{\sigma}{\varepsilon_0} = E_{1\perp} - E_{2\perp} = \left(1 - \frac{\varepsilon_1}{\varepsilon_2}\right) E_{1\perp} \tag{4}$$

である．またこの式は，次のようにしても求められる．まず1側に生じる分極電荷は

$$\sigma_1 = P_{1\perp} = -\chi_{e1} E_{1\perp}$$

であり，2側も同様に表わせるから，全分極電荷密度は

$$\sigma = \sigma_1 + \sigma_2 = -\chi_{e1} E_{1\perp} + \chi_{e2} E_{2\perp}$$

▶(2)と(12.2.2)を使う．

これを少し変形すれば，(4)となる．

[例1] **誘電体の板**

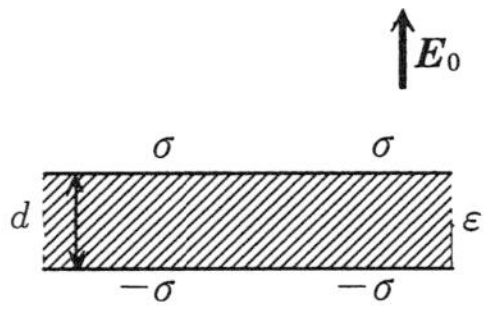

図2 一様な電場中の誘電体の板

例題 厚さ d，誘電率 ε の無限に広がる誘電体の板がある(図2)．それに垂直に，外部から電場 $\boldsymbol{E}_0$ をかける．そのときの板の内外の電場，分極電荷密度，分極ベクトルの大きさを求めよ．

[解法] 分極電荷は，図2のように板の上下の面に生じる．これは平行板上の電荷と同じだから，それによる電場は板の内部にしか生じない．したがってまず，外部の電場は E(外部)$=E_0$ であることがわかる．したがって(2)より，板の内部の電場は

$$E = \frac{\varepsilon_0}{\varepsilon} E_0$$

となる．また板の表面の面電荷密度を σ とすれば

$$\sigma = \varepsilon_0 \left(1 - \frac{\varepsilon_0}{\varepsilon}\right) E_0$$

となる．また(12.3.3)より，これは分極ベクトルの大きさに等しい．

[例2] **電場の屈折**

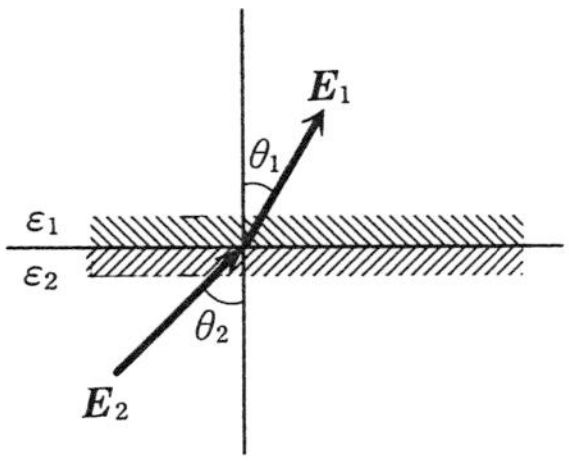

図3 接触面での電場の屈折

例題 誘電率が ε_1 と ε_2 の誘電体が，無限に広がる平面で接触している．そして，1側には接触面に対し角度 θ_1 で，一様な電場 $\boldsymbol{E}_1$ があるとする(図3)．そのときの2側の電場の大きさと向きを求めよ．

[解法] (2)と(3)より，

$$E_{2\perp} = \frac{\varepsilon_1}{\varepsilon_2} E_{1\perp} = \frac{\varepsilon_1}{\varepsilon_2} |\boldsymbol{E}_1| \cos\theta_1$$

$$E_{2\parallel} = E_{1\parallel} = |\boldsymbol{E}_1| \sin\theta_1$$

と求まる．したがって

$$\tan\theta_2 = \frac{E_{2\parallel}}{E_{2\perp}} = \frac{\varepsilon_2}{\varepsilon_1} \tan\theta_1$$

これを，**電場の屈折の法則**という．

12.5 磁性体と磁化ベクトル

ぽいんと

この節からは，磁場をかけたときの物質の反応を考える．磁場に対する性質に着目したとき，物質を**磁性体**と呼ぶ．そして誘電体における分極ベクトルに対応して，磁化ベクトルという概念を導入する．

キーワード：磁化ベクトル，スピン，常磁性，反磁性，強磁性

■磁気双極子モーメントと磁化ベクトル

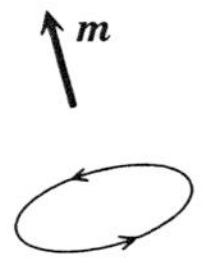

図 1　ループ電流の磁気双極子モーメント

微小なループ電流のことを磁気双極子という(4.5 節)．ループの面積と電流との積が磁気双極子モーメントであり，ループ面に垂直な方向を向くベクトルだと考える(図 1)．

物質を構成する原子 1 つ 1 つが，これと同じ磁場を生じることがある．そして，各原子の磁気双極子モーメントの方向に何らかの一貫性があれば，物質全体としても磁気的な性質を示すことになる．それを表わすために，磁化ベクトルというベクトルを次のように定義する．

微小だが原子を多数含んでいる領域 $\varDelta V$ を考える．その内部の各原子の磁気双極子モーメントを $\boldsymbol{m}$ とすると，その領域の**磁化ベクトル** $\boldsymbol{M}$ とは

$$\boldsymbol{M} = \sum_{\varDelta V\ \text{内の原子}} \boldsymbol{m}/\varDelta V$$

と定義される．磁化ベクトルを生ずることを磁化という．

■磁気双極子モーメントの由来

磁化ベクトルが生じるためには，まず原子 1 つ 1 つが磁気双極子モーメントを持っていなければならない．その機構には，2 つのものがある．

(1)　**電子の運動**

原子の内部では電子が運動している．そして電荷をもつ粒子が動けば磁場が生じ，磁気双極子モーメントができることもある．しかし，すべての原子が磁気双極子モーメントを持っているわけではない．電子の運動が球対称で，ループ電流のような回転の方向というものがなければ，磁場は生じない．あるいは 1 つ 1 つの電子には回転方向があっても，複数の電子が対称に動いているので，磁場が相殺してしまうことも多い．

しかし，外部から磁場をかけると話は違ってくる．動いている電子はローレンツ力を受け，その運動に変化が生じる．そしてその変化は，磁場の向きと電子の運動方向の相対的な関係に依存するだろう．その結果，原子全体としての対称性が破れ，原子は磁場を持つようになる．原子に電場をかけると分極して，電気双極子となるのと類似の現象である．

（2）　**スピン**

電子は**スピン**という性質をもっている．スピンの厳密な定義は量子力学の巻で説明するが，電磁気に関することに限って言えば，電子は静止していても，固有の磁気双極子モーメントをもっているということを意味する．電子を小さな球(あるいは輪)だと考え，スピンとはそれの自転のようなものだという直観的な説明もある．しかし，電子は大きさのない点状の粒子なので，厳密には数学的に解釈しなければならない，抽象的な概念である．

電子１つ１つは磁気双極子モーメントをもっているが，原子や分子全体ではそれらが消し合ってしまうことが多い．そうならないためには，分子中の電子の総数が奇数でなければならない．

また原子核もスピンをもっている．しかしそれによる磁気双極子モーメントは，電子に比べてはるかに小さい．質量に反比例するからである．

■常磁性体・反磁性体・強磁性体

誘電体の場合でもそうだったが，原子や分子１つ１つが双極子モーメントを持っていたとしても，物質全体として磁化を持つわけではない．１つ１つの磁気双極子モーメントの方向に，関連性が現われなくてはならない．その機構は，以下にあげるように3つに分類される．

（1）　**常磁性体**

これは，原子や分子がスピンに起因する磁気双極子モーメントを持っている場合に起こる．外から磁場をかけると，それらが似たような方向を向き，物質全体として磁化を持つことになる．原子・分子の１つ１つを小さな磁石だと考え，外から大きな磁石を近づけたときに小さな磁石がその方向を向く状況を考えればよい．磁石は互いに引き付け合う方向に向くことに注意しよう．

（2）　**反磁性体**

これは，電子の運動が外からの磁場に影響されて，磁気双極子モーメントを持つ場合である．外からの磁場により生じるのだから，どの原子のモーメントも同じような向きになり，物質全体としても磁化する．しかしその性質は，常磁性体とは大きく異なる．まず，その大きさはずっと小さい．また生じる磁気双極子モーメントの向きは，外からの磁場と逆方向になる．つまり反発力を生じる．これが反磁性という言葉の由来である．

（3）　**強磁性体**

これは永久磁石のように，外から磁場をかけなくても磁化している物質のことである．磁化の原因は原子間力である．原子１つ１つがスピンによる磁気双極子モーメントを持ち，しかも隣り合った原子の間に，お互いのモーメントの向きを平行にしようとする力が働いていると，このようなことが起こりうる．

12.6 磁性体の作る磁場・磁化電流

ぽいんと

誘電体が分極したときにできる電場は，分極電荷の分布を求めて計算することができた．それと同様に，磁性体が磁化したときにできる磁場は，磁化電流という概念を導入して考える．

キーワード：磁化電流

■磁性体と磁化電流

誘電体が分極すれば電荷が誘導される．分極電荷と呼ばれているが実体は電荷そのものなので，それの作る電場も通常の法則を用いて計算することができる．

一方，磁化の場合，物質の持つ磁気双極子モーメントの起源は，原子中の電子の動きや電子のスピンである．どちらにしろ，原子のレベルでの物理学，つまり量子力学的な考察が必要となる．しかし，ここではそこまで立ち入ることはせず，その結論だけを使って話を進めることにする．

その結論を一言で言うと，

［磁気双極子モーメントの起源が何であるにしろ，物質全体の電磁気的性質に関しては，それと同じ大きさの磁気双極子モーメントをもつループ電流と同じ振る舞いをする.］

となる．

ここで同じ振る舞いと言ったが，それには2つの意味がある．まず，(i) この磁気双極子モーメントの作る磁場は，ループ電流の作る磁場に等しいということ，(ii) そして外から磁場をかけたときに受ける力は，ループ電流が受ける力に等しいということである．中でも(i)が重要である．電気双極子の作る電場と，ループ電流による磁気双極子の作る磁場では，その外部での形は同じだが内部では違うということを以前説明した．電場の向きは電気双極子の内部では逆転している(4.5節)．磁性体の中でこの逆転現象は起こらないというのが，上の主張の主旨である．

以上のことより，磁化があるときの磁場は，その磁化に対応する電流分布を求めれば計算できることになる．この電流のことを**磁化電流**という．分極電荷と違って，この磁化電流は現実に存在する電流ではない．しかし，これを考えれば，あとは今までの電磁気学の法則がすべてそのまま使えるのである．

［例］ **柱状の磁性体と磁化電流**

柱状の物質が一様に，高さの方向に磁化しているとし，それがどのような磁化電流に対応しているかという問題を考えよう．簡単な例だが，後でより一般的な場合を考えるときに役立つ(磁化が一様でない場合の磁化電流を求める公式は，次節の(2))．

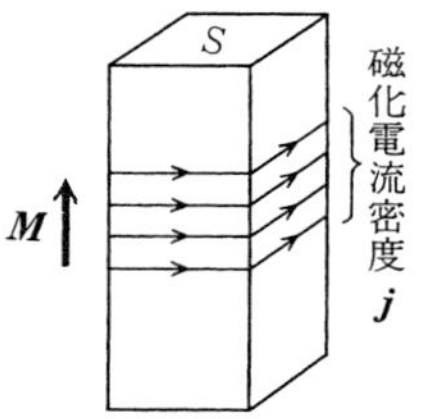

図 1 磁化をもつ柱の磁化電流

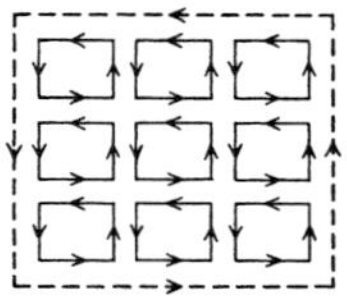

図 2 ループ電流の集合

磁化の大きさを M，断面積を S とすると，長さ l 当たりの磁気双極子モーメントの大きさは，MlS である(図 1)．

一方，柱の側面を密度 $\boldsymbol{j}$ の電流が回っていたとしよう．すると長さ l 当たりの電流は jl だから，磁気双極子モーメントは jlS となる．これが与えられた磁化に等しくなるには，

$$\boldsymbol{j} = \boldsymbol{M} \tag{1}$$

であればいいことがわかる．

注意 磁化は小さな磁気双極子から構成されているので，その 1 つ 1 つをループ電流に置き換えるという考え方もできる．その場合でも磁化が一様ならば，隣り合った電流は大きさが同じでしかも逆向きなので，互いに相殺し，結果としては柱の表面にだけ電流が流れることになる(図 2)．

次に，この柱の磁化によって生じる磁場を計算しよう．最初は無限に長い柱を考える．磁化電流に置き換えて考えれば，これはソレノイドに他ならないから，磁場は柱の中にのみ存在し，その大きさは

$$B = \mu_0 j$$

であることがわかる(4.2 節)．したがって，柱の中では

$$B = \mu_0 M \qquad (\text{無限長の柱}) \tag{2}$$

という関係があることもわかる．

また逆に，短いが無限に広いという場合を考えてみよう．柱というよりも板であるが，上の議論で $S \to \infty$ の極限を考えればよい．つまり対応する磁化電流は，無限遠を 1 周する大きさ M のループ電流である．しかし無限遠に流れている電流はその大きさが有限であるかぎり，磁場は生じない．つまり

$$B = 0 \qquad (\text{無限大の板}) \tag{3}$$

である．これは，磁化による磁場が磁化電流による磁場と考えたことの結果である．もしそうではなく，誘電体の分極電荷の場合のように，磁化を「磁荷」というものに置き換えていたとしたら，板の内部の磁場はゼロではないことになったはずである．

12.7 磁界と磁化電流

ぽいんと

一定とは限らない一般の磁化ベクトルの分布が与えられたとき，それの表わす磁化電流を求める公式を説明する．このために磁界という便利な量を導入する．

キーワード：磁界，全電流，真電流

■磁　界

磁化の作る磁場は，磁化電流の作る磁場として計算できるということを何度も述べてきた．しかしここで，誘電体の場合と同様に，あたかも磁荷というものが存在し，それによる磁気双極子が磁化を構成していると考えたときに生じる（仮想上の）磁場を考えることにする．慣習によりそれを $\mu_0 \boldsymbol{H}$ と表わし，$\boldsymbol{H}$ のことを**磁界**と呼ぶ．

より厳密には，次のように定義する．「磁化ベクトル場 $\boldsymbol{M}$ があるとき，まずそれに等しい分極ベクトル場が生成する電場 $\boldsymbol{E}$ を考える．そしてその電場の式で，$\varepsilon_0{}^{-1}$ と μ_0 の置き換えをしたのが，ここで考える仮想上の磁場 $\mu_0 \boldsymbol{H}$ である．」

このような置き換えは，ループ電流の作る磁場と電気双極子層の作る電場との比較をしたときに出てきた（4.5 節）．以下の話でも，そこで証明した等価双極子層の定理を利用する．

■磁場と磁界の関係

定理　磁化した物質があるとき，その物質の内外で

$$\boldsymbol{B} = \mu_0 \boldsymbol{H} + \mu_0 \boldsymbol{M} \tag{1}$$

という関係が成り立つ．

［証明］　まず，その物質の外部で(1)が成り立つことを証明しよう．物質のないところでは磁化などないから，(1)は $\boldsymbol{B}=\mu_0 \boldsymbol{H}$ となるが，これは本質的には等価双極子層の定理に他ならない．議論を厳密にしたければ，この物質を板に細分割する．十分細かく分割すれば，1 つの板の中では磁化 $\boldsymbol{M}$ は一定だと考えられるので，その部分は，その周囲を回るループ電流に置き換えられる．すると等価双極子層の定理が適用できて，その板の作る磁場はその外部では $\boldsymbol{B}=\mu_0 \boldsymbol{H}$ となる．物質の外部は，そのような板すべての外部だから，物質全体の作る $\boldsymbol{B}$ と $\mu_0 \boldsymbol{H}$ が等しい．

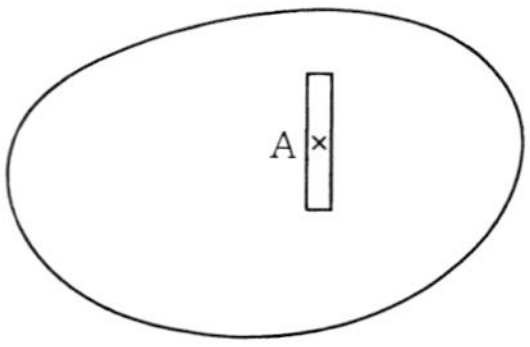

図 1　点 A での磁場の計算法

物質の内部での(1)の証明は，少し面倒である．図 1 の点 A で(1)が成り立っているかを考えてみよう．まず，点 A を含む断面積が無限小の，しかし長さは有限な磁場の方向を向く柱を考える．そして柱以外の部分の物質が作る磁場を $\boldsymbol{B}_1$，柱の部分の物質が作る磁場を $\boldsymbol{B}_2$ とする．現実の磁

場はその和だから

$$\boldsymbol{B} = \boldsymbol{B}_1 + \boldsymbol{B}_2$$

である．磁界 $\boldsymbol{H}$ も同じように分割しよう．

$$\boldsymbol{H} = \boldsymbol{H}_1 + \boldsymbol{H}_2$$

まず，点Aは「柱以外の部分」の外部だから，上で証明したことにより

$$\boldsymbol{B}_1 = \mu_0 \boldsymbol{H}_1$$

である．また，この柱は長さが断面積に比べて無限だから，(12.6.2)より

$$\boldsymbol{B}_2 = \mu_0 \boldsymbol{M}$$

である．そして最後に，柱の断面積は無限小だから，誘電体に対応させたときの分極電荷は無限小で

$$\boldsymbol{H}_2 = 0$$

である．以上の3つの式を組み合わせれば，(1)が求まる．(証明終)

■磁化電流の分布

上の定理は，磁場の計算という応用上にも役立つ．またこれを使えば，理論的にも重要な磁化電流に関する関係式を導くこともできる．

まず電荷の場合と同じように，全電流 $\boldsymbol{j}$，真電流 $\boldsymbol{j}_\mathrm{t}$，磁化電流 $\boldsymbol{j}_\mathrm{M}$ というものを区別しよう．**真電流**とは，磁化とは無関係に本当に存在している電流，磁化電流とは前にも述べたように，磁化による磁場を表わす電流，そして**全電流**とはその和である(ここで $\boldsymbol{j}$ などはすべて，体積密度を表わすものとする)．

これらを使って表わすと，磁場は真電流の効果も磁化の効果も含んでいるので，アンペールの法則より

$$\nabla\times\boldsymbol{B} = \mu_0\boldsymbol{j} = \mu_0(\boldsymbol{j}_\mathrm{t}+\boldsymbol{j}_\mathrm{M})$$

である(時間依存性があるときは，これに変位電流の項が加わる)．次に磁界は，磁化の効果を静電気的なものに置き換えてしまっているので，それによる回転はない．しかし，真電流の効果はそのまま取り入れているので，

$$\nabla\times(\mu_0\boldsymbol{H}) = \mu_0\boldsymbol{j}_\mathrm{t} \tag{2}$$

この両式を(1)と組み合わせれば，

$$\nabla\times\boldsymbol{M} = \boldsymbol{j}_\mathrm{M} \tag{3}$$

という関係が求まる．これは磁化ベクトル $\boldsymbol{M}$ の分布が与えられたときに，それに対応する磁化電流の分布を求める，一般的な関係式である(章末問題12.7参照)．

注意　真電流だけで回転が決まる磁界 $\boldsymbol{H}$ は，真電荷だけで発散が決まる電束密度 $\boldsymbol{D}$ の対応物だとみなすこともできる．ここでは $\boldsymbol{H}$ を先に定義して，(1)の関係を証明したが，$\boldsymbol{H}$ を(1)の式により定義し，$\boldsymbol{M}$ の性質を使って $\boldsymbol{H}$ の発散と回転を導くこともできる($\boldsymbol{D}$ に対する議論に対応する)．

12.8 物質の磁性

ぽいんと

磁化という状態は磁化ベクトルにより表わされることがわかった．それでは，現実にどのような状況でどのような磁化ベクトル $\boldsymbol{M}$ が生じるのだろうか．それは12.5節で述べたように，物質により大きく異なる．いくつかに分類して説明しよう．

キーワード：磁気感受率，透磁率，磁化率，履歴(ヒステリシス)，完全反磁性，マイスナー効果

■常磁性体・反磁性体

12.5節で述べたように，そこにかかっている磁場と同じ向きに磁化するものを常磁性体といい，逆向きに磁化するものを反磁性体という．どちらにしろ磁場があまり大きくなければ，生じる磁化ベクトルはその場所での磁場に比例するだろう．(磁場が時間とともに変化しているときは必ずしもそうとは言えないが，ここでは静磁場を考えることにする.) 電場 $\boldsymbol{E}$ と分極ベクトル $\boldsymbol{P}$ の比例関係に対応するものだが，磁場の場合，$\boldsymbol{M}$ と $\boldsymbol{B}$ ではなく，$\boldsymbol{M}$ と $\boldsymbol{H}$ の比例関係で比例係数を定義するのが慣習になっている．つまり

$$\boldsymbol{M} = \frac{\chi_m}{\mu_0}\boldsymbol{H}$$

▶ $\boldsymbol{M}$ と $\boldsymbol{B}$ は

$$\boldsymbol{M} = \frac{\chi_m}{\mu\mu_0}\boldsymbol{B}$$

となる．

とし，この χ_m を**磁気感受率**という．すると

$$\boldsymbol{B} = \mu_0(\boldsymbol{H}+\boldsymbol{M}) = (\mu_0+\chi_m)\boldsymbol{H} = \mu\boldsymbol{H} \qquad (\mu\equiv\mu_0+\chi_m) \qquad (1)$$

となる．この μ を**透磁率**という．μ_0 は**真空の透磁率**だということになる．常磁性の場合は $\chi_m>0$ $(\mu>\mu_0)$，反磁性の場合は $\chi_m<0$ $(\mu<\mu_0)$ である．比 χ_m/μ_0 のことを**磁化率**と呼び，これを χ_m と書くこともある．無次元量であり，反磁性体で -10^{-5}，常磁性体で 10^{-3} 程度の値をとる物質が多い．

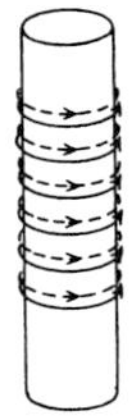

図1　真電流(→)と磁化電流(⇢)($\chi_m>0$ のとき)

[例]　**内部に磁性体があるときのソレノイド**

例題　無限に続くソレノイドの内部に，透磁率 μ の磁性体がつまっている(図1)．単位長さ当たりの巻き数を n，電流を I とするとき，内部の磁場を求めよ．また，磁化電流の大きさを求めよ．

[解法]　磁性体がない場合と同様(4.2節)に考える．ただし今の場合，真電流はわかっているが，磁化電流は最初からはわかっていない．そこで前節の式(3)から出発するのが便利である．この式を積分形にすれば

$$\int_C H_{\parallel}dl = (C \text{を貫く真電流})$$

である．これより4.2節と同じ議論により

$$B = \mu H = \mu nI$$

と求まる．磁性体のない場合の磁場（$\boldsymbol{B}_0$ とする）の式(4.2.1)で，μ_0 と μ を入れ換えた値である．

ところで，B_0 と B の差が，磁化電流の効果に他ならない．しかも B の形は B_0 と同じだから，磁化電流はもともとの電流（真電流）とまったく同じ形，つまり内部に詰められた磁性体の表面を流れている．そこで，表面での磁化電流の面密度を j_{M} とすれば，$B-B_0=\mu_0 j_{\mathrm{M}}$ より

$$j_{\mathrm{M}}=\frac{B-B_0}{\mu_0}=\frac{\chi_m}{\mu_0}nI$$

常磁性体の場合は真電流と同じ向き，反磁性体の場合は逆向きである．

■強磁性体

磁場をかけなくても，分子間の相互作用で自発的に磁化してしまうものがあると 12.5 節で説明した．いわゆる永久磁石のことである．このような物質でも，高温になると各原子が勝手に運動し始めて，強磁性体から常磁性体に変化してしまう．

強い永久磁石を作るには，この逆のプロセスを使えばよい．つまりまず常磁性体の状態にしておいて磁場をかける．するとすべての原子の磁気双極子モーメントがその磁場の方向を向く．それからゆっくり冷やし，強磁性体の状態にする．原子間の力があるので，その後かけた磁場を除いてしまっても磁化はそのまま残る．もし磁場をかけないで急激に冷やしたとすると，近距離の原子のモーメントの向きはそろうが，離れた場所を比較すると勝手な方向を向いてしまうので，全体としては永久磁石にはならない．

以上の話からもわかるように，自発的に磁化が生じるといっても，その方向はその物質の生成過程に依存する．このような現象を**履歴（ヒステリシス）**という．

強磁性体でも，物質全体として 1 つの方向に磁化していないときは，常磁性的な性質を示す．そして H に対する M の変化率として磁化率が定義できるが，10 から 100 程度の値になり，常磁性体に比べて非常に大きい．

■超伝導（完全反磁性）

まったく抵抗のない状態，つまり電気伝導度が無限の状態を**超伝導**という．つまり，その物質の内部に電場が存在していなくても，電流が永久的に流れ続けるということである．

超伝導体には，磁場に関しても**完全反磁性**と呼ばれる特殊な性質がある．これは $\mu=0$ ということで，(1)からわかるように内部に磁場は入り込めない．外部から磁場をかけると，内部でその磁場を打ち消すような電流が表面に流れる（図 2）．これを**マイスナー効果**と呼ぶ．その結果，外部磁場をかけた物質との間に反発力が発生し，その物質は軽ければ浮き上がる．

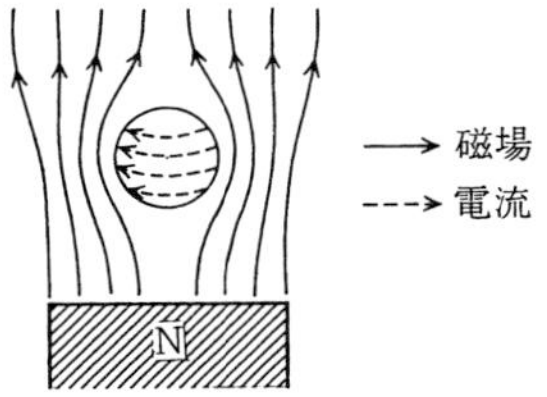

図 2　超伝導物質と磁場（マイスナー効果）

章末問題

[12.2 節]

12.1 一様な電場 $\boldsymbol{E}_0$ に垂直に，有限の厚さをもち無限に広い，(12.2.1)が成り立つ誘電体の板を置く．表面に生じる分極電荷と，板の内外での電場，分極ベクトルを求めよ．板が電場に対して傾いている場合はどうなるか．(この問題は 12.4 節でも，誘電体内外での電場の接続条件を使って解くが，ここではその条件を使わずに計算せよ.)

12.2 底面が，導体表面のすぐ外側とすぐ内側にある，無限小の円柱(あるいは角柱)に(12.2.3)を適用することにより(12.1.3)を導け．

12.3 一様な電場 $\boldsymbol{E}_0$ に平行に，底面積に比べ非常に長い円柱(あるいは角柱)の誘電体を置く．電場と分極ベクトル求めよ．(問題 12.1 との違いに注意せよ.)

[12.3 節]

12.4 半径が a，誘電率が ε の誘電体の球の中心に，電荷 q の荷電粒子を置く．球内外での電場と電位を求めよ．

[12.4 節]

12.5 一様な電場 $\boldsymbol{E}_0$ 中に，半径 a の誘電体の球を置く．誘電体は一様に分極するということを認めた上で，分極の大きさと，球内外での電場を求めよ．(このときの分極電荷の分布は，問題 10.6 で求めた誘導電荷の分布に比例している．そのことを使って，分極電荷が球の内外に作る電場を計算せよ.)

12.6 xyz 座標で表わしたとき，$(a,0,0)$ の位置に電荷 q を，また $x<0$ の領域全体に誘電体を置く．$x>0$ での電場は，誘電体の代わりに $(-a,0,0)$ の位置に電荷 $-q'$ を置いたものに等しいということを認めた上で，$x=0$ での接続の条件より q' の大きさを定めよ．

[12.7 節]

12.7 (12.7.3)をストークスの定理を使って積分形にし，それより(12.6.1)を導け．

[12.8 節]

12.8 12.8 節の透磁率 μ の磁性体が詰まっているソレノイドの，単位長さ当たりのインダクタンスを求めよ．

12.9 (1) 一様な磁場 $\boldsymbol{B}_0$ の中に，それと垂直に透磁率 μ の磁性体の板(有限の厚さと無限の広さをもつ)を置く．板内外の磁場と磁化ベクトルを求めよ．

(2) 一様な磁場 $\boldsymbol{B}_0$ と平行に，底面積に比べ非常に長い円柱(あるいは角柱)の磁性体を置く．柱内外の磁場と磁化ベクトルを求めよ．

12.10 磁場に対して，12.4 節における電場の接続条件，および屈折の法則に対応するものを求めよ．

さらに学習を進める人のために

この本では，電磁気学の基本法則であるマクスウェル理論まで学んだ．この本では扱えなかった，さらに進んだ問題をあげると，

(1)　この本では少ししか触れることができなかった，電磁波の問題．

(2)　マクスウェル方程式を，力学の方程式として再解釈する問題．

(3)　電磁気学と量子力学との関係．

(4)　電磁気学と相対性理論の関係．

(1)および(2)については，本シリーズの第5巻「振動・波動」で扱うことになる．物体の振動と電磁波は，対象としてはかなり異なったものだが，数学的にも概念的にも共通点が多いので，本シリーズに限らず一緒に語られることが多い．

電磁気学とは相対性理論誕生の源となったものであり，また相対性理論を考えると，マクスウェル方程式をまったく新しい角度から見なおすことができる．そのことについては本シリーズ第6巻「相対論的物理学」で学ぶ．

光(そして電磁波)は，光子という粒子の集まりだというのが，現代物理での見方である．しかし，この本で導きだした電磁波を粒子の集まりだと見なすには，量子力学的な考えを導入しなければならない．量子電磁気学という高度な分野全体を本シリーズに収めることはできないが，「光子」という概念の起源は，第3巻「量子力学」で説明する．

最後に，個性的な参考書として3冊だけ本をあげておく．まず(量子力学ではなく古典力学としての)電磁気学についての高度な教科書としては，

[1]　パノフスキィー，フィリップ，電磁気学 上下(吉岡書店)

が有名である．また，

[2]　ファインマン，レイトン，サンズ，ファインマン物理学Ⅲ 電磁気学(岩波書店)

には物理的に興味深い問題が，著者独特の見方で語られている．

演習書としては，たとえば

[3]　加藤正昭，演習 電磁気学(サイエンス社)

に，示唆に富む問題や解答が豊富に収められている．

章末問題解答

第1章

1.1 $\left|\dfrac{\text{万有引力}}{\text{電気力}}\right| = \dfrac{Gm_1 m_2}{e^2/4\pi\varepsilon_0} = 4.41\times10^{-40}$

1.2 答を r% とすると

$$Gm(\text{太陽})\cdot m(\text{地球}) = \frac{e^2}{4\pi\varepsilon_0}\left\{\frac{m(\text{地球})}{2m(\text{陽子})}\cdot\frac{r}{100}\right\}^2$$

よって，$r\simeq1.04\times10^{-13}$ となる．

1.3 $\hat{\boldsymbol{r}}=\left(\dfrac{x}{r}, \dfrac{y}{r}, \dfrac{z}{r}\right)$，$\boldsymbol{p}\cdot\hat{\boldsymbol{r}}=qd\dfrac{z}{r}$ などを使えばよい．

1.4 ヒントの変数変換をすれば

$$(1.4.1) = \int_{-\pi/2}^{\pi/2}\frac{\cos^3\theta}{a^3}\frac{a}{\cos^2\theta}d\theta = \frac{2}{a^2}$$

$$(1.4.4) = \int_0^{\infty}\frac{1}{2}\frac{dx}{(x+a^2)^{3/2}} = \frac{1}{a}$$

1.5 板それぞれが作る電場を加えればよい．外側では $|\boldsymbol{E}|=0$．内側では $|\boldsymbol{E}|=\sigma/\varepsilon_0$.

1.6 (1.4.3)の積分を a までで止めれば

$$E_{\perp}(z) = \int_0^a\frac{\sigma}{2\varepsilon_0}\frac{zr}{(z^2+r^2)^{3/2}}dr = \frac{\sigma}{2\varepsilon_0}\left\{1-\frac{z}{(z^2+a^2)^{1/2}}\right\}$$

$$E_{\perp}(z\to0) = \frac{\sigma}{2\varepsilon_0} \qquad (\text{平面電荷の電場})$$

また，$z\to\infty$ で，

$$\frac{z}{(z^2+a^2)^{1/2}} = \frac{1}{(1+a^2/z^2)^{1/2}} \simeq 1-\frac{1}{2}\frac{a^2}{z^2}$$

だから，

$$E_{\perp}(z\to\infty) = \frac{\pi a^2\sigma}{4\pi\varepsilon_0}\cdot\frac{1}{z^2} \qquad (\text{点電荷の電場})$$

1.7 前半は $(\partial/\partial x)r^{\alpha}=(\alpha-1)r^{\alpha-1}(\partial r/\partial x)=(\alpha-1)r^{\alpha-1}(x/r)$ 等を使えばよい．後半は，

$$\nabla r^{\alpha} = (\alpha-1)r^{\alpha-1}\cdot\left(\frac{\partial}{\partial x}, \frac{\partial}{\partial y}, \frac{\partial}{\partial z}\right)r = (\alpha-1)r^{\alpha-1}\cdot\left(\frac{x}{r}, \frac{y}{r}, \frac{z}{r}\right) = (\alpha-1)r^{\alpha-1}\frac{\boldsymbol{r}}{r}$$

$$\nabla(\boldsymbol{p}\cdot\boldsymbol{r}) = \left(\frac{\partial}{\partial x}, \frac{\partial}{\partial y}, \frac{\partial}{\partial z}\right)(p_x x+p_y y+p_z z) = (p_x, p_y, p_z) = \boldsymbol{p}$$

等を使えばよい．

1.8 $\sqrt{x^2+a^2}=a(1+t^2)/(1-t^2)$ となるから

$$(1.6.5) = \int\frac{(1-t^2)}{a(1+t^2)}\frac{2a(1+t^2)}{(1-t^2)^2}dt$$

$$= \int\left(\frac{1}{1+t}-\frac{1}{1-t}\right)dt = \log\left|\frac{1+t}{1-t}\right| + \text{定数}$$

1.9 (1.4.3)と同じように考え，ただし，半径 R の範囲で積分すると，

$$\phi(z) = \Sigma \frac{\sigma}{4\pi\varepsilon_0}\frac{2\pi r\Delta r}{\sqrt{z^2+r^2}} \Rightarrow \int_0^R \frac{\sigma}{2\varepsilon_0}\frac{rdr}{(z^2+r^2)^{1/2}}$$

$$= \frac{\sigma}{2\varepsilon_0}(\sqrt{R^2+z^2}-|z|) = \frac{\sigma}{2\varepsilon_0}\{R-|z|+O(1/R)\}$$

$$\underset{R\to\infty}{\simeq} -\frac{\sigma|z|}{2\varepsilon_0}+\text{定数}$$

第 2 章

2.1 (1) y を決めたとき，x は，$y \leqq x \leqq 2-y$.

$$\therefore \quad \text{面積} = \int_0^1\left(\int_y^{2-y} 1dx\right)dy = \int_0^1 (2-2y)dy = 1$$

(2) θ が $\Delta\theta$ だけ変化したときの球面上での距離は $a\Delta\theta$. ϕ が $\Delta\phi$ だけ変化したときは $a \sin\theta\, \Delta\phi$. だから，この微小な長方形の面積は $a^2 \sin\theta\, \Delta\theta\Delta\phi$

$$\therefore \quad \text{全面積} = \Sigma a^2 \sin\theta\, \Delta\theta\Delta\phi \Rightarrow a^2\int_0^\pi\left(\int_0^{2\pi} \sin\theta d\phi\right)d\theta$$

$$= a^2\int_0^\pi 2\pi \sin\theta d\theta = 4\pi a^2$$

(3) z＝一定，厚さ Δz の円板の体積は $\pi(a^2-z^2)\Delta z$ だから，

$$\text{全体積} = \int_{-a}^a \pi(a^2-z^2)dz = \frac{4}{3}\pi a^3$$

あるいは，半径 r，厚さ Δr の球殻の体積は $4\pi r^2 \cdot \Delta r$ だから

$$\text{全体積} = \int_0^a 4\pi r^2 dr = \frac{4}{3}\pi a^3$$

2.2 (1) 球の外部では $|\boldsymbol{E}| = \frac{1}{4\pi\varepsilon_0}\frac{|Q|}{r^2}\left(Q = \frac{4}{3}\pi a^3\rho\right)$. 球の内部では，半径 r($<a$) の球面にガウスの法則を使うと，

$$|\boldsymbol{E}|\cdot 4\pi r^2 = \frac{1}{\varepsilon_0}\frac{4}{3}\pi r^3\cdot\rho \Rightarrow |\boldsymbol{E}| = \frac{\rho}{3\varepsilon_0}r$$

(2) 単位長さ当たりの電荷は $\pi a^2\rho$ だから，円柱外部の電場は，$|\boldsymbol{E}| = (\pi a^2 \times |\rho|/2\pi\varepsilon_0 r)$，円柱内部では，半径 r ($<a$)，長さ l の円筒にガウスの定理を使うと，

$$|\boldsymbol{E}|2\pi rl = \frac{l}{\varepsilon_0}\pi r^2|\rho| \Rightarrow |\boldsymbol{E}| = \frac{|\rho|}{2\varepsilon_0}r$$

2.3 電場が球対称だから，電荷分布も球対称でなければならない．つまり，電荷密度は原点からの距離 r のみの関数になるので $\rho(r)$ と書く．すると，半径 r の球内の全電荷は，幅 Δr の球殻内の電荷の和であると考えて，

$$\sum_{r'<r} \rho(r')\cdot 4\pi r'^2\cdot\Delta r' \Rightarrow 4\pi\int_0^r \rho(r')r'^2 dr'$$

これが

$$\varepsilon_0 \int_{\text{半径 } r \text{ の球面}} E_\perp dS = \varepsilon_0\frac{A}{4\pi\varepsilon_0}r^2\cdot 4\pi r^2 = Ar^4$$

に等しいのだから，r で微分して

$$4\pi\rho r^2 = \frac{d}{dr}(Ar^4) \Rightarrow \rho(r) = \frac{A}{\pi}r$$

また，$r>a$ で $\boldsymbol{E}=0$ になるには，半径 a の球面上に，その内部の電荷を打ち消す表面電荷がなければならない．その電荷面密度を σ とすると

$$4\pi a^2\sigma = -4\pi\int_0^a \rho(r')r'^2dr' = -Aa^4 \qquad \therefore\quad \sigma = -\frac{Aa^2}{4\pi}$$

2.4　電場を考える球内の点をAとする．点Aを頂点とし，頂角が無限小でしかも等しい正反対へのびる円錐を2つ考え，その円錐と球面が交差する部分の電荷の寄与が相殺することを示そう．まず電荷の量は，Aから球面までの距離の2乗に比例する．なぜなら，円錐の底面積は頂点からの距離の2乗に比例するが，交差する部分の球面は中心軸と同じ角度をなすからである．(一般に円の弦の両端での接線は，弦に対し同じ角度をなす.) また電場は距離の2乗に反比例するので，結局電場は相殺する．

第3章

3.1　$a_x(a_yb_z-a_zb_y)+a_y(a_zb_x-a_xb_z)+a_z(a_xb_y-a_yb_x)=0$

3.2　x 成分：左辺 $=0$,　　右辺 $=(ac_x)b_x-(ab_x)c_x=0$

y 成分：左辺 $=-a(b_xc_y-b_yc_x)$,　　右辺 $=(ac_x)b_y-(ab_x)c_y$

z 成分：左辺 $=a(b_zc_x-b_xc_z)$,　　右辺 $=(ac_x)b_z-(ab_x)c_z$

3.3　$m(dv_x/dt)=qv_yB+qE$，$m(dv_y/dt)=-qv_xB$ より

$$\frac{d^2v_x}{dt^2} = -\left(\frac{qB}{m}\right)^2 v_x$$

$$\frac{d^2v_y}{dt^2} = -\left(\frac{qB}{m}\right)^2\left(v_y+\frac{E}{B}\right)$$

これは，v_x と $v_y+(E/B)$ が単振動することを意味する．時間平均すれば，$\langle v_x\rangle_{平均}=0$，$\langle v_y\rangle_{平均}=-E/B$．(電場により x 方向に電荷が動くと磁場により $-y$ 方向に曲げられてしまう．全体としては，円を描きながら $-y$ 方向へ動いていく.)

3.4　輪の微小部分 Δl が作る磁場は，Δl の方向と，そこから中心軸上の任意の点へ向かう方向が常に垂直なので

$$|\Delta\boldsymbol{B}(z)| = \frac{\mu_0}{4\pi}\frac{I\Delta l}{z^2+a^2}$$

輪全体が作る磁場は z 方向を向くから，これに $\cos\theta=a/\sqrt{z^2+a^2}$ を掛けて z 成分を求めてから和をとると，$\sum\Delta l=2\pi a$ だから

$$|\boldsymbol{B}(z)| = \frac{\mu_0}{4\pi}\frac{aI}{(z^2+a^2)^{3/2}}2\pi a = \frac{\mu_0 I}{2}\frac{a^2}{(z^2+a^2)^{3/2}}$$

3.5　MKSA単位系で計算すると

$$9.8\times10^{-3} = 10^{-7}\times\frac{2I^2}{10^{-2}}\times10^{-1} \quad \therefore\quad I = 70\ \mathrm{A}$$

3.6　$B(\text{ガウス})=10^{-7}\cdot\dfrac{2}{10^{-2}}\times10^4=0.2\ \mathrm{gauss}$

3.7　①1Cの電荷2個が1m離れているときの力は，$F=10^{-7}\times c'^2(\mathrm{N})=10^{-7}\times(c\times10^{-2})^2\times10^5(\mathrm{dyn})$ (c' はMKS系，c はCGS系での光速度の数値)．これが q CGSガウス単位の電荷間の力に等しいためには，$10^{-7}\times(c\times10^{-2})^2\times10^5=q^2/10^4$

$\therefore\quad q=c\times10^{-1}$.

② Δl m の長さの1Aの電流が，それと直角に1m離れた所を1m/secで動いている1Cの電荷に及ぼす力は

$$F = 10^{-7}\times\Delta l\ (\mathrm{N}) = \Delta l\times10^{-2}\ (\mathrm{dyn})$$

その電流が i CGSガウス単位に等しいとすれば

$$\Delta l\times 10^{-2}=\underbrace{\frac{c\times 10^{-1}}{c}}_{q/c}\times\underbrace{10^{2}}_{v}\times\underbrace{\frac{1}{c}\frac{i\Delta l\times 10^{2}}{(10^{2})^{2}}}_{\Delta \boldsymbol{B}}$$

$$\therefore\quad i=c\times 10^{-1}$$

③ Δl m の長さの 1 A の電流が 1 m 離れた所に作る磁場は

$$|\Delta \boldsymbol{B}|=10^{-7}\cdot\Delta l(\mathrm{T})$$

同じ量を CGS ガウス単位系で計算すれば

$$|\Delta \boldsymbol{B}|=\frac{c\times 10^{-1}}{c}\frac{\Delta l\times 10^{2}}{(10^{2})^{2}}=10^{-3}\Delta l(\mathrm{gauss})$$

$$\therefore\quad 1\,\mathrm{T}=10^{4}\,\mathrm{gauss}$$

第 4 章

4.1 積分公式(1.4.1)を使えば

$$\int_{-\infty}^{\infty}\frac{\mu_0 I}{2}\frac{a^2}{(z^2+a^2)^{3/2}}dz=\mu_0 I$$

(∞ から $-\infty$ へ戻る部分は考えなくてよい．半径 R の半円に沿って戻ると考えると，経路の長さは πR だが磁場の大きさは $1/R^3$ に比例するから，$R\to\infty$ では 0 になる.)

4.2 円柱の外部では $\mu_0 I/2\pi r$ $(I=\pi a^2 j)$．円柱の内部では，円柱に垂直でその軸を中心とする，半径 r $(<a)$ の円にアンペールの法則を使うと，

$$|\boldsymbol{B}|\cdot 2\pi r=\mu_0\cdot\pi r^2\cdot j\quad\Rightarrow\quad|\boldsymbol{B}|=\frac{\mu_0 j}{2}r$$

4.3 4.2 節図 3 の A の垂線の足から x だけ離れた幅 Δx の部分の電流の寄与は(3.4.5)より，A の高さを h として

$$|\Delta \boldsymbol{B}|=\frac{\mu_0}{2\pi}\frac{i\Delta x}{(x^2+h^2)^{1/2}}$$

これの水平方向の成分を積分すれば

$$|\boldsymbol{B}|=\int_{-\infty}^{\infty}\frac{\mu_0}{2\pi}\frac{i}{(x^2+h^2)^{1/2}}\frac{h}{(x^2+h^2)^{1/2}}dx$$
$$=\frac{\mu_0 i}{2}$$

(積分公式 $\int_{-\infty}^{\infty}\frac{dx}{x^2+h^2}=\frac{\pi}{h}$ を使う．この公式は $x=h\tan\theta$ として証明できる.)

4.4 電流は z 方向を向いており，その大きさは軸対称．z 軸との距離が r である位置の電流密度を $j(r)$ とすると，アンペールの法則より

$$2\pi\mu_0\int_0^r j(r')r'dr'=2\pi rB$$

両辺を r で微分すれば

$$j(r)=\frac{B}{\mu_0 r}$$

4.5 以下，$q/4\pi\varepsilon_0$ を省略する．

$$\mathrm{A}\to\mathrm{B}:\int_1^2\frac{1}{x^2}dx=\frac{1}{2}$$

B→C：電場と経路が垂直だから $E_{\parallel}=0$

$$\mathrm{C}\to\mathrm{A}:E_{\parallel}=-|\boldsymbol{E}|\frac{y}{\sqrt{1+y^2}}\propto-\frac{y}{(1+y^2)^{3/2}}$$

$$\therefore\quad-\int_0^{\sqrt{3}}\frac{y}{(1+y^2)^{3/2}}dy=-\frac{1}{2}$$

4.6　輪の部分に双極子層(双極子密度 p)があるということは，微小な距離 d だけ離れて，電荷密度 σ と $-\sigma$ の板が並んでいると考えればよい(ただし $p=\sigma d$)．σ による電場を $\tilde{E}(z)$ と書けば，2枚合わせると

$$E(z) = \tilde{E}(z)-\tilde{E}(z+d) \simeq -\frac{d\tilde{E}}{dz}\cdot d \qquad (d \ll z)$$

$\tilde{E}$ に章末問題1.6の結果を代入すれば

$$E(z) = \frac{p}{2\varepsilon_0}\frac{a^2}{(z^2+a^2)^{3/2}}$$

定理にしたがって置き換えれば

$$B(z) = \frac{\mu_0 I}{2}\frac{a^2}{(z^2+a^2)^{3/2}}$$

4.7　単位長さ当たりの巻数を n とすれば，長さ $1/n$ に1つのループがあると考えればよい．それに対応する電気双極子層の表面電荷を σ とすれば $p=\sigma\cdot(1/n)$．ところで，$+\sigma$ と $-\sigma$ の面電荷にはさまれた部分の電場は

$$E = \frac{\sigma}{\varepsilon_0} = \frac{np}{\varepsilon_0}$$

定理にしたがって置き換えれば $B=\mu_0 n I_0$.

また外部での磁場を考えるときには，すきまを開ける必要はない．すると等価双極子層の表面電荷は無限遠にしか存在しないので，外部電場はゼロになる．

第5章

5.1　まず右辺の $\partial a_x/\partial x$ という項を詳しく書いて x について積分すると

$$\iint\left(\int\frac{\partial a_x}{\partial x}dx\right)dydx = \iint\{a_x(S_x\text{ 上})-a_x(S_x{}'\text{ 上})\}dydz$$

ただし，S_x と $S_x{}'$ は5.1節図2で使った記号である．この式の右辺は(5.2.3)の左辺の面積分の S_x および $S_x{}'$ 部分に他ならない．$\nabla\cdot\boldsymbol{a}$ の他の2つの項が残りの面の寄与を与える．

5.2　電荷分布は球対称のはずだから，$\rho(r)$ と書くと

$$\begin{aligned}\rho(r) &= \varepsilon_0\cdot\nabla\cdot\boldsymbol{E} = \frac{\partial}{\partial x}(r^\alpha x)+\frac{\partial}{\partial y}(r^\alpha y)+\frac{\partial}{\partial y}(r^\alpha z)\\ &= \left(r^\alpha+\alpha r^{\alpha-1}\frac{x^2}{r}\right)+\left(r^\alpha+\alpha r^{\alpha-1}\frac{y^2}{r}\right)+\left(r^\alpha+\alpha r^{\alpha-1}\frac{z^2}{r}\right)\\ &= (3+\alpha)r^\alpha\end{aligned}$$

電場は外向きだから，原点を中心とする球面内の全電荷はプラスでなければならない．しかし $\alpha<-3$ のときは上の計算から $\rho<0$ となる．この矛盾は，原点にプラス無限大の電荷があると解釈すれば解決する．原点は $r=0$ なので上の計算は意味をもたないから，上の結果とは矛盾しない．また $\alpha=-3$ のときは積分形のガウスの法則より，原点に 4π の電荷があることがわかる．これは点電荷に対するクーロンの法則に他ならない．

5.3　章末問題2.2の結果を成分で表わすと，$\boldsymbol{E}$ は放射状だから円柱内では

$$\boldsymbol{E} = \frac{\rho}{2\varepsilon_0}(x, y)$$

$$\nabla\cdot\boldsymbol{E} = \frac{\rho}{2\varepsilon_0}\left(\frac{\partial x}{\partial x}+\frac{\partial y}{\partial y}\right) = \frac{\rho}{\varepsilon_0}$$

円柱外では

$$\boldsymbol{E} = \frac{a^2\rho}{2\varepsilon_0}\left(\frac{x}{r^2}, \frac{y}{r^2}\right) \qquad (r^2=x^2+y^2)$$

$$\nabla\cdot\boldsymbol{E} = \frac{a^2\rho}{2\varepsilon_0}\left\{\left(\frac{1}{r^2}-\frac{2x}{r^3}\frac{x}{r}\right)+\left(\frac{1}{r^2}-\frac{2y}{r^3}\frac{y}{r}\right)\right\} = 0$$

5.4 $\displaystyle\int\frac{\partial a_y}{\partial x}dS = \int\left\{\int\frac{\partial a_y}{\partial x}dx\right\}dy = \int\{a_y(l_x\text{上})-a_y(l_x'\text{上})\}dy$

ただし l_x と l_x' は5.3節図2で使った記号である．この式の右辺は(5.4.2)の左辺の線積分の l_x および l_x' 部分に他ならない．$\partial a_x/\partial y$ の項が他の2辺の寄与を与える．

5.5 (1) (発散密度 d) $=\dfrac{\partial 0}{\partial x}+\dfrac{\partial y}{\partial y}=1$,　(回転密度 r) $=\dfrac{\partial y}{\partial x}-\dfrac{\partial 0}{\partial y}=0$,

(2) $d=2$, $r=0$,　(3) $d=0$, $r=0$,　(4) $d=0$, $r=2$.

5.6 (回転密度) $=\dfrac{\partial}{\partial x}(r^\alpha x)+\dfrac{\partial}{\partial y}(r^\alpha y)=(2+\alpha)r^\alpha$

このベクトル関数は左回りの渦だから，原点を中心とする円内の回転密度の合計はプラスでなければならない．しかし $\alpha<-2$ のときは回転密度がマイナスになる．この矛盾は，原点にプラス無限大の回転密度があると解釈すれば解決する(問題5.2も参照)．原点にあるプラスの回転密度を，周囲のマイナスの回転密度が打ち消し，平面全体では回転密度の合計がゼロになっている(半径が無限の円周に対してストークスの定理を使えば確かめられる)．また $\alpha=-2$ のときは，原点にだけ有限の回転がある．これは，直線電流の作る磁場に対応する．

第6章

6.1 電荷密度を ρ (定数) とすると，(6.2.1)より球の内部では

$$\frac{1}{r^2}\frac{d}{dr}\left(r^2\frac{d\phi}{dr}\right) = -\frac{\rho}{\varepsilon_0} \ \Rightarrow\ \frac{d\phi}{dr} = -\frac{\rho}{3\varepsilon_0}r+\frac{A'}{r^2}$$

$$\Rightarrow\ \phi = -\frac{\rho}{6\varepsilon_0}r^2-\frac{A'}{r}+B'$$

A', B' は積分定数だが(6.2.2)の A, B，つまり球外部の場合と区別するために ′ を付けた．また原点には有限の電荷密度しかないので ϕ も有限のはずだから $A'=0$．次に $r=a$ で $d\phi/dr$ が連続であるという条件より(電荷密度が有限ならば ϕ も $d\phi/dr$ も連続でなければならない)

$$-\frac{\rho}{3\varepsilon_0}a = \frac{A}{a^2} \ \Rightarrow\ A = -\frac{a^3\rho}{3\varepsilon_0} = -\frac{Q}{4\pi\varepsilon_0}$$

ただし，Q は全電荷である．つまり，クーロンの法則が求まった．(ϕ が連続という条件より，B と B' の関係が決まる.)

6.2 電位は軸対称のはずだから $\phi(r)$ と書くと

$$\frac{1}{r}\frac{d}{dr}\left(r\frac{d\phi}{dr}\right) = -\frac{\rho}{\varepsilon_0} \ \Rightarrow\ \frac{d\phi}{dr} = -\frac{\rho}{2\varepsilon_0}r+\frac{A}{r}$$

$$\Rightarrow\ \phi = -\frac{\rho}{4\varepsilon_0}r^2+A\log r+B$$

ただし，円柱外では $\rho=0$ で，また積分定数 A, B は円柱内外で異なる．また $r=0$ で ϕ は有限なので，$A_{\text{内}}=0$．次に，$r=a$ での $d\phi/dr$ の連続性より

$$-\frac{\rho}{2\varepsilon_0}a = \frac{A_{\text{外}}}{a} \ \Rightarrow\ A_{\text{外}} = -\frac{\rho a^2}{2\varepsilon_0} = -\frac{\lambda}{2\pi\varepsilon_0}$$

ただし，$\lambda\equiv\pi a^2\rho$ は，単位長さ当たりの電荷．つまり(1.6.4)が求まった．($B_{\text{内}}$ と $B_{\text{外}}$ の関係は ϕ の連続性より決まる.)

6.3　問題の形をした電位を，(6.2.1)(ただし $\rho=0$)に代入すれば

$$\alpha(\alpha-1)f+\frac{1}{\sin\theta}\frac{d}{d\theta}\left(\sin\theta\frac{df}{d\theta}\right)=0$$

$s=\cos\theta$ とすれば

$$\frac{d}{ds}\left\{(1-s^2)\frac{df(s)}{ds}\right\}+\alpha(\alpha-1)f=0$$

$f=a_ns^n+a_{n-1}s^{n-1}+\cdots$ という形をしているとして，上の式に代入し，s^n の項の係数を取り出せば

$$-n(n+1)+\alpha(\alpha-1)=0$$

n も α もプラスならば $n=\alpha-1$．また $\alpha=3$ のときは，$f=s^2+as+b$ として上式に代入すれば，$f=s^2-(1/3)$．

$$\alpha=1\text{ のときは，クーロン場}\quad \phi\propto\frac{1}{r}$$

$$\alpha=2\text{ のときは，双極子場}\quad \phi\propto\frac{\cos\theta}{r^2}=\frac{z}{r^3}$$

双極子場はクーロン場を z で微分することによって得られるが，これは，$+q$ と $-q$ の電荷を z 方向に微小距離 d だけずらして並べ qd＝一定 として $d\to0$ としたことに対応する．同様に $\alpha=3$ のとき $\phi\propto\dfrac{3\cos^2\theta-1}{r^3}=\dfrac{3z^2}{r^5}-\dfrac{1}{r^3}$ となる．これは $\alpha=2$ の ϕ を z で微分して求まる．つまり，双極子 p を逆向きに，z 方向に微小距離 d だけずらして並べ，pd＝一定 として $d\to0$ としたものだと考えればよい．これを，**四重極**と呼ぶ．

6.4　$\phi=-xz/2$

6.5　∇ は常に，微分される関数の左に書かなければならない．

$$\nabla\times\left(\boldsymbol{m}\times\frac{\boldsymbol{r}}{r^3}\right)=\boldsymbol{m}\left(\nabla\cdot\frac{\boldsymbol{r}}{r^3}\right)-(\boldsymbol{m}\cdot\nabla)\frac{\boldsymbol{r}}{r^3}$$

ここで $(\boldsymbol{m}\cdot\nabla)\boldsymbol{r}=\boldsymbol{m}$ (成分表示して考えよ)，かつ

$$\nabla\frac{1}{r^3}=-\frac{3\boldsymbol{r}}{r^5},\qquad \nabla\cdot\frac{\boldsymbol{r}}{r^3}=0\quad((5.2.5))$$

を代入すると

$$\text{上式}=\frac{3(\boldsymbol{m}\cdot\boldsymbol{r})\boldsymbol{r}}{r^5}-\frac{\boldsymbol{m}}{r^3}$$

となり，(1.3.7)の形になる．

6.6　円柱内部の電場は $\boldsymbol{E}=-\dfrac{nI}{2\varepsilon_0}(x,y,0)$．したがってソレノイド内部のベクトルポテンシャルは $\boldsymbol{A}=-\dfrac{\mu_0nI}{2}(y,-x,0)$．磁場は $B_x=B_y=0$ で

$$B_z=\frac{\partial A_y}{\partial x}-\frac{\partial A_x}{\partial y}=\mu_0nI$$

となり，(4.2.1)に一致する．

6.7

$$\begin{aligned}\nabla\cdot\boldsymbol{A}(\boldsymbol{r})&\propto\int\nabla_{r}\left(\frac{1}{|\boldsymbol{r}-\boldsymbol{r}'|}\right)\cdot\boldsymbol{j}(\boldsymbol{r}')dV\\&=-\int\nabla_{r'}\left(\frac{1}{|\boldsymbol{r}-\boldsymbol{r}'|}\right)\cdot\boldsymbol{j}(\boldsymbol{r}')dV\\&=\int\frac{1}{|\boldsymbol{r}-\boldsymbol{r}'|}(\nabla_{r'}\cdot\boldsymbol{j}(\boldsymbol{r}'))dV=0\end{aligned}$$

最後の行へは，部分積分をし，微分を $\boldsymbol{j}$ に移した．成分表示して考えればわかりやすい．

第7章

7.1　磁場の方向と z 軸のなす角度を θ とするとループを貫く磁束は $\boldsymbol{\Phi}=B(\pi a^2)\cdot\cos\theta$. $\theta=\omega t$ とすれば，

$$\varepsilon = -\frac{d\Phi}{dt} = B(\pi a^2)\omega\sin\omega t$$

7.2　磁場の強さが増すと右巻きの電流が流れる．この電流に働くローレンツ力を考えれば，棒は互いに近づくように転がることがわかる．(このループを貫く磁束の増加を抑えるように棒が動くと考えればよい.)

7.3　$q>0$, $B>0$ とすれば電荷は右回り．$dB/dt>0$ ならば誘導電場の回転も右回りだから加速される．電荷の軌道の半径を a とすれば

$$|\boldsymbol{E}|2\pi a = \pi a^2\frac{dB}{dt}$$

$$\therefore\quad \frac{dv}{dt} = \frac{q}{m}|\boldsymbol{E}| = \frac{q}{m}\frac{a}{2}\frac{dB}{dt}$$

一方，$a=v/\omega=mv/qB$ ($\omega=$(3.3.3)) だから

$$\frac{da}{dt} = \frac{m}{qB}\frac{dv}{dt} - \frac{mv}{qB^2}\frac{dB}{dt} = -\frac{1}{2}\frac{mv}{qB^2}\frac{dB}{dt} < 0$$

つまり半径は減少する．

7.4　電場はソレノイドの回りを渦巻く．その大きさは(7.2.2)を，アンペールの法則と同じように使えばよい．ソレノイドの中心軸から r 離れた点での電場を $\boldsymbol{E}(r)$ とすれば，$|\boldsymbol{B}|=\mu_0 nI$ だから

$$|\boldsymbol{E}|2\pi r = \begin{cases} \dfrac{d}{dt}(\mu_0 nI\pi a^2) & r>a \\ \dfrac{d}{dt}(\mu_0 nI\pi r^2) & r<a \end{cases}$$

7.5　新しい座標系の x 座標 x' は $t=0$ で x と一致するとすれば $x'=x-vt$ だから，(7.4.5)より

$$B_z' = B_z = B_0(x'+vt) \quad\Rightarrow\quad E_y' = -vB_0(x'+vt)$$

他の成分はすべてゼロ．これを使えば(7.2.3)，具体的には

$$\frac{\partial B_z'}{\partial t} = -\frac{\partial E_y'}{\partial x'}$$

が満たされていることがわかる．

7.6　この座標系では

$$E_x' = E + \left(-\frac{E}{B}\right)B = 0$$

となり磁場だけとなる．つまり電荷は単純な円運動をする．これをもとの座標系で見直せば電荷の運動がわかる．

7.7　棒とレールで作られるループを貫く磁束が減るので左回りの起電力が生じる．それによる電流が磁場から受けるローレンツ力は，棒を減速するように働く．

7.8　棒の滑る速度を v (右向きをプラス)とすれば磁場による起電力は $-vlB$ (右向きに滑るときに，起電力は右回りなのでマイナスを付けた)．したがって，

$$M\frac{dv}{dt} = IlB, \quad RI = \varepsilon_0 - vlB$$

$$\therefore\quad v = \frac{\varepsilon_0}{lB} + v_0 e^{-\frac{B^2l^2}{MR}t} \quad (v_0 \text{は積分定数})$$

つまり時間が経つと，電池とローレンツ力の起電力が相殺し，$I=0$，$v=$一定 となる．

第8章

8.1　(5.2.5)より $\boldsymbol{r}\neq 0$ ならば $\nabla\cdot\dfrac{\boldsymbol{r}}{r^3}=0$ なので原点を除き電荷分布は変化していない．また原点を中心とする半径 a の球面に(8.1.2)を適用すれば

$$\frac{dQ}{dt} = -\frac{1}{a^2}\cdot 4\pi a^2 = -4\pi$$

これが，原点での電荷の減少率である．

8.2　(1) 2点がある位置を原点とすると，そこから $\boldsymbol{r}$ 離れた位置での磁場は，$\boldsymbol{r}$ と電流の角度を θ とすると

$$|\boldsymbol{B}| = \frac{\mu_0}{4\pi}\frac{Id}{r^2}\sin\theta$$

(2) 電流の方向を z 軸とする．$(0,0,z)$ を中心とし z 軸に垂直な半径 a の円に対して(8.2.4)を考える．円に垂直な電場は

$$E_{\perp} = E_z = \frac{1}{4\pi\varepsilon_0}\left(\frac{3pz^2}{r^5}-\frac{p}{r^3}\right) \qquad (r^2=x^2+y^2+z^2)$$

これを円内で積分すれば，$r'^2=x^2+y^2$ として

$$\frac{1}{4\pi\varepsilon_0}\int_0^a\left\{\frac{3pz^2}{(r'^2+z^2)^{5/2}}-\frac{p}{(r'^2+z^2)^{3/2}}\right\}2\pi r'dr' = \frac{p}{2\varepsilon_0}\frac{a^2}{r^3}$$

したがって，この円周上の磁場を $\boldsymbol{B}$ とすれば

$$|\boldsymbol{B}|\cdot 2\pi a = \varepsilon_0\mu_0\frac{\partial}{\partial t}\left(\frac{p}{2\varepsilon_0}\frac{a^2}{r^3}\right)$$

$$\Rightarrow \quad |\boldsymbol{B}| = \frac{\mu_0}{4\pi}\cdot\frac{dp}{dt}\cdot\frac{a}{r^3}$$

ここで $(dp/dt)=(dq/dt)d=Id$，$\sin\theta=a/r$ であることを考えれば(1)に一致する．

8.3

$$\nabla\times\boldsymbol{B}(\boldsymbol{r}) = \frac{\mu_0}{4\pi}\int_{r'}\nabla_r\times\left(\nabla_r\frac{1}{|\boldsymbol{r}-\boldsymbol{r}'|}\times\boldsymbol{j}\right)dV$$

$$= \frac{\mu_0}{4\pi}\int\left\{(\boldsymbol{j}\cdot\nabla_r)\nabla_r\frac{1}{|\boldsymbol{r}-\boldsymbol{r}'|}-\left(\nabla_r\cdot\nabla_r\frac{1}{|\boldsymbol{r}-\boldsymbol{r}'|}\right)\boldsymbol{j}\right\}dV$$

まず第2項は $\boldsymbol{r}-\boldsymbol{r}'=0$ を除けば0になる．つまり $\boldsymbol{j}(\boldsymbol{r})$ に比例する項である．また第1項は

$$\text{第1項} = -\frac{\mu_0}{4\pi}\int(\nabla_{r'}\cdot\boldsymbol{j}(\boldsymbol{r}'))\frac{\boldsymbol{r}-\boldsymbol{r}'}{|\boldsymbol{r}-\boldsymbol{r}'|^3}dV$$

$$= \frac{\mu_0}{4\pi}\frac{\partial}{\partial t}\int\rho\frac{\boldsymbol{r}-\boldsymbol{r}'}{|\boldsymbol{r}-\boldsymbol{r}'|^3}dV$$

$$= \varepsilon_0\mu_0\frac{\partial\boldsymbol{E}(\text{クーロン場})}{\partial t}$$

ただし，1行目では $\nabla_r\dfrac{1}{|\boldsymbol{r}-\boldsymbol{r}'|}=-\nabla_{r'}\dfrac{1}{|\boldsymbol{r}-\boldsymbol{r}'|}$ と置き換えてから，$\nabla_{r'}$ を部分積分により $\boldsymbol{j}$ へ移した．最後にクーロンの法則を使っている．

8.4　磁場で考えると，$\boldsymbol{B}$ は x 方向を向いているので，ループを通る磁束を最大にするためにループも x 方向を向けるのがよい．そのときの誘導起電力は，ループが小さいのでループ全体が $y=y_0$ と近似すれば

$$\varepsilon = -\frac{d\Phi}{dt} \simeq -\frac{d}{dt}\left\{\pi a^2 B_0 \sin 2\pi\left(\frac{y_0}{\lambda}-\nu t\right)\right\}$$
$$= \pi a^2 2\pi\nu B_0 \cos 2\pi\left(\frac{y_0}{\lambda}-\nu t\right)$$

▶ ε が小さいときは，
$\sin(\theta+\varepsilon)$
$\simeq \sin\theta+\varepsilon\cos\theta+O(\varepsilon^2)$
今の場合 $\frac{a}{\lambda}$ が小さい．

電場から計算するときは，いきなり $y=y_0$ とはできない．ループ上では $y=y_0+a\cos\theta$ と書けるから

$$E_z = E_0 \sin 2\pi\left(\frac{y_0}{\lambda}-\nu t\right)+E_0 2\pi\frac{a\cos\theta}{\lambda}\cos 2\pi\left(\frac{y_0}{\lambda}-\nu t\right)+O\left(\frac{a^2}{\lambda^2}\right)$$

とすると，第1項の寄与は0となり，

$$\varepsilon = \int_0^{2\pi}(E_z\cos\theta)ad\theta$$
$$\simeq 2\pi\frac{E_0}{\lambda}\pi a^2 \cos 2\pi\left(\frac{y_0}{\lambda}-\nu t\right)$$

$E_0/B_0=\lambda\nu$ だから，これは上式と一致する．

8.5 $\nabla\cdot\boldsymbol{E}=0$ より，$k_xE_{0x}+k_yE_{0y}+k_zE_{0z}=\boldsymbol{k}\cdot\boldsymbol{E}_0=0$ ……①

$\nabla\cdot\boldsymbol{B}=0$ より，$\boldsymbol{k}\cdot\boldsymbol{B}_0=0$ ……②

$\nabla\times\boldsymbol{E}=-(\partial\boldsymbol{B}/\partial t)$ より，$\boldsymbol{k}\times\boldsymbol{E}_0=\omega\boldsymbol{B}_0$ ……③

$\nabla\times\boldsymbol{B}=\varepsilon_0\mu_0(\partial\boldsymbol{E}/\partial t)$ より，$\boldsymbol{k}\times\boldsymbol{B}_0=-\varepsilon_0\mu_0\omega\boldsymbol{E}_0$ ……④

第③式と $\boldsymbol{k}$ の外積を計算すると

$$\omega\boldsymbol{k}\times\boldsymbol{B}_0 = \boldsymbol{k}\times(\boldsymbol{k}\times\boldsymbol{E}_0) = -(\boldsymbol{k}\cdot\boldsymbol{k})\boldsymbol{E}_0$$

これと第④式より $\varepsilon_0\mu_0=\boldsymbol{k}^2/\omega^2$．また $\boldsymbol{k}$ と $\boldsymbol{E}_0$ が直角だから，$|\boldsymbol{k}|\cdot|\boldsymbol{E}_0|=\omega|\boldsymbol{B}_0|$．

8.6 電場と磁場はゼロでない成分だけを示す．

(1) $\phi = 0,\quad E_z = -\frac{\partial A_z}{\partial t} = -\frac{2\pi c}{\lambda}\sin\{2\pi(y-ct)/\lambda\}$

$$B_x = \frac{\partial A_z}{\partial y} = -\frac{2\pi}{\lambda}\sin\{2\pi(y-ct)/\lambda\}$$

(2) $\phi = 0,\quad E_x = -\frac{2\pi c}{\lambda}\sin\{2\pi(y-ct)/\lambda\}$

$$B_z = \frac{2\pi}{\lambda}\sin\{2\pi(y-ct)/\lambda\}$$

(3) $\phi = c\cos\{(y-ct)/\lambda\},\quad \boldsymbol{E}=\boldsymbol{B}=0$

第9章

9.1 双極子モーメントを電荷 q と $-q$ が $\boldsymbol{\Delta r}$ 離れているものと考える($\boldsymbol{p}=q\boldsymbol{\Delta r}$)．$q$ の位置を $\boldsymbol{r}$ とすれば，$U=q\{\phi(\boldsymbol{r})-\phi(\boldsymbol{r}-\boldsymbol{\Delta r})\}$．$\boldsymbol{\Delta r}$ が微小ならば，テーラー展開より

$$\phi(\boldsymbol{r}-\boldsymbol{\Delta r}) \simeq \phi(\boldsymbol{r})-\boldsymbol{\Delta r}\cdot\nabla\phi = \phi(\boldsymbol{r})+\boldsymbol{\Delta r}\cdot\boldsymbol{E}$$

だから，$U=-\boldsymbol{p}\cdot\boldsymbol{E}$ となる．

9.2 左側の電場を E_1，右側の電場を E_2 とする．ただし，どちらも右向きをプラスと考える．するとガウスの法則より

$$E_2-E_1 = \frac{\sigma}{\varepsilon_0}$$

エネルギーの変化は

$$\Delta U = \frac{\varepsilon_0}{2}(E_1{}^2-E_2{}^2)\Delta x \;\Rightarrow\; F = -\frac{\Delta U}{\Delta x} = \frac{E_1+E_2}{2}\sigma$$

つまり，板上の電荷には両側の電場の平均値が作用すると考えればよい．

9.3　電場は，球内部ではゼロ，外部表面では $(1/4\pi\varepsilon_0)\cdot(Q/a^2)$ より求まる．

9.4　円筒の内部では電場はゼロ，外部では 2.3 節の議論より

$$|\boldsymbol{E}| = \frac{2\pi a\sigma}{2\pi\varepsilon_0 a} = \frac{\sigma}{\varepsilon_0}$$

したがって，力は $F=\sigma^2/2\varepsilon_0$.

9.5　ソレノイド内部の磁場は $\mu_0 nI$. したがって，各ループを貫く磁束の合計は

$$\boldsymbol{\Phi} = (\mu_0 nI)(\pi a^2)(nb) \quad\Rightarrow\quad \begin{cases} L = \mu_0\pi n^2a^2b \\ \text{エネルギー} = \dfrac{1}{2}LI^2 \end{cases}$$

9.6　$(9.5.3)=(1/2\mu_0)|\boldsymbol{B}|^2\pi a^2b=(1/2)\mu_0 n^2I^2\cdot\pi a^2b$. また，ソレノイド表面では，

$$|\boldsymbol{A}| = \frac{\mu_0}{2\pi}nI\pi a^2\left(\frac{x^2+y^2}{a^4}\right)^{1/2} = \frac{\mu_0}{2}nIa$$

したがって

$$(9.5.4) = \frac{1}{2}\left(\frac{\mu_0}{2}nIa\right)I(2\pi a)(nb) = \frac{1}{2}\mu_0 n^2I^2\pi a^2b$$

いずれも問題 9.5 の結果と一致する．

9.7　左側と右側の磁場をそれぞれ B_1, B_2 とする．するとアンペールの法則より，

$$B_2-B_1 = \mu_0 i$$

後は問題 9.2 と同様に考えて

$$|\boldsymbol{F}| = \left|\frac{\Delta U}{\Delta x}\right| = \left|\frac{B_1+B_2}{2}\right|\cdot i$$

9.8　力はソレノイドの半径の方向に働くので，エネルギー U を a で微分し，

$$F = \frac{\Delta U}{\Delta a}\cdot\frac{1}{2\pi ab} = \frac{1}{2}\mu_0 n^2I^2$$

問題 9.7 の式からは $F=(\mu_0 nI/2)\cdot nI$ となり一致する．

9.9　長さ d の各辺が，x 軸または y 軸に平行だとすると y 軸に平行な部分は，電流が左回りだとすれば

$$-Id\underbrace{\{A_y(x+d)-A_y(x)\}}_{x\text{ 方向に }d\text{ ずれている 2 辺の差}} \simeq -Id^2\frac{\partial A_y}{\partial x}$$

x 軸に平行な部分も加えると（$|\boldsymbol{m}|=Id^2$ だから）

$$Id^2\left(-\frac{\partial A_y}{\partial x}+\frac{\partial A_x}{\partial y}\right) = -|\boldsymbol{m}|B_z$$

電流が左回りのときは $\boldsymbol{m}$ は z 方向だから，これは $-\boldsymbol{m}\cdot\boldsymbol{B}$ に等しい．（外部から与えられた磁場 $\boldsymbol{B}$ によるエネルギーなので(9.5.4)の 1/2 は必要ない.）

9.10　$\dfrac{1}{2}\varepsilon_0 E_0{}^2=\dfrac{1}{2\mu_0}(\varepsilon_0\mu_0)\left(\dfrac{E_0}{B_0}\right)^2B_0{}^2=\dfrac{1}{2\mu_0}B_0{}^2$. ポインティングベクトルの大きさは

$$\frac{1}{\mu_0}E_0B_0 = \frac{1}{\mu_0}B_0{}^2\frac{E_0}{B_0} = \frac{1}{\mu_0}B_0{}^2\cdot c$$

第 10 章

10.1　平面上の誘導電荷が $x>0$ の領域に作る電場は，鏡像の位置にある電荷 $-q$ が作る電場に等しいから

$$力 = -\frac{1}{4\pi\varepsilon_0}\frac{q^2}{(2a)^2}$$

$$仕事 = \int_\infty^a \frac{1}{4\pi\varepsilon_0}\frac{q^2}{(2x)^2}dx = -\frac{1}{4\pi\varepsilon_0}\frac{q^2}{4a} \qquad (*)$$

電荷 $-q$ が実在する場合は 9.1 節より

$$エネルギー = 仕事 = -\frac{1}{4\pi\varepsilon_0}\frac{q^2}{2a} \quad (=(*)の 2 倍)$$

(後者は，q と $-q$ を左右から近づけるとすれば両電荷に仕事をしなければならないが，前者の誘導電荷は $\phi=0$ の板を動くだけなので仕事は必要がない．あるいは前者では，左半分には電場がまったくないからと考えてもよい.)

10.2 4 区分された空間を第 1～4 象限と呼び，第 1 象限に電荷 q があるとする．第 2～4 象限は静電遮蔽されるから電位はゼロ．第 1 象限の電位は，第 2, 4 象限に $-q$，第 3 象限に $+q$ の鏡像電荷を考えればよい(導体上の電位がゼロになるから).

10.3 平面の反対側(裏側とする)に，電荷密度 $-\lambda$ の直線電荷があると思えばよい．実際の直線からの距離を r，鏡像の直線からの距離を r' とすれば電位は(1.6.4)より，(平面の表側では)

$$\phi = -\frac{\lambda}{2\pi\varepsilon_0}\log\frac{r}{r'}+定数$$

また平面上で，直線に垂直な方向を x 軸とし，直線からの垂線の足を $x=0$ とすれば，平面上の表側の電場は(1.4.2)より

$$E(x) = -2\times\frac{1}{2\pi\varepsilon_0}\frac{\lambda}{\sqrt{a^2+x^2}}\cdot\frac{a}{\sqrt{a^2+x^2}}$$

$$= -\frac{1}{\pi\varepsilon_0}\frac{\lambda a}{a^2+x^2}$$

これに ε_0 を掛ければ電荷密度になる．($-\infty<x<\infty$ で積分すれば $-\lambda$ になることに注意.)

10.4 ヒントの Q の位置に $-q/k$ の電荷があるとすると球面上の電位がゼロとなる．これは，球内の電位の条件をすべて満たす．また球外の電位は，そこには電荷がないのでゼロ．

10.5 (1) 10.4 節の例題と同様に，領域を Ⅰ, Ⅱ, Ⅲ と分ける．各領域の電位の形は例題の場合とまったく同じ．ただし定数 A_i, B_i に対する条件は

$$V = B_3 = \frac{A_2}{a}+B_2$$

$$Q+4\pi\varepsilon_0 A_2 = 4\pi\varepsilon_0 A_1$$

$$\frac{A_2}{b}+B_2 = \frac{A_1}{b}$$

以上より A_i, B_i が決まる．

(2) 上と同様に

$$V = \frac{A_1}{b} = \frac{A_2}{b}+B_2$$

$$Q = 4\pi\varepsilon_0 A_2$$

$$B_3 = \frac{A_2}{a}+B_2$$

10.6 球面上表側での電場は $\boldsymbol{r}$ 方向だから

$$|\boldsymbol{E}| = -\frac{\partial \phi}{\partial r}\bigg|_{r=a} = E\cos\theta + 2E\cos\theta = 3E\cos\theta$$

これに ε_0 を掛けたものが電荷密度.

10.7 球内の電位は，誘導電荷による電位を $\tilde{\phi}$ とすると

$$\phi = \frac{p}{4\pi\varepsilon_0}\frac{\cos\theta}{r^2} + \tilde{\phi}$$

$\tilde{\phi}$ は，$\cos\theta$ に比例し，また $r=0$ では有限でなければならない(誘導電荷は球面上にしかないから). しかも $\phi(r=a)=0$ となるには

$$\phi = \frac{p}{4\pi\varepsilon_0}\frac{\cos\theta}{r^2} - \frac{1}{4\pi\varepsilon_0}\frac{p}{a^3}r\cos\theta$$

でなければならない. 球の外部では $\phi=0$.

第11章

11.1 直列　$V = V_1 + V_2 \ \Rightarrow\ RI = R_1I_1 + R_2I_2$

並列　$I = I_1 + I_2 \ \Rightarrow\ \dfrac{V}{R} = \dfrac{V}{R_1} + \dfrac{V}{R_2}$

11.2 図1のように電流が流れているとする.(対称性から電流が等しいことが明らかな場合は，最初から同じ記号を使っている.) まず第1の条件から

$$I_2 = I_3 + I_4, \qquad I_1 + I_3 = I_5$$

また第2の条件から(ただし，すべての式を R で割っておく)

$$2I_1 - I_2 - I_3 = 0$$
$$2I_3 + I_5 - I_4 = 0$$
$$2I_2 + I_4 = V/R$$

これより，合成抵抗 R_0 は($I_1=5R/26$, $I_2=9R/26$)

$$R_0 = V/(I_1+I_2) = \frac{13}{7}R$$

11.3 ループを貫く磁束は $Ba^2\cos\omega t$ だから，

$$\text{電流} = \omega Ba^2 \sin\omega t/R$$
$$\text{ジュール熱} = (\omega Ba^2\sin\omega t)^2/R$$

また，ループに流れる誘導電流と磁場との間に働くローレンツ力は回転を止める方向に働く. したがって，一定の角速度で回転を続けるためには，力を加えなければならない. その仕事率は

$$2a\times\{\text{電流}\times\text{磁場}\times\sin\omega t\}\times\text{速度}$$

ただし $\{\cdots\}$ の中はローレンツ力の，回転をさまたげる方向の成分，また速度$=\omega a/2$ である. これは，上のジュール熱に等しい. つまり，磁場を媒介として，回転の仕事が熱に変わっている.

11.4 内部に単位長さ当たり λ の電荷密度があるとすると

$$\phi(a) - \phi(b) = -\frac{\lambda}{2\pi\varepsilon_0}\log\frac{a}{b} \ \Rightarrow\ C = 2\pi\varepsilon_0/\log\frac{a}{b}$$

11.5 磁場は，2つの円筒にはさまれた部分に，渦を巻くようにできる. その大きさは

$$|\boldsymbol{B}| = \frac{\mu_0 I}{2\pi}\frac{1}{r}$$

だから，単位長さ当たりの磁束は

$$\Phi = \int_b^a \frac{\mu_0 I}{2\pi}\frac{1}{r}dr = \frac{\mu_0 I}{2\pi}\log\frac{a}{b}$$

$$\Rightarrow \quad L = \frac{\mu_0}{2\pi}\log\frac{a}{b}$$

11.6 (1) $R\dfrac{dI}{dt}+\dfrac{I}{C}=0$ より，$I=I_0e^{-t/CR}$

$t=0$ で $Q=0$ という条件から $I_0=\varepsilon/R$ ((11.3.3)参照)．最初はコンデンサがないかのように電流が流れるが，コンデンサに電荷がたまり $Q/C=\varepsilon$ となると，電流は止まってしまう．

(2) (11.3.3)は，$C=\infty$ で $\varepsilon=$一定 のとき，

$$L\frac{d}{dt}\left(I-\frac{\varepsilon}{R}\right) = -R\left(I-\frac{\varepsilon}{R}\right)$$

となるから

$$I = \frac{\varepsilon}{R}+I_0e^{-\frac{L}{R}t}$$
$$= \frac{\varepsilon}{R}(1-e^{-\frac{L}{R}t})$$

積分定数 I_0 を初期条件より決めた．電流が増加しようとすると，コイルに発生する逆起電力のため増加が抑制されるが，しだいにコイルの影響はなくなる．

11.7 (1) 直列 $V = V_1+V_2 \quad\Rightarrow\quad \dfrac{Q}{C} = \dfrac{Q}{C_1}+\dfrac{Q}{C_2}$

並列 $Q = Q_1+Q_2 \quad\Rightarrow\quad VC = VC_1+VC_2$

(2) 直列 $V = V_1+V_2 \quad\Rightarrow\quad L\dfrac{dI}{dt} = L_1\dfrac{dI}{dt}+L_2\dfrac{dI}{dt}$

並列 $\dfrac{dI}{dt} = \dfrac{dI_1}{dt}+\dfrac{dI_2}{dt} \quad\Rightarrow\quad \dfrac{V}{L} = \dfrac{V}{L_1}+\dfrac{V}{L_2}$

(3) 1のほうをコイルとすれば，Z の定義(11.4.4)より

直列 $V = V_1+V_2 \quad\Rightarrow\quad \tilde{I}Z = L\dfrac{d\tilde{I}}{dt}+\dfrac{1}{C}\displaystyle\int\tilde{I}dt$

$$= i\omega L\tilde{I}+\frac{1}{i\omega C}\tilde{I}$$

$$\Rightarrow \quad Z = i\omega L+\frac{1}{i\omega C}$$

並列 $\tilde{I} = \tilde{I}_1+\tilde{I}_2 = \dfrac{1}{i\omega}\dfrac{d\tilde{I}_1}{dt}+i\omega\displaystyle\int\tilde{I}_2dt$

$$\Rightarrow \quad \frac{V}{Z} = \frac{V}{i\omega L}+i\omega CV$$

$$\Rightarrow \quad \frac{1}{Z} = \frac{1}{i\omega L}+i\omega C$$

11.8 外力のする仕事率は

$$\varepsilon\cdot I = V_0\cos\omega t\cdot\frac{V_0}{|Z|}\cos(\omega t-\theta)$$
$$= \frac{{V_0}^2}{|Z|}(\cos\theta\cos^2\omega t-\sin\theta\cos\omega t\sin\omega t)$$

時間平均すれば第2項は消え

$$(\varepsilon\cdot I)_{平均} = \frac{V_0{}^2}{2|Z|}\cos\theta$$

一方，ジュール熱は

$$(RI^2)_{平均} = \frac{R}{2}\frac{V_0{}^2}{|Z|^2}$$

$|Z|\cos\theta = R$ だから，この 2 つは一致する．

第 12 章

12.1　板の上下の表面に，分極電荷が生じる．それを $+\sigma, -\sigma$ とすれば，誘電体内部での電場 $\boldsymbol{E}$ は

$$E = E_0 - \frac{\sigma}{\varepsilon_0}$$

したがって，(12.2.1)は(12.1.3)も使って

$$\sigma = \chi_e\left(E_0 - \frac{\sigma}{\varepsilon_0}\right) \;\Rightarrow\; |\boldsymbol{P}| = \sigma = \frac{\varepsilon_0}{\varepsilon}\chi_e E_0, \qquad E = \frac{\varepsilon_0}{\varepsilon}E_0$$

誘電体外の電場は $\boldsymbol{E}_0$．傾いていても，分極電荷による電場は垂直だから，上の計算は，E, E_0 がすべて垂直成分だとすればそのまま成り立つ．横成分は誘電体内外で変わりはない．

12.2　(12.1.3)では，誘電体表面の外向きが $P_\perp$ のプラスの方向となっている．ところが円柱の内側の底面では逆方向が(円柱にとって)外向き，また外側の底面では誘電体外部だから $P_\perp = 0$．したがって，底面積を ΔS とすれば(12.2.3)は

$$-P_\perp\cdot\Delta S = -\sigma\Delta S$$

したがって，$P_\perp = \sigma$．(円柱の側面は底面積 ΔS よりも限りなく小さく取っておけば寄与しない．)

12.3　分極電荷が生じても柱の端を除いてはそれによる電場は無視できる．したがって，電場は $\boldsymbol{E}_0$，分極ベクトルは $\boldsymbol{P} = \chi_e\boldsymbol{E}_0$．

12.4　球内の電場は(12.3.4)．電位は

$$\phi = \frac{1}{4\pi\varepsilon}\frac{q}{r} + C \qquad (C \text{ は定数})$$

球の表面には，荷電粒子の周囲に生じた分極電荷の逆符号のものが同量分布する(電荷の保存則より)．したがって，球外では分極電荷の影響がなくなり

$$\boldsymbol{E} = \frac{q}{4\pi\varepsilon_0}\frac{\boldsymbol{r}}{r^3}$$

(電束密度を使えば球の外部では $\boldsymbol{D} = \varepsilon_0\boldsymbol{E}$ だから，分極電荷のことを考えなくても答が求まる．)電位は，無限遠で 0 となるためには

$$\phi = \frac{1}{4\pi\varepsilon_0}\frac{q}{r}$$

$r = a$ で上と一致するという条件から C の値が決まる．

12.5　球の中心を原点とし，電場の方向(つまり分極ベクトルの方向)を $\theta = 0$ とする．球表面上の分極電荷は

$$\sigma = P_\perp = |\boldsymbol{P}|\cos\theta$$

ところで問題 10.6 では $\sigma = 3\varepsilon_0 E\cos\theta$ の電荷分布が球の内部で外部の電場を打ち消す電場 $-\boldsymbol{E}$ を作っている(静電遮蔽)．それとの類推で，この分極電荷の作る電場 $\boldsymbol{E}'$ は

$$E' = -\frac{\sigma}{3\varepsilon_0\cos\theta} = -\frac{|\boldsymbol{P}|}{3\varepsilon_0}$$

したがって，全電場と分極との関係は

$$|\boldsymbol{P}| = \chi_e\left(E_0 - \frac{|\boldsymbol{P}|}{3\varepsilon_0}\right)$$

$$\therefore \quad |\boldsymbol{P}| = \frac{\varepsilon_0}{\varepsilon_0 + (\chi_e/3)} \cdot \chi_e E_0$$

(右辺の係数は問題 12.1 と 12.3 の場合の中間になっていることに注意．また $\boldsymbol{P}$ が一様とすれば，$\boldsymbol{P}$ も $\boldsymbol{E}_0$ も $\boldsymbol{E}'$ もすべて一様となって，(12.2.1)が成り立つということが，「$\boldsymbol{P}$ が一様」という仮定の正しさを示している.) 球外での分極電荷の作る電場は，導体の場合と同じで双極子電場となる．

12.6 電荷 q が，表面上に作る電場の垂直成分は

$$E_{\perp}(q) = -\frac{1}{4\pi\varepsilon_0}\frac{q}{a^2+r^2}\frac{a}{\sqrt{a^2+r^2}}$$

($r^2 = y^2+z^2$)．また電荷 q' の場合は

$$E_{\perp}(q') = -\frac{1}{4\pi\varepsilon_0}\frac{q'}{a^2+r^2}\frac{a}{\sqrt{a^2+r^2}}$$

これは，誘電体表面のすぐ右側で分極電荷の作る電場である．すぐ左側での分極電荷の電場は，対称性から上式の逆符号である．したがって(12.4.2)は $\varepsilon_0\{E_{\perp}(q) + E_{\perp}(q')\} = \varepsilon\{E_{\perp}(q) - E_{\perp}(q')\}$ である．これは

$$\varepsilon_0(q+q') = \varepsilon(q-q') \quad \Rightarrow \quad q' = \frac{\chi_e}{\varepsilon+\varepsilon_0}q$$

12.7 積分形

$$\int_C M_{\parallel} dl = \{C \text{ を貫く磁化電流}\}$$

C を 12.6 節図 1 の表面に垂直な長方形の周囲(4.2 節図 2 参照)だとすれば，左辺は 4.2 節の図の PQ の部分だけが寄与し，$Mb = j_{\mathrm{M}}b$ となる．

12.8 11.2 節の結果において μ と μ_0 を入れ換えればよい．

12.9 (1) 磁化電流は無限遠にあるから，磁場には影響しない((12.6.3))．つまり $\boldsymbol{B} = \boldsymbol{B}_0$．また $\boldsymbol{M} = (\chi_m/\mu\mu_0)\boldsymbol{B}_0$．

(2) (12.6.2)より，内部では $\boldsymbol{B} = \boldsymbol{B}_0 + \mu_0\boldsymbol{M}$ だから

$$\boldsymbol{M} = \frac{\chi_m}{\mu\mu_0}(\boldsymbol{B}_0 + \mu_0\boldsymbol{M})$$

$$\therefore \quad \mu_0\boldsymbol{M} = \frac{\chi_m}{\mu_0}\boldsymbol{B}_0, \qquad \boldsymbol{B} = \frac{\mu}{\mu_0}\boldsymbol{B}_0$$

外部では $\boldsymbol{B} = \boldsymbol{B}_0$ (柱の両端近傍を除く)．

12.10 $\nabla\cdot\boldsymbol{B} = 0$ より，$B_{1\perp} = B_{2\perp}$．また境界に真電流がなければ $\nabla\times\boldsymbol{H} = 0$ だから，

$$H_{1\parallel} = H_{2\parallel} \quad \Rightarrow \quad \frac{1}{\mu_1}B_{1\parallel} = \frac{1}{\mu_2}B_{2\parallel}$$

$$\tan\theta_2 = \frac{\mu_2}{\mu_1}\tan\theta_1$$

索　引

■岩波オンデマンドブックス■

物理講義のききどころ 2
電磁気学のききどころ

1994 年 11 月 7 日　第 1 刷発行
2015 年 9 月 4 日　第 18 刷発行
2019 年 10 月 10 日　オンデマンド版発行

著　者　和田純夫（わだすみお）

発行者　岡本　厚

発行所　株式会社　岩波書店
〒101-8002　東京都千代田区一ツ橋 2-5-5
電話案内　03-5210-4000
https://www.iwanami.co.jp/

印刷／製本・法令印刷

ISBN 978-4-00-730940-3　　Printed in Japan